KB129367

지구의 2인자,
기생충의 독특한 생존기

지구의 2인자,
기생충의
독특한 생존기

서민의 기생충 콘서트

서민 지음

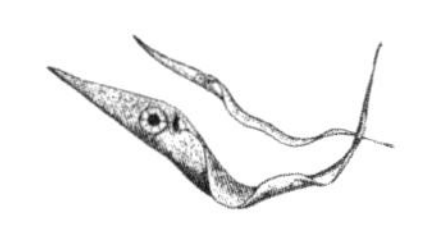

을유문화사

지구의 2인자,
기생충의
독특한 생존기

서민의 기생충 콘서트

발행일
2016년 5월 30일 초판 1쇄
2020년 7월 25일 초판 8쇄

지은이 | 서민
펴낸이 | 정무영
펴낸곳 | (주)을유문화사

창립일 | 1945년 12월 1일
주 소 | 서울시 마포구 서교동 469-48
전 화 | 02-733-8153
팩 스 | 02-732-9154
홈페이지 | www.eulyoo.co.kr
ISBN 978-89-324-7334-5 03400

* 값은 뒤표지에 표시되어 있습니다.

차례

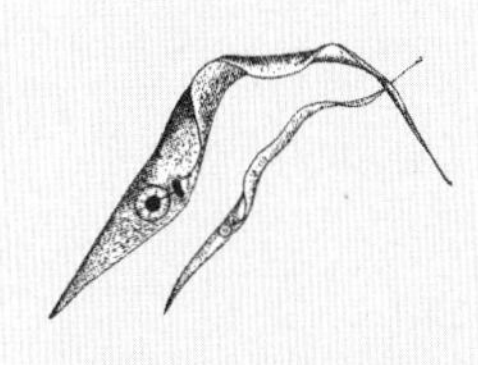

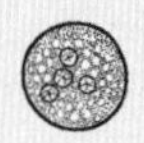

III. 나쁜 기생충

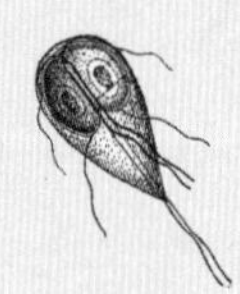

여는 글

이 책은 속편이 아니다

몇 년 전, 『서민의 기생충 열전』(이하 『기생충 열전』)이란 책을 썼습니다. 그 이전에 다섯 권의 책을 말아먹은 쓰라린 경험이 있었기에 이 책만은 꼭 성공시키고 싶었습니다. 그러기 위해 저는 외모가 되고 대중적으로 알려진 기생충들로 그 책을 가득 채웠습니다. 다행히 책은 성공했고, 그 후 저는 여러 출판사로부터 "책을 내자"는 제안을 받는 사람이 됩니다. 하지만 몇 권의 책을 내면서 느꼈던 건, 저는 기생충에 대한 글을 쓸 때가 가장 행복하다는 것입니다. 『기생충 열전』에서 소개하지 못한 기생충들을 가지고 책을 한 권 더 쓰자는 생각을 한 이유는 거기에 있습니다.

한 가지 마음에 걸렸던 건 '남은 기생충들이 독자들에게 생소하지 않을까' 하는 두려움이었습니다. 외모도 안 되는데다 지명도도 떨어지는 것들이었으니, 그리 생각하는 것도 무리는 아니었죠. 결국 저는 기생충이 재미없으면 글발로 만회하자는 소박한 마음으로 집필을 시작했습니다. 하지만 책을 쓰려고 자료를 뒤지다 보니 이 기생충들도 다 나름의 스토리를 가진 신비한 것들이더군요. 물고기의 혀를 없애 놓고 죄책감에 사로잡혀 자신이 혀 노릇을 대신하는 시모토아 엑시구아, 잠복해 있는 동안 심장을 망가뜨려 20년 후 갑작스럽게 사람을 죽게 만드는 크루스파동편모충, 고환을 이동시키는 이전고환극구흡충 등등 이전 책의 기생충들보다 훨씬 흥미로운 기생충들이 원고를 채워 갔습니다. 『서민의 기생충 콘서트』를 쓰는 지난 8개월은 『기생충 열전』을 쓸 때보다 훨씬 더 재미있는 나날이었습니다.

원고를 받아 본 출판사의 놀라움은 컸습니다. 『기생충 열전』 정도만 써도 만족하려고 했는데, 그 책을 훨씬 능가하는 작품을 써 냈으니까요. "『기생충 열전』보다 더 재밌고 흥미로워요! 후속으로 내기에는 너무 아까운데요"라는 게 원고를 다 읽고 난 담당자의 반응이었습니다. 출판사는 깊은 고민에 빠졌습니다. 원래 이 책은 『서민의 기생충 열전 2』란 이름으로 출간할 계획이었습니다. 1편이 제법 괜찮은 판매량을 기록했으니 그 명성에 기대어 베스트셀러가 돼 보자는 것이지요. 하지만 원고를 읽고 난 뒤 출판사는 마음을 바꿉니다. 『서민의 기생충 열전 2』라는 제목은 '속편은 전편보다 못하다'는 통념을 가진 독자들을 설득할 수 없을 테니까요. 그 제목으로 가면 책이 묻힌다고 판단한 출판사는 『서민의 기생충 열전』과 전혀 다른 『서민의 기생충 콘서트』란 제목을 이 책에 붙입니다. 각 부 끝부분에 '기생충을 두려워하지 않는 삶'이라는 주제로 부록을 넣고, '기생충 감염 자가 검사법'도 특별 부록으로 넣어 새 책에 힘을 실어 주었습니다. 똑같이 기생충을 다룬 책이긴 하지만 이 책은 그렇게 『기생충 열전』의 속편이 아닌 새로운 책으로 출간하게 되었습니다. 보름 전 "이 책은 『서민의 기생충 열전』의 속편이며, 이 책까지 읽어야 당신은 기생충에 대해 어느 정도 안다고 자부할 수 있다"는 서문을 썼던 저는 지금 "이 책은 속편이 아니다"라는 새로운 서문을 쓰고 있는 중이지요.

『기생충 열전』을 세상에 내보낼 때 전 무척 초조했습니다. 이 책마저 망하면 다시는 책을 내지 못할 것 같은 불안감 때문이었지요. 『서민의 기생충 콘서트』를 내보내는 지금, 전 다른 의미로 초조합니다. 저의 필생의 역작을 과연 독자들이 알아봐 주실 것인가 하는 두려움 때문입니다. 눈 밝은 독자 분이 많기를, 그래서 학생이던 저를 꼬일 때 교수님이 했던 "21세기엔 기생충의 시대가 온다"는 예언이 실현되면 좋겠습니다.

참, '인터넷으로 보면 되겠지'라는 안일한 생각은 하지 마시길! 네이버 연재 글이 많은 부분을 차지한 『기생충 열전』과 달리 이 책은 서른 편 가까운 주옥같은 글들 중 네이버에 실린 글은 단 두 편

뿐이니까요. 그러니 기생충의 세계에 빠지려면 서점에 가는 수밖에 없습니다. 일단 한번 빠져 보십시오. 거기서 나오고 싶지 않을 거라고 확신합니다. 제가 괜히 24년간 그 속에 있었던 게 아니라니까요. 자, 이제 다음 장을 넘기세요. 깊고 깊은 기생충 바다가 펼쳐져 있습니다.

2016년 4월 23일 토요일

집구석에서

I

착한 기생충

1
원포자충

미국을 놀라게 한 기생충

집단 설사의 원인

2013년 6월 중순, 몇 명의 미국인이 심한 설사를 하기 시작했다. 설사는 말 그대로 물에 변이 조금 섞여 있는 수준이었고, 복통도 동반됐다. 밥맛도 없었으니 살이 빠지는 건 당연했다. 한두 명이 하면 '개인적 일탈'로 치부되지만, 수십 명 수준이 되면 '사회적 현상'이 된다. 이때의 설사가 그랬다. 6월 26일이 됐을 때 설사로 고생하는 환자는 285명으로 늘었고, 입원한 환자도 18명이나 됐다. 한 주(州)에 몰려 있다면 원인이 되는 식당을 찾으면 됐지만, 환자들의 거주지는 11개 주에 퍼져 있었다. 보건 당국은 갑작스럽게 발생한 이 사태의 원인을 찾으려고 동분서주했다. 가장 가능성이 높았던 세균에서는 음성 반응이 나왔고, 바이러스는 당연히 아니었다. 그렇다면 남은 건 기생충밖에 없었다. 혹시나 싶어 와포자충(『기생충 열전』 참조)을 의심해 항산성 염색을 해 봤다. 뭔가가 나왔다. 그런데 와포자충이 아닌 다른 기생충이 분홍색으로 빛나고 있었다. 원포자충(싸이클로스포라, Cyclospora)이었다.

원포자충이란?

기생충은 눈에 보이는 것과 보이지 않는 것으로 구분되는데, 보이는 것을 연충(helminth)이라 하고, 안 보이는 것을 원충(protozoa)이라고 한다. 원포자충은 크기가 8~10마이크로미터인 작은 기생충으로, 원충에 속한다. 이 기생충에 감염되면 입맛이 없어지고 피로, 체중 감소, 복통 등이 있을 수 있지만, 대표적인 증상은 물 같은 설사다. 대략 7일의 잠복기를 거친 후 설사가 시작되는데, 건강한 사람은 2주 안에 설사가 멎지만 면역 상태가 안 좋은 사람의 경우 설사가 지속될 수 있다.

원포자충은 사람이 유일한 종숙주다. 그들은 소화기관을 구성하는 세포 안에 들어가 사는데, 거기서 짝짓기를 해서 '오오시스트(oocyst)'라는, 알 비슷한 것을 만들어 대변으로 내보낸다. 이 오오시스트가 다른 사람의 입으로 들어가면 감염이 이루어진다. 이런 가정을 해 보자. 냉면 집 주방장이 화장실에 갔는데, 뒤처리를 하다 손에 오오시스트가 묻었다. 그런데 이분이 워낙 대범해서 손을 안 씻고 그 손으로 면을 주물렀다면 어떻게 될까? 손에 있던 오오시스트가 면에 묻었을 테니 원포자충에 감염될 거라고 생각하겠지만, 그건 아니다. 사람 몸 밖으로 나간 오오시스트는 수일에서 수 주간 숙성돼야 다른 사람에게 감염될 수 있다. 이 말의 의미는 대변이 위생적으로 처리되는 나라에서는 주방장이 아무리 대범하다고 해도 이 기생충이 유행하기 어렵다는 것이다. 우리나라 국민 대부분이 원포자충을 모른 채 살아가는 건 그런 까닭이다.

대변에서 나온 물체가 일상적으로 사람 입으로 들어가는 나라에

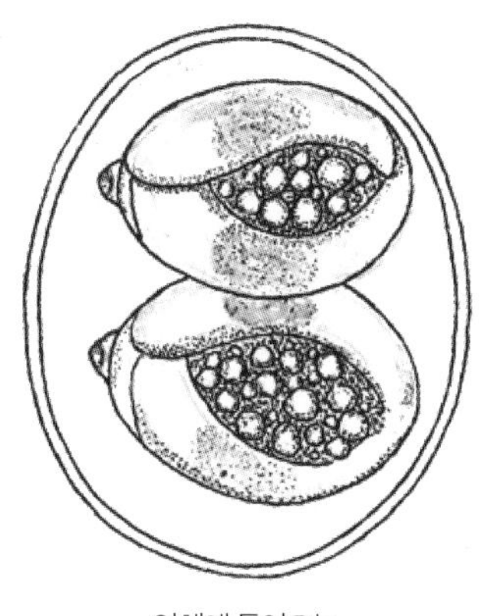

인체에 들어오는
성숙한 오오시스트

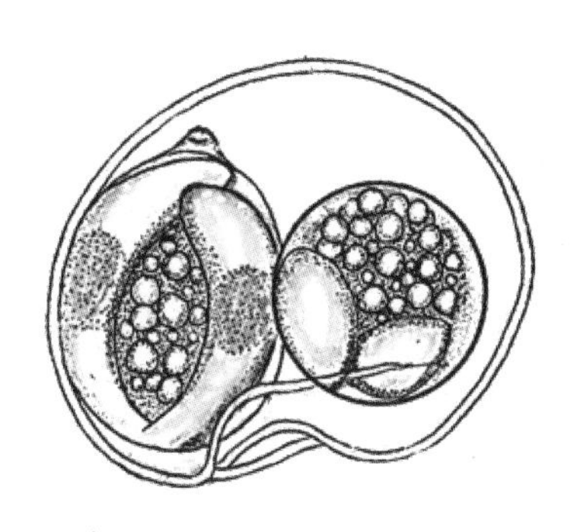

인체 안에서 터져서
포자소체가 나오기 직전의 모습

원포자충 오오시스트

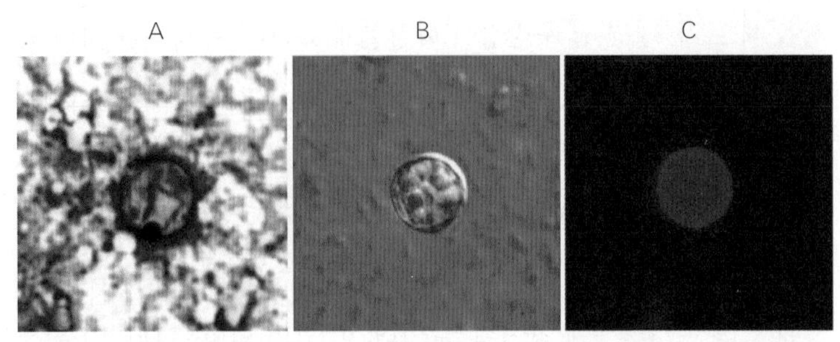

A: 항산성 염색을 한 원포자충, B: 위상차 현미경[1]으로 본 원포자충, C: 자외선을 쪼인 후 형광현미경으로 본 원포자충

선 이 기생충이 만연해 있겠지만, 그렇다고 해서 그 나라에서 이 기생충이 관심사가 되는 것도 아니다. 왜? 원포자충 감염 여부를 알아내려면 대변의 일부를 슬라이드에 문지른 후 '항산성 염색'이란 걸 해야 한다. 이 염색을 하려면 시간이 꽤 걸리고, 사용하는 시약 값도 만만치 않다. 그러다 보니 이런 의문이 든다. '어차피 사람이 죽는 병도 아니고, 설사를 하게 만드는 다른 원인도 많은 판국에 원포… 뭐라는 기생충을 진단하기 위해 몇 시간을 투자하는 게 과연 옳은 것일까?' 선진국에서는 감염되기가 어려워 이 기생충을 모르고, 후진국에서는 진단이 어려워 이 기생충을 모른다. 그래서 21세기가 되기 전까지만 해도 원포자충을 아는 사람은 드물었다. 원포자충이 무명 시절에서 벗어나 자신의 이름을 떨치려면 어떻게 해야 할까? 두 가지 방법이 가능했다. 선진국 주민들이 다른 나라를 여행하다

1 피검체의 광학적 두께의 차를 명암의 차로 바꾸어 식별하게 한 현미경

걸려서 들어오는 게 그 하나고, 또 다른 하나는 후진국의 감염원이 선진국으로 흘러들어 와 환자를 만드는 것이다.

미국 집단 발병의 원인은?

원포자충이 설사의 원인임을 알았다고 해서 문제가 해결되는 것은 아니었다. 감염원을 찾아 새로운 감염을 차단해야 유행이 진정될 테니 말이다. 하지만 감염원은 쉽사리 발견되지 않았고, 8월 31일까지 발생한 환자는 모두 631명으로 늘어났다. 힌트는 가장 많이 발생한 지역이 텍사스라는 사실이었다. 전체의 43퍼센트에 해당되는 270명이 원포자충에 걸렸다.

질병관리본부는 감염원을 찾기 위해 다음과 같은 조사를 시행했다.

1) 텍사스 환자들 중 14일 이내에 외국에 다녀오지 않은 사람을 골랐다. 외국에서 걸린 경우를 배제하기 위해서였다.

2) 큰 병원에서 원포자충으로 확진된 환자를 선별했다. 설사병이 돌 때는 병원에서 "아마 그 병일 것 같네요."라고 덩달아 진단하는 경우가 있기 때문에 감염원을 찾을 땐 원포자충의 오오시스트가 관찰된 환자를 추적하는 게 확실하다.

3) 그 환자들이 최근 2주 사이 공통적으로 간 식당이 있는지, 아니면 어느 마트에 가서 식 재료를 샀는지를 확인했다.

질병관리본부는 드디어 감염원으로 의심되는 식당을 찾아냈다. 자신들이 추적한 환자 38명 중 25명이 잠복기 동안 텍사스의 한 식당을 방문했던 것이다. 다음으로 알아야 할 것은 이들이 무엇을 먹고 감염됐는지 여부였다. 이건 환자들의 신용카드 정보를 통해 확인이 가능했다. 미나리과 식물인 실란트로(cilantro)는 모두 먹었고, 옥수수 토르티야와 마늘은 한 명 빼고 모두, 양파는 두 명 빼고 모두……. 질병관리본부는 치밀했다. 같은 기간 동안 그 식당에 방문했지만 원포자충에 걸리지 않은 사람들도 불러서 뭘 먹었는지 조사했다. 그래야만 뭘 먹고 걸렸는지 확실히 알 수 있을 것이기 때문이다. 과연 이들은 감염자들에 비해 실란트로를 '현저히' 덜 먹었다. 미국을 들끓게 한 설사의 원인은 실란트로였고, 이 식당에 실란트로를 공급한 곳은 멕시코에 있는 '테일러 팜'이라는 곳이었다.

실란트로. 우리는 흔히 '고수'라고 부른다. 잎에서 독특한 향이 난다

미국의 원포자충 유행은 2013년이 처음은 아니었다. 1996년 과테말라에서 수입한 라즈베리(산딸기의 일종) 때문에 미국과 캐나다에서 1천 명

이 넘는 환자가 발생했고, 1997년에는 페루에서 들여온 양상추로 인해 97명의 환자가 생겼다. 2000년 필라델피아를 강타한 집단 설사는 결혼식 파티에서 먹은 웨딩 케이크에 들어 있던 라즈베리가 원인이었다. 나중에 먹다 남은 케이크에서 원포자충이 발견된 바 있는데, 이 라즈베리의 수입처는 과테말라였다. 설사병의 원인을 두 차례 제공한 탓에 미국에선 2000년대 이후 과테말라 라즈베리 수입을 중단하다시피 했는데, 이번엔 멕시코의 실란트로가 문제가 된 것이다. 라즈베리냐, 실란트로냐, 아니면 양상추냐. 중요한 건 야채의 종류가 어떤 것이냐가 아니라, '그 야채를 도대체 어떤 물로 씻느냐'였다. 이들 지역에서 야채를 재배할 때, 그리고 씻을 때 쓰는 물에는 원포자

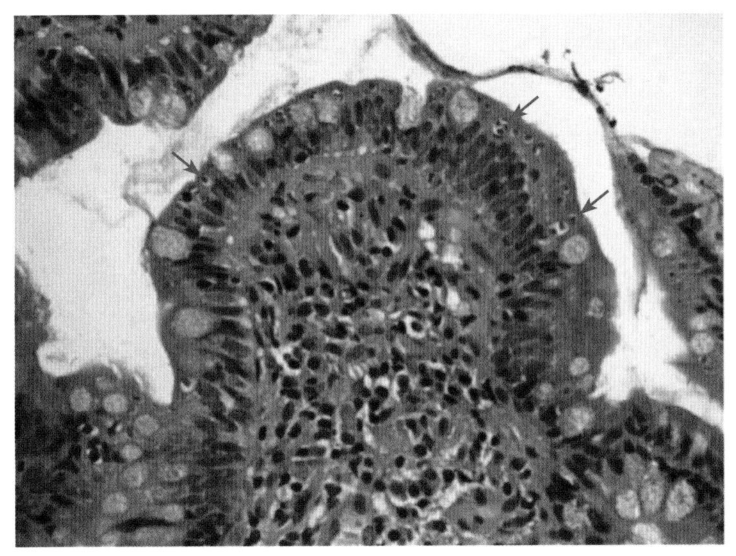

원포자충에 감염된 사람의 장. 화살표가 원포자충이다

충의 오오시스트가 '잔뜩' 들어 있었고, 한 번 묻은 오오시스트는 식당에서 대충 씻는 걸로는 쉽사리 떨어지지 않았다. 좀 사는 나라들은 앞으로도 야채 등의 식 재료를 다른 나라에서 들여올 수밖에 없으니, 이로 인한 기생충의 유행은 피할 수 없는 숙명이 아닐까 싶다.

한국의 원포자충 감염

2001년 12월 21일, 14세 소녀가 진주 모 병원을 방문했다. 물 같은 설사가 하루 5~6차례 반복되는 통에 정상적인 생활을 하기 어려워서였다. 소녀는 가족들과 함께 발리와 자카르타에 놀러 갔는데, 귀국하기 4일 전인 12월 16일부터 설사가 시작됐다고 했다. 소녀의 아버지도 비슷한 증상이 생겨 현지 병원에 찾아간 적이 있었다니, 아무래도 감염에 의한 설사 같았다. 게다가 소녀가 방문한 인도네시아는 의사 생각엔 온갖 병원체들이 돌아다니는 나라가 아닌가? 의사는 정확한 진단과 치료가 필수라고 생각해 소녀에게 입원을 권했다. 온갖 검사가 시행됐다. 살모넬라균을 비롯해 각종 세균에 대해 검사한 결과는 모두 음성이었다. 기생충의 알 같은 것도 발견되지 않았다. 혈액 검사에서 염증 수치가 높게 나오는 것으로 보아 뭔가 있긴 한데, 그게 뭔지 아무리 조사해도 나오지 않았다. 설사는 그 후로도 10일 넘게 계속되다가 별다른 치료도 안 했는데 저절로 멎었다. 의사들이 가장 두려워하는 상황이 바로 이런 것이다. 소녀와 보호자들은 불신의 눈으로 의사를 째려보다 퇴원했으리라.

여기서 멈췄으면 그 의사는 계속 패배감 속에 살았을 테지만, 그 의사는 그런 사람이 아니었다. 의사는 검사하고 남은 대변을 건국대병원으로 보냈다. 왜 하필 건국대일까? 그 의사는 혹시 와포자충일지도 모른다고 의심했는데, 건국대에는 와포자충의 대가인 유재란 교수님이 계시기 때문이다. 샘플을 받은 유 교수는 환자의 대변을 슬라이드에 문지른 뒤 항산성 염색을 했다. 현미경으로 관찰한 결과 분홍색의 오오시스트가 보였다. 와포자충(5㎛)보다 크기가 훨씬 큰, 원포자충(8~9㎛)이었다(아래 사진). 추후 시행한 DNA 진단 결과에서도 원포자충이 맞는 것으로 나왔다.

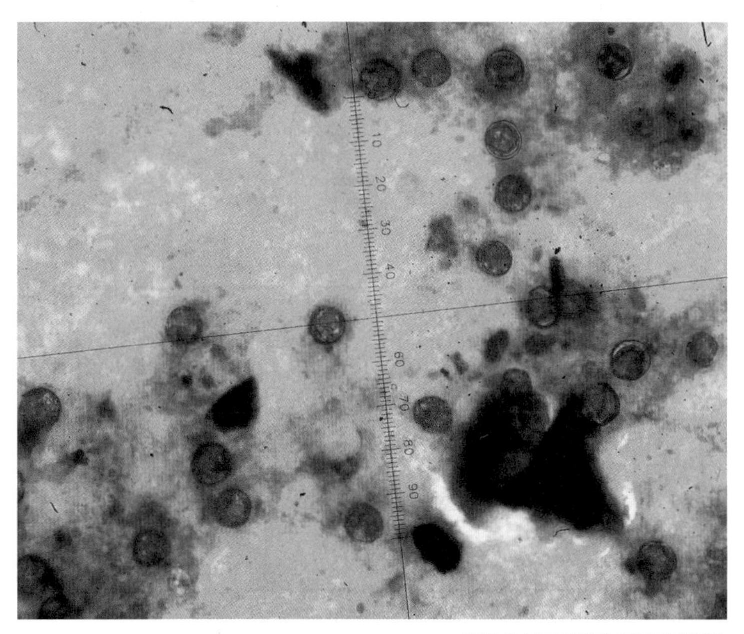

분홍색 동그라미가 원포자충이다

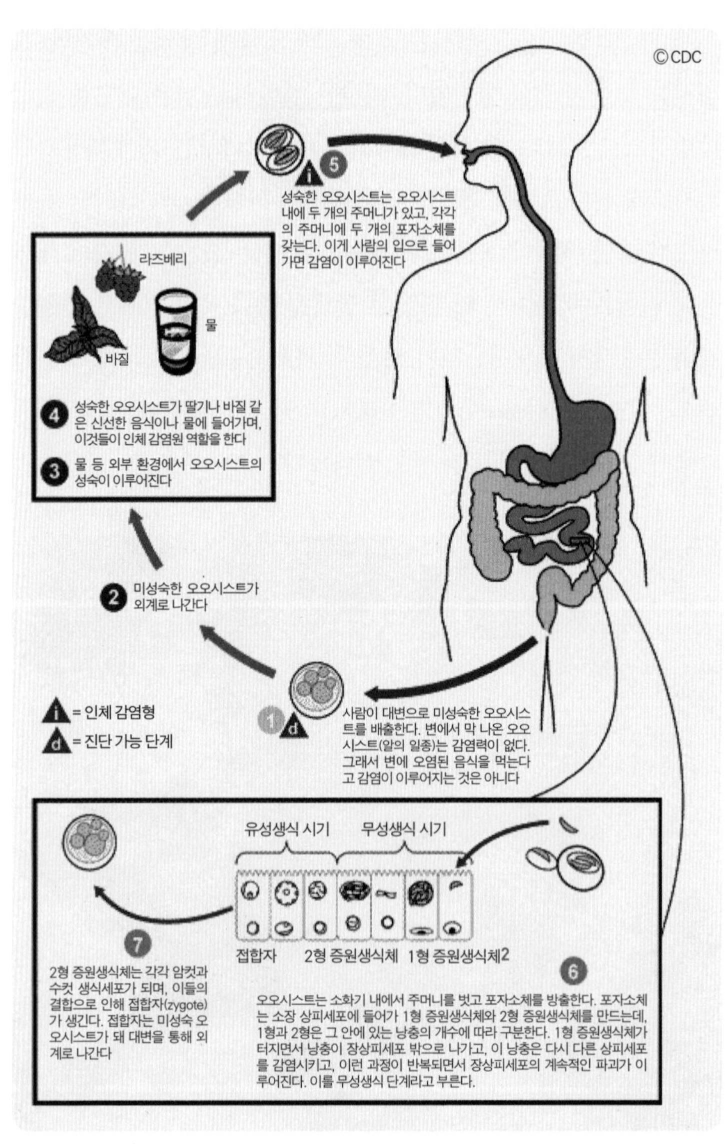
©CDC
성숙한 오오시스트는 오오시스트 내에 두 개의 주머니가 있고, 각각의 주머니에 두 개의 포자소체를 갖는다. 이게 사람의 입으로 들어가면 감염이 이루어진다
라즈베리
물
바질
성숙한 오오시스트가 딸기나 바질 같은 신선한 음식이나 물에 들어가며, 이것들이 인체 감염원 역할을 한다
물 등 외부 환경에서 오오시스트의 성숙이 이루어진다
미성숙한 오오시스트가 외계로 나간다
= 인체 감염형
= 진단 가능 단계
사람이 대변으로 미성숙한 오오시스트를 배출한다. 변에서 막 나온 오오시스트(알의 일종)는 감염력이 없다. 그래서 변에 오염된 음식을 먹는다고 감염이 이루어지는 것은 아니다
유성생식 시기
무성생식 시기
접합자
2형 증원생식체
1형 증원생식체2
2형 증원생식체는 각각 암컷과 수컷 생식세포가 되며, 이들의 결합으로 인해 접합자(zygote)가 생긴다. 접합자는 미성숙 오오시스트가 돼 대변을 통해 외계로 나간다
오오시스트는 소화기 내에서 주머니를 벗고 포자소체를 방출한다. 포자소체는 소장 상피세포에 들어가 1형 증원생식체와 2형 증원생식체를 만드는데, 1형과 2형은 그 안에 있는 낭충의 개수에 따라 구분한다. 1형 증원생식체가 터지면서 낭충이 장상피세포 밖으로 나가고, 이 낭충은 다시 다른 상피세포를 감염시키고, 이런 과정이 반복되면서 장상피세포의 계속적인 파괴가 이루어진다. 이를 무성생식 단계라고 부른다.

원포자충의 생활사

아마도 소녀는 인도네시아에서 물이나 야채를 잘못 먹어서 감염됐을 것이다. 실제로 인도네시아는 원포자충이 굉장히 유행하는 나라이며, 11월에서 5월 정도까지 환자가 많이 발생한다. 소녀가 인도네시아를 방문했던 건 12월이었으니 시기적으로도 맞는다. 진단을 미리 했다면 병원에서 이 소녀에게 어떤 약을 썼을까? 원포자충은 면역 기능이 정상이면 2주 이내에 설사가 멎으니, 진단이 제때 됐더라도 특별히 해 줄 것은 없었다. 트리메토프림설파메톡사졸(trimethoprim-sulfamethoxazole)이라는 약을 쓰면 설사가 좀 더 빨리 멎을 수 있긴 하지만 말이다. 그런데 "환자 분은 원포자충에 감염됐습니다. 열흘 안에 설사가 멎을 거예요."라고 말하는 거랑 "글쎄요, 좀 두고 봅시다."라고 말하는 것은 의사에 대한 환자의 신뢰성 차원에서 많이 달랐을 터, 정확한 진단은 언제나 필요하다.

한국의 원포자충

위에서 소개한 사례가 한국에서 발생한 원포자충의 유일한 사례다. 그렇다고 해서 이 질환이 우리나라에서 한 번도 발생하지 않았다고 생각해선 안 된다. 항산성염색이라는 복잡한 과정을 거쳐야

---

2 증원생식체(meront, 增員生殖體): 원포자충이 소장 상피세포 내에서 분열해 여러 개의 낭충(merozoite, 원충 같은 원생동물의 무성생식에 의해 생기는 포자체)을 갖고 있는 상태를 말한다. 낭충의 개수에 따라 1형과 2형으로 나눠지는데, 1형 증원생식체의 낭충은 다른 소장 상피세포를 감염시키는 반면 2형 증원생식체는 ❼에 써 놓은 것처럼 암컷과 수컷 생식세포가 되어 접합자를 만든다.

하는 번거로움이 있어서, 이 질환이 발생했다 하더라도 모르고 넘어간 경우가 꽤 있었을 것이다. 대량으로 설사가 발생하면 그 원인을 찾으려고 하겠지만, 한두 명만 걸리고, 또 2주 안에 설사가 멎는데 진단을 위해 동분서주할 병원이 얼마나 되겠는가? 그래도 주의할 필요는 있다. 우리나라 역시 많은 농산물을 외국에서 들여오고, 그 나라들의 위생 수준이 다 좋은 것은 아니니 말이다. 이 소녀처럼 외국으로 여행을 갈 때도 주의를 기울이는 게 좋다. 외국에 나가서는 반드시 생수를 마셔야 한다. 현지 물을 그냥 마시면 원포자충뿐 아니라 다른 질환에 걸릴 수 있으며, 간만의 외국 여행을 설사의 추억만 남긴 채 마감할 수도 있으니까.

원포자충

- **위험도** | ★★
- **형태 및 크기** | 8~10㎛
- **수명** | 수일~수개월
- **감염원** | 대변
- **특징** | 사람이 유일한 종숙주다. 소화기관을 구성하는 세포 안에 들어가 산다. 대략 7일의 잠복기를 거친 후 설사가 시작된다. 건강한 사람은 2주 안에 설사가 멎지만 면역 상태가 안 좋은 사람은 설사가 지속될 수 있다.
- **감염 증상** | 물 같은 설사, 피로, 체중 감소, 복통
- **진단 방법** | 항산성염색
- **착한 기생충으로 선정한 이유** | 지카바이러스는 뇌 없는 아이를 태어나게 한다는데, 2주 이내에 멎는 설사 정도면 양반이다.

2
시모토아 엑시구아

책임감의 상징

비열한 악당 오마토코이타 엘롱가타

문제 하나. 기생충이 가장 좋아하는 기후대는 어디일까? 아프리카가 속한 열대를 먼저 떠올리겠지만, 사실 기생충은 온대 지방에 더 많다. 사람이 살기 좋은 곳은 기생충도 살기 좋기 때문이다. 회충을 예로 들어 보자. 회충 알이 땅속에서 잘 발육되어 사람에게 감염될 수 있는 상태에 이르려면 어느 정도의 습기가 있어야 한다. 만약 낙타를 타고 가던 상인이 사하라사막에 변을 보면서 수만 개의 회충 알을 뿌려 놓는다고 해 보라. 그 회충 알 중 제대로 살아남을 놈이 몇이나 되겠는가? 다음 문제. 그럼 기생충이 가장 적게 분포하는 기후대는? 흔히 추운 지방을 떠올릴 텐데, 이번엔 그게 정답이다. 회충 알이 제 아무리 두꺼운 단백질 코트를 껴입고 있어 봤자 꽁꽁 언 땅에서는 발육할 재간이 없지 않겠는가? 기생충이 무섭다면 추운 나라로 이민 가는 것도 생각해 볼 만하다.

북극 가까운 곳에 그린란드라는 나라가 있다. 지구본의 맨 위쪽에 있다 보니 잘 안 보게 되고, 여러 나라의 식민지를 거친 현재도 덴마크의 속국이라는 처량한 지위지만, 면적으로 따지면 세계 12위에 해당하는 큰 나라다. 국토의 85퍼센트 가량이 얼음으로 덮여 있긴 하지만 말이다. 자, 이 나라에는 어떤 기생충이 있을까? '추운 곳이라 없다'라고 대답하고 싶겠지만, 어떤 환경이든 적응할 수 있는 게 기생충이다. 예컨대 북극곰과 바다표범에 선모충이라는, 근육에 사는 기생충이 있다. 땅에서 발육하는 게 아니라 동물들 간의 잡아먹힘을 통해 전파가 이루어지니 추운 나라라고 해도 별 문제는 없다(『기생충 열전』 189쪽 참조). 또한 이 동물들을 사람이 먹으면 인체 감염이 이루어지는데, 실제로 1940년대와 1950년대에 이 기생충으로 인한 환자 발생이 제법 많았다고 한다.

하지만 그린란드의 기생충 중 내게 가장 깊은 인상을 준 것은 선모충이 아닌, 상어에 기생하는 기생충이었다. 그린란드 상어는 3~5미터에 달하는 커다란 크기에 400킬로그램이 넘는 당당한 체구를 자랑한다. 웬만한 동물은 통째로 삼켜 버리는 포악한 녀석인데, 몇 년 전에 잡힌 그린란드 상어의 위(胃)를 보니 순록과 북극곰이 그대로 남아 있었다고 한다. 그렇게 세상에 무서울 게 없어 보이는 이 그린란드 상어도 무서워하는 게 있으니, 바로 상어의 눈에 기생하는 오마토코이타 엘롱가타(Ommatokoita elongata)이다. 이 기생충은 갈고리처럼 생긴 한쪽 끝을 상어 눈에 박아 놓고서 상어의 눈 조직을 야금야금 먹으면서 사는데, 이러다 보니 상어가 시력을 잃는 건 당연한 일이다. 물론 상어는 원래 후각이나 촉각으로 살아가는 존재인지라 큰 불편함은 없다고 손사래를 치지만, 북극곰도 삼키는 무서운 상어의 눈에 들어가 실명까지 시키는 기생충이라니, 놀랍기 그지없다. 사람은 북극곰을 만나면 끝장이다. 그 북극곰은 상어한테 한입에 먹힌다. 그 상어는 눈에 기생하는 오마토코이타에게 꼼짝을 못하며, 실명까지 한다. 이렇게 기생충이 승리하긴 했지만, 난 이 기생충의

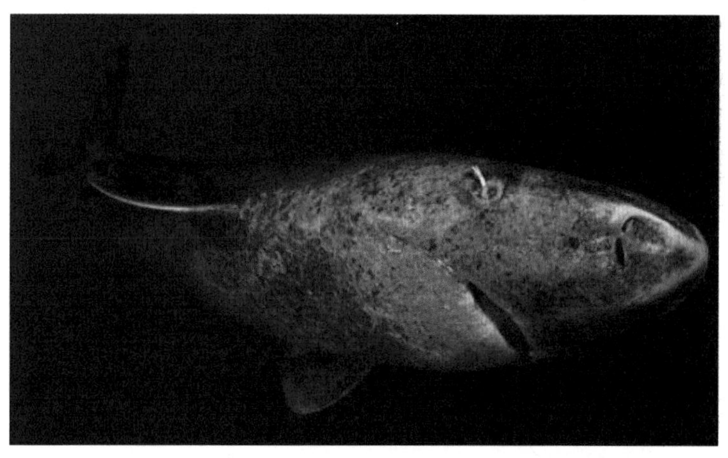

상어의 눈물처럼 보이는 게 상어 눈에 매달려 있는 오마토코이타 엘롱가타다

편을 들어 줄 마음이 없다. 샥스핀의 재료로 쓰이는 지느러미를 비롯해 먹을 게 천지인 것이 바로 상어인데, 하필이면 눈으로 가서 실명을 시키다니, 이건 "숙주에게 최대한 피해를 주지 않는다"는 기생충의 정신에 어긋나지 않는가? 이렇게 수단, 방법을 가리지 않고 이기면 뭐할 것인가? 이런 놈들 때문에 기생충이 욕을 먹는 것이다.

시모토아 엑시구아

그래서 이 기생충을 소개한다. 시모토아 엑시구아(Cymothoa exigua)라는 이름의 이 기생충은 멕시코 등 중남미의 해안에 서식한다. 이 기생충의 특징은 숙주인 도미류 물고기(구체적으로 스포티드 로즈 스내퍼, spotted rose snapper, 이하 물고기로 통일)의 혀를 없앤다는 것이다. 원래 시모토아는 물고기의 아가미로 들어와 거기서 살다가, 암컷이 성숙해 짝짓기를 하고 나면 물고기의 입안으로 기어올라 간다. 튼튼한 뒷다리를 이용해 자리를 잡은 시모토아 암컷은 강력한 앞발로 혀에 구멍을 뚫고 피를 빨아 먹기 시작한다. 혀는 피가 부족해서 썩어 버리고, 결국 떨어져 나간다. 한 연구자가 멕시코 인근에서 도미 37마리를 잡은 결과 두 마리에서 시모토아가 발견됐는데, 혀의 90퍼센트 이상이 없어졌단다. 여기까지만 보면 시모토아는 오마토코이타와 다를 바 없는, 나쁜 기생충이다. 하지만 생각해 보자. 누구나 잘못은 할 수 있지 않은가? 착한 사람이라고 해서 실수하지 말란 법은 없다. 착한 이와 나쁜 이가 나뉘는 것은 자신이 한 실수에 대해 충분히 사과하고 그에 걸맞은 책임을 지는가 여부다. 오마토코이타가 나쁜 기생충인 건 상어한테 "어차피 넌 시력이 필요 없잖아."라고 변명을 했기 때문이다.

하지만 시모토아는 그와는 다른 행동을 보인다. 일단 시모토아는 가슴에 있는 일곱 쌍의 다리를 이용해 남은 혀 조각과 입 바닥에 달라붙는데, 그 모습이 꼭 혀처럼 보인다. 이걸 본 어느 학자는 "얘가 지금 물고기 혀를 대신하는 거 아니야?"라고 의심했는데, 실제로 시모토아는 그렇게 하는 것으로 알려져 충격을 줬다. 사실 물고기의 혀는 사람의 것처럼 근육으로 된 것도 아니고 내밀 수 있는 것도 아니다. 단지 먹이를 잡아먹을 때 입안에 가둬 두는 정도의 역할만 하면 되는지라 시모토아가 대신하는 게 그리 어려운 일은 아니라고 한다. 게다가 물고기들에게 설문 조사를 해 본 결과 혀가 아예 없는 것보다 시모토아가 있는 게 먹이를 먹는 데 있어서 훨씬 유리

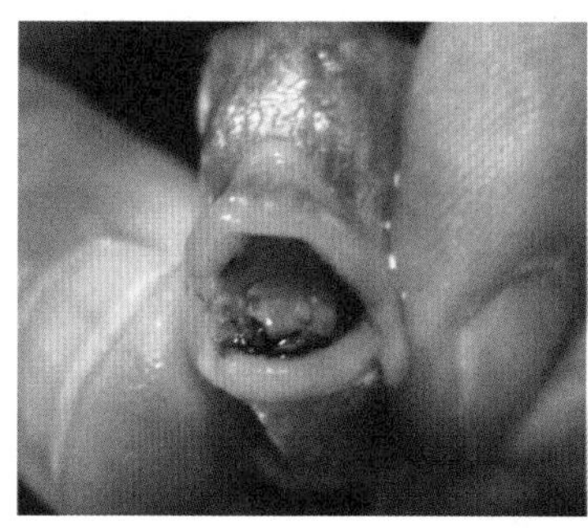
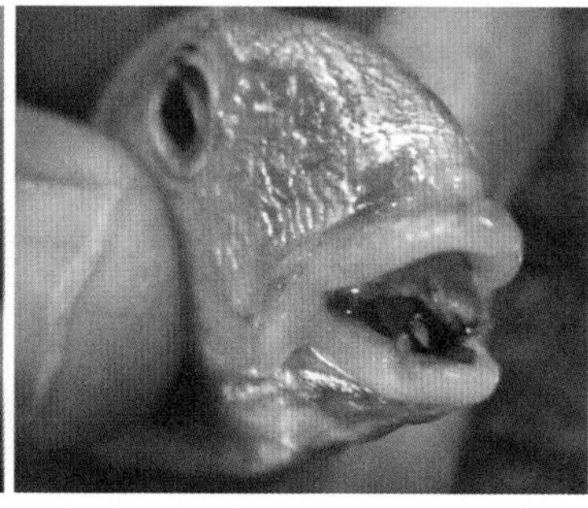

물고기의 혀 역할을 대신하고 있는 시모토아 엑시구아

하고, 그 경우 건강상의 문제도 별로 없는 것으로 드러났으니, 이쯤 되면 시모토아가 자기 책임을 다했다고 볼 수 있다. 숙주가 자라도록 성장호르몬 비슷한 물질을 대신 분비해 주는 노세마(Nosema)란 기생충이 있기는 하지만, 이처럼 숙주의 한 기관을 대신해 주는 '몸 바치는 기생충'은 시모토아가 유일하다.

하지만 여기엔 논란이 있다. 논란이라고 해 봤자 파커(Parker D)와 부스(Booth, A. J)라는 두 명의 학자가 기존 이론에 반기를 든 것에 불과하지만, 아무튼 그들은 시모토아에 감염돼 혀를 잃은 물고기들이 제대로 자라지 못한다는 관찰 결과를 토대로 "시모토아는 물고기한테 해를 준다"고 주장했다. 시모토아가 입안에서 자람에 따라 산소 공급이 어려워지고, 이것이 성장을 저해했다는 게 그들의 추측이다. 이는 시모토아가 있어도 성장이 전혀 저해되지 않았다는 기존의 결과와 배치된다. 이럴 땐 어떻게 해야 할까? 추가적인 연구가 계속 나온다면 명쾌한 결론을 내릴 수 있겠지만, 이에 대한 연구는 거의 없다시피 하다. 다른 연구할 것도 많은데 물고기의 혀를 침범하는 기생충을 연구하는 것이 좀 한가하게 느껴진 것일까? 아무튼 파커와 부스도 시모토아가 혀 노릇을 대신한다는 것을 완전히 부정하지 않은 것으로 보아, 시모토아를 계속 책임감의 상징이라고 우겨도 될 것 같다.

시모토아의 생식(生殖) 생활을 잠깐 들여다보자. 물고기의 아가미를 통해 들어온 젊은 시모토아들은 성숙한 뒤 짝짓기를 하는데, 그 뒤 수컷은 계속 아가미에 남아 있고 암컷은 물고기의 입으로 이동한 뒤 거기에서 알을 낳는다. 둘이 같이 살지 않는 것은 아무래도 입이 좁아서일 텐데, 수컷이 다른 곳으로 이동하는 대신 그다지 환경이 좋지 않은 아가미에 머무르는 건 다른 수컷이 들어오지 못하도록 보초를 서는 의미도 있지 않을까 싶다. 그런데 암컷의 길이를 측정하던 연구팀은 의외의 현상을 목격했다. 시모토아 암컷의 길이가 크게 두 그룹으로 나눠진다는 것이다. 원래 시모토아는 암컷이 3센티, 수컷이 2센티 정도로, 암컷이 수컷보다 훨씬 크다. 그런데 암컷 중 많은 수가 2센티를 조금 넘는 수준에 머물러 있었던 것이다. 물론 사람의 키가 다 다른 것처럼, 이것 역시 개체의 차이라고 여길 수도 있다. 하지만 아무리 그래도 암컷이 2센티까지 작아지고, 또 그런 개체가 많다는 건 뭔가 좀 이상했다. 여기에 대해 조사한 연구팀은 다음과 같은 사실을 알게 됐다. 그 작은 암컷들은 사실은 수컷이 변해서 된 것이었다. 시모토아 아가미에 암수가 함께 있다면 별 문제가 안 되지만, 수컷만 둘이 있다면 이들은 짝짓기와 자손 번식이라는 기생충 본래의 과업을 완수하지 못하게 된다. 그래서 시모토아는 수컷이 암컷으로 변해 다른 수컷과 짝짓기를 하는데, 수컷에서 유래된 암컷은 원래 암컷보다 크기가 한참 작게 마련이다. 이를 통해 우리가 배워야 할 점은 시모토아 수컷이 성전환에 관대하다는 사실이다. 우리가 조금이라도 성전환자를 삐딱하게 봤다면 이번 기회에 반성하자.

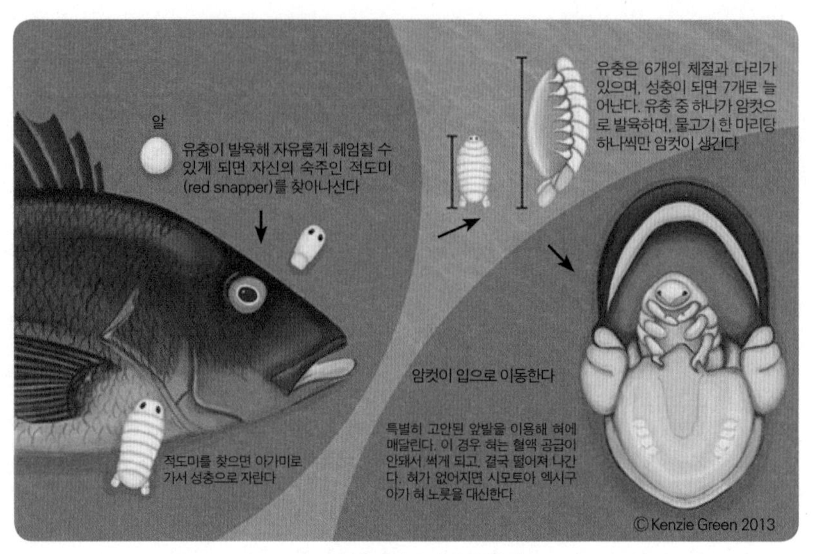

시모토아 엑시구아의 생활사

언젠가 시모토아에 대해 얘기했더니 한 분이 이런 질문을 하셨다.

"혀 노릇을 하는 동안 시모토아는 뭘 먹고 사나요?"

물고기의 피를 빨아 먹고 산다고 했더니 그가 되묻는다.

"그렇다면 시모토아는 나쁜 놈 아닙니까?"

시모토아 대신 혀가 있었다고 해 보자. 어차피 물고기는 혀에 혈액 공급을 해야 하니, 새로운 혀에게 피를 나눠 주는 게 물고기로선 많이 아까울 것 같진 않다. 또 다른 이가 질문을 했다.

"언제까지 그렇게 하나요? 잠깐 하다 마는 건 아닙니까?"

기생충의 선행이 힘든 건, 이렇듯 색안경 끼고 바라보는 시선 때문이리라. 답은 '물고기가 죽을 때까지'이다. 숙주인 물고기가 죽으

죽은 물고기에 매달려 있는 시모토아 엑시구아

면 시모토아는 입을 빠져나와 머리나 몸 바깥에 매달린단다. 사람이 죽었을 때 옆에 매달려 "아이고, 아이고" 하는 행동을 흉내 내는 것인지는 모르겠지만, 시모토아가 애도를 하고 있는 건 틀림없는 것 같다.

더 베이의 아쉬움

이런 기생충이 있다면 캐릭터 상품으로 만들어 집집마다 비치해 놓아야 한다. 갈수록 책임감이 희박해지는 세상에서 시모토아는 책임감을 일깨워 주는 귀감이 될 수 있으니 말이다. 하지만 사람들은 시모토아의 내면을 보는 대신 겉모습만 보며, 심지어 시모토아를 탄압하기까지 한다. 푸에르토리코라는 나라에서 시모토아는 슈퍼마켓에 소송을 제기하는 이유 중 1순위라고 한다. 생선을 샀는데 입에 시모토아가 있으면 좀 놀랄 수는 있겠지만, 어차피 인간에겐 아무런 해도 없는 이 기생충을 가지고 그렇게까지 할 필요가 있을지 모르겠다.

레빈슨(Barry Levinson)이란 분은 한 술 더 뜬다. 그는 시모토아를 주인공으로 한 영화 〈더 베이(The bay)〉를 만들었다. 내용인즉슨 이렇다.

닭 공장에서 닭의 성장을 촉진하기 위해 투여한 스테로이드가 닭의 똥을 거쳐 바다로 흘러 들어가는데, 거기 살던 시모토아가 갑자기 변종이 돼 사람에게 감염될 수 있게 된다. 결국 시모토아는 닥치는 대로 사람들을 살해하며 조용하던 마을을 쑥대밭으로 만든다.

영화를 보면서 '이건 좀 심하네' 하는 느낌을 받았다. 실제보다 훨씬 거대해진 시모토아가 수영하러 바다에 간 여인을 습격하고, 운전 중인 여인을 습격하고, …… 또 습격한다. 자신이 숙주로 삼는 물고기의 혀 노릇을 하고, 물고기의 죽음을 애도해 주는 시모토아가 어찌 저런 짓을 하는 악마로 묘사됐을까? 영화 〈연가시〉가 그랬던 것처럼, 상업 영화가 기생충을 이용하는 방식은 이렇게 대중들이 기생충에게 갖는 공포심을 최대한 증폭하는 것이다. 일본에서 만든 〈기생수〉란 영화 역시 기생충이 사람에게 들어가 뇌를 지배하고, 그 사람으로 하여금 다른 사람들을 마구 잡아먹게 한다는 설정이다. 기생충이 다른 숙주를 죽이는 건 종숙주에게 가기 위함이거나 자손의 증식을 위한 것일진대, 별다른 이점도 없이 사람을 죽이는 녀석으로 표현한 것은 아쉽다. 기생충이 사람을 구하는 따뜻한 영화를 만들어 달라는 게 아니다. 다만 기생충을 있는 그대로라도 그려 달라는 것이다. 그게 그렇게 어려운 부탁일까.

시모토아 엑시구아

- **위험도** | ★
- **형태 및 크기** | 가슴에 일곱 쌍의 다리가 있다. 수컷 2cm, 암컷 3cm
- **수명** | 물고기가 죽을 때까지(기생하던 물고기가 죽었다고 다른 물고기에게 가지는 않는다)
- **감염원** | 사람에겐 감염되지 않는다.
- **특징** | 물고기의 혀에 구멍을 뚫고 피를 빨아 먹는다. 피가 부족해서 혀가 썩어 떨어져 나가면 시모토아가 없어진 혀의 역할을 대신한다. 물고기가 죽을 때까지.
- **감염 증상** | 물고기의 건강상 별 이상은 없다.
- **진단 방법** | 사람에겐 감염되지 않으므로 진단할 필요도, 방법도 없다.
- **착한 기생충으로 선택한 이유** | 혀를 없앤 건 분명 잘못한 것이지만, 그 뒤 행동이 후세의 귀감이 된다.

3
요코가와흡충

요코가와 부자의 기생충 사랑

요코가와흡충의 발견

"아니, 이게 뭐지?"

1911년 12월 1일, 대만에서 잡은 은어의 아가미를 현미경으로 관찰하던 요코가와(Sadamu Yokogawa) 선생은 처음 보는 유충에 흥분한다. 민물고기에는 여러 종류의 디스토마 유충이 들어 있는데, 이 계통에서 산전수전 다 겪은 요코가와 선생(이하 요 선생)이 한 번도 못 본 거라면 신종일 가능성이 높았다. 새로운 종인지 아닌지 확인을 하려면 동물한테 먹인 후 성충으로 키워야 하기에, 요 선생은 은어에서 찾은 유충을 개한테 먹인다. 여기서 문제 하나. 기생충 감염을 확인하기 위해 대변 검사를 한다면 얼마 후에 해야 할까?

폐디스토마는 감염된 뒤 2~3개월이 지나야 어른이 되고, 간디스토마는 한 달 정도 지나야 하는데, 이건 유충이 폐나 간까지 찾아가는 데 시간이 많이 걸리는 탓이다. 생각해 보라. 어린 유충이 그 깜깜한 곳에서 내비게이션도 없이 원하는 장소를 찾아가는 게 어디 쉽겠는가? 반면 장에 사는 디스토마는 이런 점에서 굉장히 유리하다. 유충은 주머니를 쓴 채 사람 입으로 들어가고(이것 때문에 피낭유충이라고 부른다), 위산이 나오는 위를 지나자마자 주머니를 벗는다. 그 탄력으로 계속 내려가다 보면 영양분이 풍부한 작은창자에 도달한다. 우리 장은 영양분을 흡수하기 위해 표면적을 최대한 넓히는데, 그러기 위해 수많은 융모(villi)가 분포해 있다. 장디스토마는 그 융모들 사이에 들어가 영양분을 쪽쪽 빨아 먹으며 어른으로 자란다. 물론 장디스토마도 나름의 고충이야 있겠지만, 다른 기생충들에 비하면 아무것도 아니다. 그러다 보니 장디스토마는 인체 감염 후 열흘 정도면 어른이 되고, 알을 낳는다.

하지만 그게 장디스토마의 유충인지 몰랐던 요 선생은 개한테 유충을 먹인 지 40일 만에 대변 검사를 시행한다. 길이 30마이크로미터의, 생전 처음 보는 기생충 알이 반짝이고 있었다. 감염에 성공한 걸 확인한 요 선생은 지체 없이 개를 잡았고, 작은창자에서 장디스토마의 성충 두 마리를 찾아낸다. 디스토마(distoma)는 입(stoma)이 두(di) 개라는 뜻이다. 충체 맨 앞에 입이 있음에도 중간 부근에 또 입이 있는 것에 놀라 그렇게 부르게 됐는데, 나중에 알고 보니 몸 중간에 있는 것은 입이 아니라 부착만을 위한 '흡반(sucker)'이었고, 배 쪽에 있어서 '복흡반'으로 명명됐다. 이 사실에 근거해 디스토마는 '흡충'으로 명칭이 바뀌었지만, 일반인들에겐 디스토마가 익숙하니 여기서는 그냥 그렇게 부르겠다. 요 선생이 발견한 디스토마는 여러 가지 점에서 다른 것들과 달랐다. 디스토마의 복흡반은 위아래 위치는 좀 다를지언정 충체를 좌우로 나누는 선을 그었을 때 그 선상에 존재하는 게 보통이었다. 그런데 이 기생충은 복흡반이 완전히 오른쪽으로 치우쳐서 존재했다. 두 번째로, 디스토마는 고환이 보통 두 개 있는데, 그 위치는 대개 몸 중앙부보다 조금 아래쪽이었다. 하지만 새로운 기생충은 고환이 충체 맨 끝부분에 딱 붙어 있는 게 아닌가? 요 선생은 은어를 즐겨 먹는다는 대만인 두 명의 대변 검사에서도 개에서 나온 것과 같은 알을 발견함으로써 인체 감염까지 확인했다.

그는 처음 보는 이 기생충에 자기 이름을 붙여 잽싸게 논문으로 제출한다. 신종이라고 생각하긴 했지만 속(genus)까지 바꿀 마음은 없었던 요 선생과 달리, 당시 학계에서 요 선생보다 더 높은 명성을 갖고 있던 가쓰라다(Fujino Katsurada)는 고환이 아랫(뒤)쪽에 있다는 점에서 새로운 속(genus)을 만들어야 한다고 주장했고, '아랫(뒤)쪽'이라는 뜻의 '메타(meta)'와 '생식기'라는 뜻의 '고니무스

(gonimus)'가 합쳐져 메타고니무스(Metagonimus)라는 속이 만들어진다. 결국 이 기생충의 이름은 요코가와흡충(Metagonimus yokogawai)이 된다. 아버지의 성을 따서 만든 기생충이 있다는 사실에 감동을 받은 아들 요코가와(Muneo Yokogawa)는 자신도 장차 기생충학을 전공해야겠다고 마음먹고 결국 뜻을 이룬다. 아들 역시 기생충학계에서 많은 업적을 남기지만, 아버지 요코가와 선생이 워낙 옛날 분이라 요코가와흡충이 아들 요코가와의 이름을 딴 것이라고 오해하는 분도 있었을 테니, 그에 따른 후광 효과도 누리지 않았을까 싶다. 예컨대 참굴큰입흡충은 서울대 기생충학교실을 만드신 서병설 교수님을 기리는 뜻에서 짐노팔로이데스 서아이(Gymnophalloides seoi)라는 학명이 붙었다. 그런데 서병설 교수님은 20여 년 전에 작고하신 데다 기생충학회 회원 중 서 씨가 나밖에 없다 보니 외국 학자들 중엔 "참굴큰입흡충의 이름을 네가 붙인 거냐?"고 묻는 이들이 가끔 있다. 요코가와 부자와 달리 나랑 서병설 교수님은 혈연관계가 없지만, 성을 잘 타고나면 이런 후광 효과도 얻는구나 싶기도 하다.

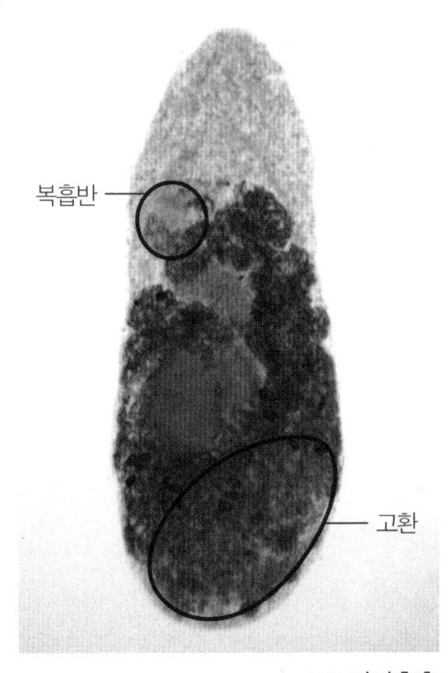

요코가와흡충

요코가와흡충에 대한 면역

기생충에 감염된 환자를 여기다 소개하려면 논문을 검색해 자세한 정보를 알아내야 한다. 그런데 요코가와흡충은 '요코가와흡충', '인체 감염'으로 찾아봤자 나오는 게 없다. 이것에 대한 논문을 쓴 이가 거의 없다시피 하기 때문이다. 왜 그럴까? 첫째, 요코가와흡충은 우리나라와 일본, 중국, 대만에만 분포한다. 이 네 나라 말고 다른 나라엔 감염자가 없으니, 이 4개국 학자를 제외하면 논문을 쓸 수가 없다. 둘째, 요코가와흡충은 우리나라 기생충 중 간디스토마 다음 가는 흔하디흔한 기생충이다. 감염자가 어디서 하나 나왔다, 이런 수준이 아니라 "어느 지역 마을의 40퍼센트가 요코가와흡충에 감염돼 있었다"는 정도이니, 한두 명 가지고 논문을 써 봤자 무슨 의미가 있겠는가? 국가에서 시행한 전 국민 기생충 조사를 보면 2004년 감염률이 0.5퍼센트, 즉 모든 국민의 0.5퍼센트가 요코가와흡충에 걸려 있었다. 2012년엔 0.26퍼센트로 감소하긴 했지만 그래도 감염자 수가 13만 명에 달한다. 간디스토마의 경우 치료를 안 하면 사람이 심한 증상으로 고생할 수도 있고, 담도암을 유발한다는 것도 알려져 있으니 증례 보고가 의미 있겠지만, 요코가와흡충은 증상이 그다지 심하진 않기에 증례 보고의 필요성이 떨어진다.

물론 아무 증상이 없는 건 아니다. 장디스토마가 다 그렇듯 요코가와흡충에 걸리면 배가 아프고 설사를 할 수 있다. 대학에서 조교로 근무하던 시절, 병원 응급실에서 연락이 왔다.

"심한 복통과 설사에 시달리고 있는 20대 남자입니다. 열흘 전 전남 지역에서 생선회를 먹은 적이 있다고 합니다. 기생충 감염을 의심해 대변 검사를 의뢰합니다."

대변 검사를 해 봤더니 크기 30마이크로미터의 알이 보였다. 요코가와흡충이었다. 아마도 이분이 드셨던 건 은어회였던 모양이다. 서울에 살다가 섬진강 유역으로 여행을 간 사람은 이런 증상을 호소하지만, 유행지 지역 주민들은 다르다. 요코가와흡충은 섬진강과 탐진강 유역에서 유행해 이 지역 주민들은 최소 10퍼센트, 많게는 70퍼센트까지 이 디스토마에 걸려 있고, 그중 한 명에게서는 요코가와흡충 63,587마리가 나오기도 했다. 증상이 마릿수에 비례한다면 6만 마리를 몸에 품고 있던 이분은 정상적인 삶을 영위하지 못했을 것 같지만, 놀랍게도 이분의 증상은 살짝 배가 아플까 말까 한 게 고작이었다. 뒤에서 얘기할 호르텐스극구흡충이 그런 것처럼, 여기 주민들도 수없이 반복된 감염으로 인해 생긴 면역 덕분에 증상이 그리 심하지 않을 수 있나 보다. 유행지에 역학조사를 가서 "은어를 날로 드시면 안됩니다."라고 말해도 그분들이 그다지 신경 쓰지 않는 것도 다 이런 믿는 구석이 있어서가 아니겠는가? 은어가 뛰노는 지

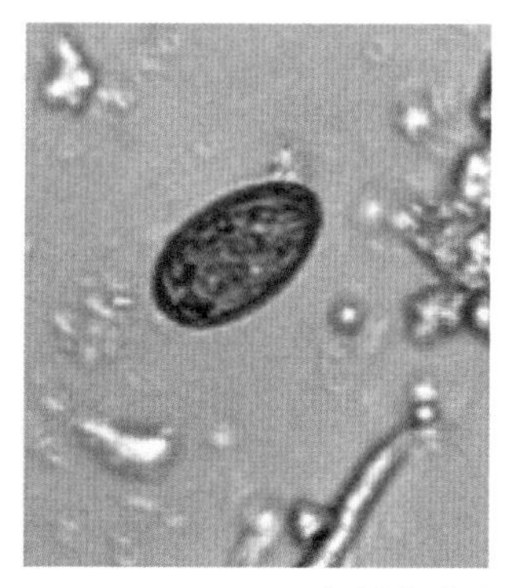

요코가와흡충의 알

요코가와흡충의 감염원 중 하나인 은어

역에 살고, 은어회를 먹으면서 하루의 피로를 푸는 그들에겐 은어회가 가져다주는 기쁨이 요코가와흡충으로 인해 몸이 아픈 것보다 훨씬 더 큰 것 같다.

은어 이야기

은어에는 얼마나 많은 유충이 있을까? 지금은 크게 줄었지만, 과거에는 물고기를 잡아 기생충이 얼마나 있는지 조사하는 연구가 꽤 많이 이루어졌다. 은어도 당연히 그 대상이었는데, 몇 가지만 소개한다.

- 1982년 보고된 연구에선 남해안산 은어는 100퍼센트 감염돼 있었고, 은어 한 마리당 유충 개수는 14,308개였다. 오타가 아니라 1만 4천 개가 맞다. 같은 시기 동해안을 대상으로 한 연구에선 은어 감염률이 42퍼센트, 마리당 개수는 721마리였다.
- 1990년 강원도 양양의 광정천이란 하천에서 조사한 결과, 감염률은 100퍼센트였지만 마리당 개수는 224개였다.
- 2011년 동해안 하천에서 조사한 결과는 감염률 60.7퍼센트, 마리당 61마리였고, 남해안에선 99.3퍼센트 감염률에 마리당 949마리였다.

아직도 감염량이 많긴 하지만, 연도별 추이를 보면 감염량은 줄어들고 있다. 1982년 14,308마리였던 것이 2011년 949마리로 줄지 않았는가? 이유를 추측해 보면 다음과 같다. 요코가와흡충은 다슬기를 제1 중간숙주로 삼고, 거기서 어느 정도 발육한 후 은어에게 간다. 사람은 은어회를 먹을 때 근육에 있는 유충(피낭유충)을 먹고 감염된다. 은어는 물이 아주 깨끗해야 살 수 있는데, 하천이 오염됨에 따라 은어의 숫자가 크게 줄었다. 다음 기사를 보자.

> 해마다 여름이면 은어가 섬진강을 거슬러 올라오는데, 마을 근처 사내들은 이때를 기다려 그물을 들고 강으로 나갔다. 지금은 은어의 수가 많이 줄어 꼼낚시(살아 있는 은어를 미끼로 다른 은어를 낚는 방법)로 겨우 한 마리씩 잡지만, 섬진강이 온통 은빛으로 물들 만큼 은어가 많던 옛

날에는 그물로 뜨거나 대나무 작대기로 그냥 때려서 잡았다고 한다. 은어는 아주 깨끗한 물에서만 살기 때문에 기생충을 염려하지 않아도 되었고, 바위틈의 이끼만 먹기 때문에 살점에서 은은한 수박 향이 났다.

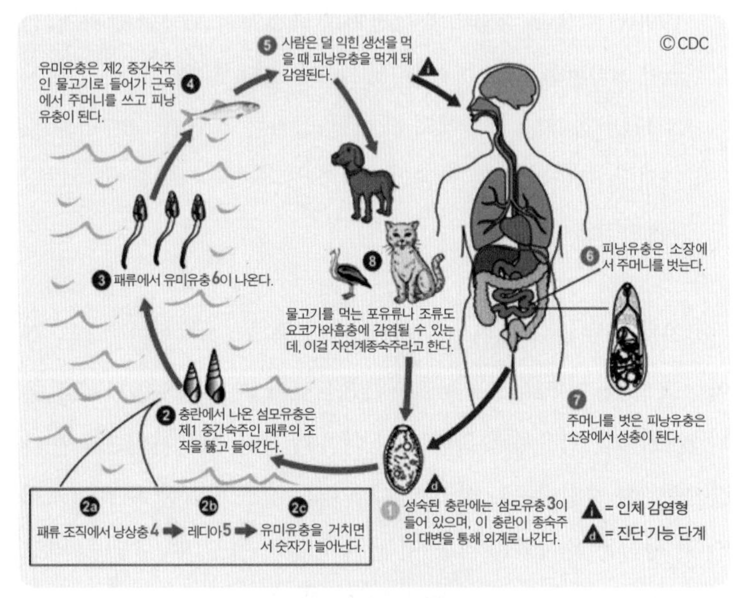

요코가와흡충증의 생활사

---

3 miracidium. 흡충류의 수정란에서 발육한 최초의 유충

4 sporocyst. 커다란 주머니로, 이것이 발육하여 레디아가 된다.

5 redia. 발육 과정 2단계에 나타나는 유충으로, 입과 식도가 있어 음식물을 섭취할 수 있다. 몸 안에 여러 개의 유미유충을 갖는다.

6 cercaria. 편형동물의 발육 과정에서 생기는 유생의 제3대. 꼬리가 달려 있다.

깨끗한 물에서만 살아서 기생충 걱정이 없다는 것은 오류라는 걸 이 책을 읽는 독자라면 다들 아실 것이다. 은어를 먹는 사람이 줄어든 것도 그렇지만, 제1 중간숙주인 다슬기도 깨끗한 물에서만 사는지라 오염에 취약하다. "깨끗한 물, 거기서 뛰노는 은어, 사람들의 뱃속에 있는 요코가와흡충", 이 조합과 "더러운 물, 죽어 버린 은어와 다슬기, 기생충 걱정에서 자유로운 사람들" 중 어느 게 더 좋은지, 한번 생각해 볼 일이다.

요코가와흡충의 분리

요코가와흡충은 다 같은 거라고 생각했지만 균열의 조짐이 나타나기 시작했다. 먼저 스즈키(Suzuki S)는 붕어에서 나온 피낭유충을 쥐한테 먹인 후 기생충의 성충을 얻는다. 흡충의 복흡반이 오른쪽으로 치우치고 고환이 몸의 끝부분에 위치한 건 요코가와흡충과 같지만, 충란이 훨씬 컸고, 고환의 위치와 배열이 조금 달랐다. 결정적으로 은어가 감염원인 요코가와흡충과 달리 붕어가 감염원이니, 이 정도면 메타고니무스라는 속은 바꾸지 못해도 최소한 다른 종으로 독립해야 했다. 그 후 미야타(Miytata I)라는 학자는 피라미를 가지고 비슷한 실험을 해 요코가와흡충은 물론 스즈키의 것과도 다른 제 3의 메타고니무스를 발견한다. 미야타는 자신의 논문에서 "메타고니무스는 한 종이 아니라 여러 종이 있다."라고 주장했지만, 이 주장은 인정되지 않았다. 왜일까? 요코가와 선생의 아들인 또 다른 요 선생이 버티고 있어서였다. 요 선생이 기생충학자가 된 건 순전히 요코가와흡충 때문인데, 자신이 아끼던 그 기생충이 여러 개로 난도질되는 광경은 차마 보고 싶지 않았던 것이다.

학문에 사사로운 감정을 개입하는 건 옳지 않지만, 학계는 원래 보수적인 곳이라 메타고니무스는 그 후로도 오랫동안 한 종이었다. 스즈키의 논문이 1930년, 미야타의 논문이 1941년이었으니, 수십 년간 옳은 주장이 묵살된 셈이다. 난소가 가지를 몇 개 쳤느냐를 가지고 수십 종의 페디스토마를 독립된 종으로 인정했던 걸 감안하면, 이런 행태는 문제가 좀 있다. 사이토(Saito S)라는 분은 참다못해 이 세 종이 다르다고, 니들이 안 하면 나라도 하겠다면서 그 둘이 새로운 종임을 선언하는 논문을 썼다가 결국 파문당했다. 이 문제를 해결한 분이 바로 채종일 교수님이다. 일본에서 벌어지는 암투와 아무런 이해관계가 없던 채 교수는 이 세 종의 DNA 서열이 다르다

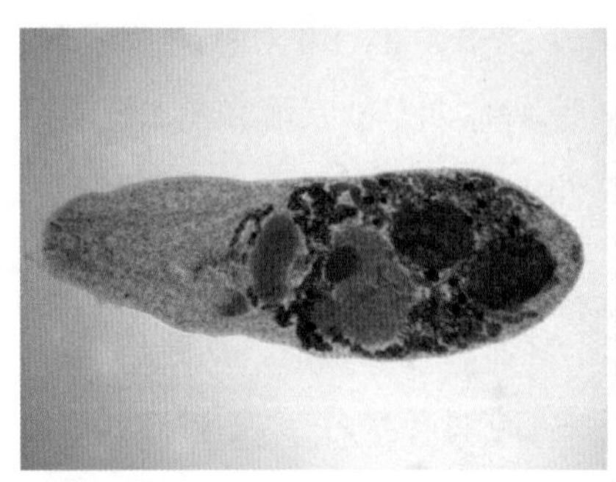
타카하시흡충

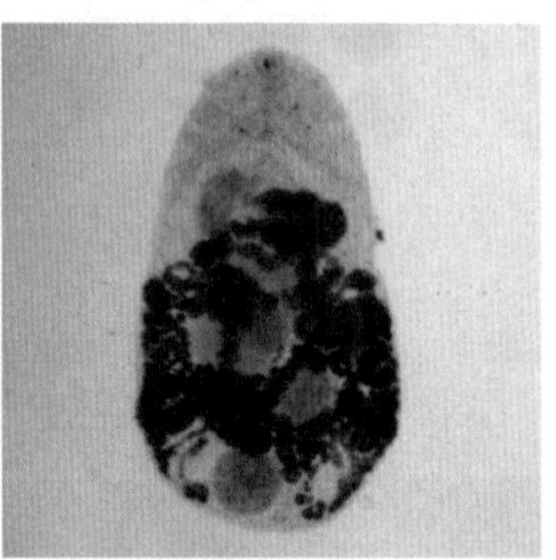
미야타흡충

는 연구 결과를 발표하는 등 착실한 준비를 하던 끝에 1995년 아들 요 선생이 향년 77세로 죽자 바로 세 기생충이 각각 다른 종이라는 논문을 발표한다. 그 뒤 또 다른 종이 추가됨으로써 요코가와흡충은 결국 다음 네 종으로 분리됐다. 요코가와흡충, 타카하시흡충(M. takahashii), 미야타흡충(M. miyatai), 미누트스흡충(M. minutus). 마지막까지 요코가와흡충을 지키려고 했던 요 선생은 이 광경을 보면서 어떤 생각을 하실까.

요코가와흡충

- **위험도** | ★
- **형태 및 크기** | 길이 1.0~1.8mm
- **수명** | 3개월
- **감염원** | 은어, 붕어
- **특징** | 디스토마(흡충)는 일반적으로 고환이 몸 중앙부보다 조금 아래에 있는데, 요코가와흡충은 충체 맨 끝부분에 있다. 복흡반의 위치도 일반 흡충과 달리 완전히 오른쪽이다.
- **감염 증상** | 복통과 설사를 하는 경우도 있다. 처음 감염될 경우에는 한두 마리만으로도 복통을 일으키는 반면, 날로 먹는 식습관을 가진 사람에게는 몇십, 몇 백 마리가 있어도 별다른 증상이 없기도 하다. 단골 대접을 할 줄 아는 기생충이다.
- **진단 방법** | 대변 검사
- **착한 기생충에 선정한 이유** | 에볼라바이러스는 온 몸의 구멍에서 피가 나와 치사율이 70%인데, 요코가와흡충은 기껏 설사와 복통이 고작이고, 그나마 유행지 주민들에게는 증상도 없다.

4
구충

기생충계의 드라큘라

기생충과 빈혈

1880년, 이탈리아에서 15킬로미터에 달하는 긴 터널을 뚫는 공사가 벌어지고 있었다. 첫 환자가 나온 것은 그 해 2월이었다. 공사에 참여했던 인부 한 명이 쓰러졌는데, 검사를 해 보니 빈혈이 심해도 너무 심했다. 병원 측에서는 치료를 하려고 애썼지만, 아쉽게도 그 인부는 목숨을 잃는다. 사망 원인을 알아내기 위해 부검을 한 의사는 깜짝 놀랐다. 그 인부의 소장에서 기생충이 무더기로 나왔는데, 대충 헤아려도 1,500마리는 넘었다. 그 당시엔 기생충과 빈혈의 관계에 주목한 사람이 아무도 없었지만, 그로부터 1년이 채 지나지 않아 비슷한 증상을 호소한 인부가 셋이나 더 나오자 얘기가 달라진다. 혹시나 해서 시행한 대변 검사에서 기생충의 알이 무더기로 발견된 것이다. 게다가 그 인부들은 다음과 같은 말을 했다.

"지금 터널 공사를 하는 인부들 중에 저와 비슷한 증상을 가진 사람이 한둘이 아니에요."

의사들은 의심하기 시작했다. 1센티 남짓한 저 기생충이 빈혈의 원인일지도 모르겠다고.

끝이 구부러진 구충

당시 의사들의 추측대로 터널 인부들을 강타한 빈혈의 원인은 '구충(hookworm)'이란 이름을 가진 기생충이었다. 구충이라고 하면 좀 생소할 수 있을 테니, 과거에 유행했던 약품 광고의 홍보 문구를 떠올려 보자.

"회충, 편충, 요충, 십이지장충에 광범위 구충제 ○○○!"

여기서 말하는 십이지장충이 바로 '구충'으로, 구충은 기생충이 목을 앞쪽으로 구부리고 있어서 전체적인 모양이 '갈고리'처럼 보인다는 것에 착안한 이름이다. 한두 마리가 자느라 그렇게 보이는 게 아니라 발견되는 충체가 다 그런 모습을 취하다 보니 아예 이름으로까지 승화된 것이다. 그런데 구충을 '십이지장충'이라 부르는 이유는 무엇일까? 1838년 두비니(Angelo Dubini)라는 이탈리아 의사가 한 여인을 부검하다가 이 기생충을 발견했는데, 공교롭게도 발

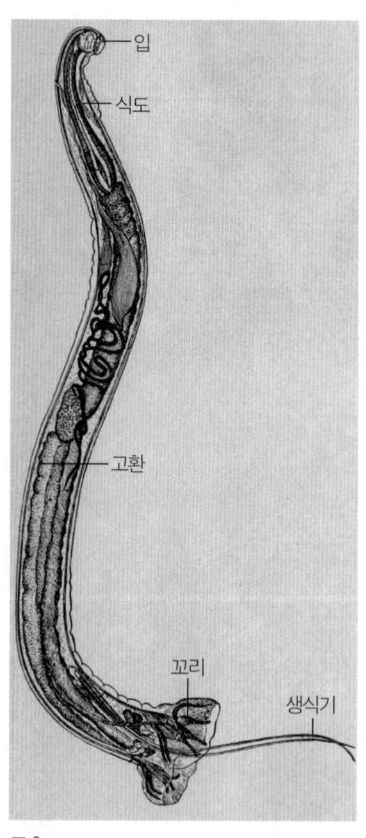

구충

견된 장소가 위 바로 다음에 이어지는 십이지장이었다. 원래 기생충은 영양분이 가장 많은 작은창자, 그중에서도 가운데 위치한 공장(빈창자)을 선호하기 마련이며, 구충의 주요 기생 부위 역시 공장이다. 그런데 구충의 수가 많거나 다른 기생충들이 공장을 차지하고 있으면 십이지장에도 구충이 기생할 수 있는데, 그걸 몰랐던 두비니는 이 기생충에게 '십이지장충'이란 이름을 붙였다(십이지장이 영어로 duodenum인지라 학명은 Ancylostoma duodenale가 됐다). 그래서 나중에 우리나라에서 한글 이름을 붙일 때 학자들은 고민에 빠졌다.

"주로 사는 곳이 공장인데 십이지장충이라고 하면 학생들이 헷갈릴 수 있지 않을까요?"

"그건 그렇지만, 외국에서 잘 쓰는 이름을 아예 외면할 수는 없죠."

이럴 때 택할 수 있는 방법이 이 기생충을 가장 먼저 발견한 사람의 이름을 붙이는 것이다. 결국 이 기생충의 한국 이름은 '두비니구충'이 됐다.

고개를 숙이고 있는 점 이외에도 구충은 특이한 점이 두 가지 더 있으니, 하나는 얼굴의 대부분을 차지하는 입에 두 쌍의 치아가 있다는 것이다. 많은 기생충을 봤지만 호랑이에 필적할 정도로 멋진 치아를 가진 기생충은 구충이 유일하다. 두 번째로 특이한 점은 수컷의 아랫부분에 치마 비슷한 구조물이 있다는 점이다. 『기생충 열전』에서 밝힌 것처럼 기생충은 수컷의 생식기가 충체 맨 아래쪽에 있고, 암컷은 몸 중간쯤에 생식기가 위치한다. 둘이 만나야 역사가 이루어지는 법, 이를 위해 수컷은 끝 부분을 낚싯바늘 모양으로 휘어지게 만듦으로써 교접할 때 암컷을 붙들어 맬 수 있었다. 그런데 구충 수컷은 끝이 구부러지지 않았다. 그렇다면 이들은 어떻게 암컷을 붙잡을까? 답은 '치마를 입는다'였다. 끝 부분이 치마처럼 넓

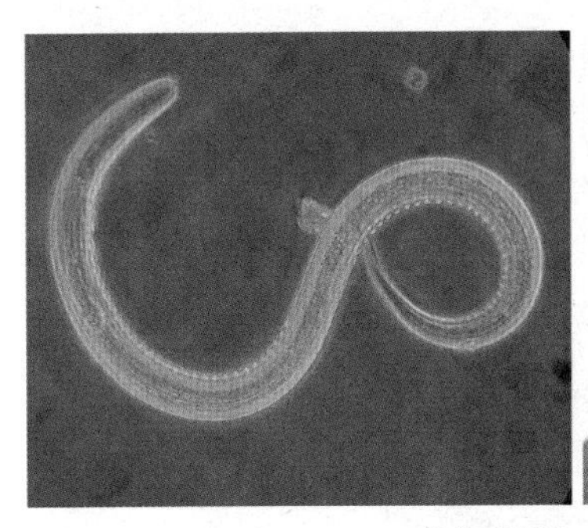

구충의 유충

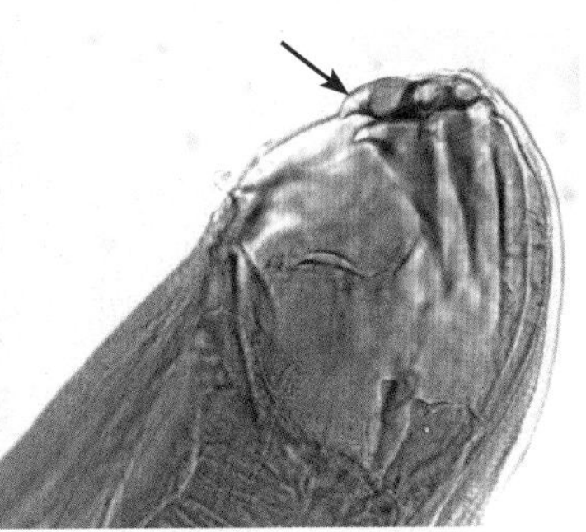

구충의 이빨

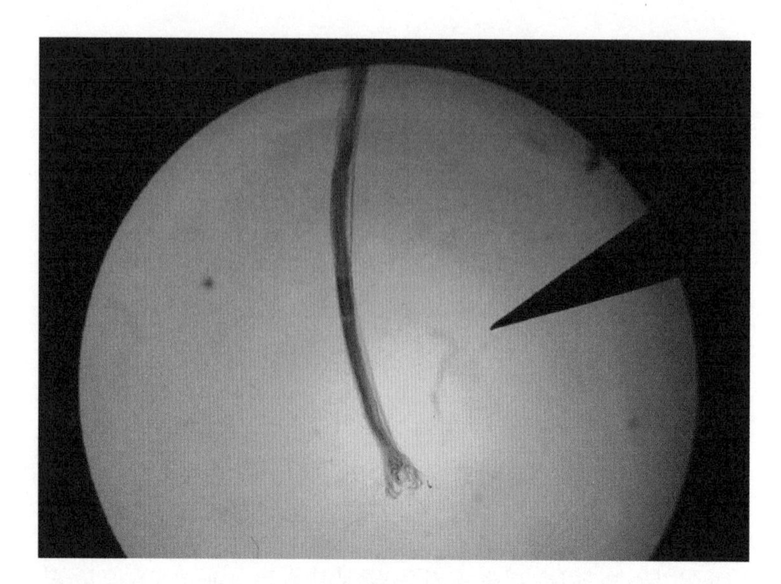

구충 수컷의 끝부분

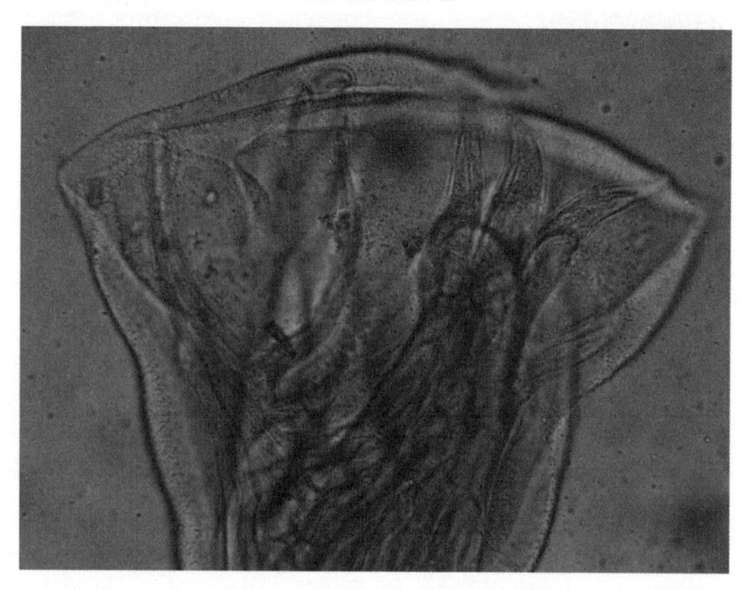

게 펼쳐져 있고, 여러 개의 발이 그 치마를 떠받치는 구조를 가진 덕분에 구충은 끝이 꼬부라진 다른 기생충들보다 훨씬 더 안정적으로 암컷을 붙잡는다. 구충으로서는 여자가 치마를 입는 인간들이 좀 이상하게 보일 수도 있겠다.

구충이 빈혈을 일으키는 이유

두비니구충 이외에 사람에게 감염되는 구충이 한 종류 더 있는데, 그게 바로 '아메리카구충(Necator americanus)'이다. 두비니구충은 유럽과 지중해 그리고 일부 아시아 지역에서 발견되고, 아메리카구충은 북미와 남미 대륙에서 주로 유행한다. 그런데 아메리카구충은 주요 유행지 외 사하라 남부 아프리카와 인도 등 다른 지역에도 분포하는데, 원래 아프리카 지역에 유행하던 것이 노예 무역을 통해 아메리카 대륙으로 전파됐다는 설이 유력하다. 같은 구충인데 종(species)이 다르고 심지어 속(genus)마저 다른 걸 보면 둘 사이에 무슨 엄청난 차이가 있을 것 같다. 얼굴에만 한정하면 분명 그렇다. 두비니구충에는 두 쌍의 치아가 있는 반면 아메리카구충에는 치아가 없다. 대신 칼처럼 생

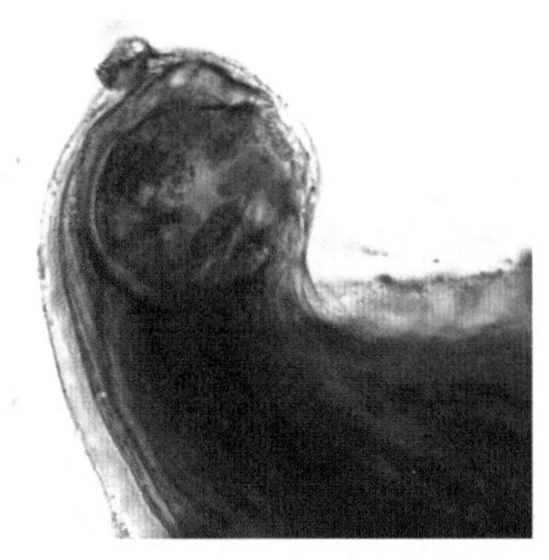

아메리카구충. 이빨이 없다

긴 기구가 입 양쪽에 달려 있다. 이걸 절단판(cutting plate)이라고 부르는데, 도대체 왜 아메리카구충이 치아 대신 절단판을 택했는지는 알려진 바가 없다. 얼굴 모양을 제외하고는 둘 사이에 육안으로 구별할 만한 차이점은 존재하지 않으니, 얼굴이 유일한 감별 점인 셈이다.

치아와 절단판, 다른 기생충에는 드문 이 두 가지 도구를 이용해서 구충은 숙주의 장에 매달려 피를 빨아 먹는다. 구충이 혈청에 있는 영양분을 좋아하기 때문이라는 게 학자들의 추측인데, 이것도 어느 정도 하드웨어가 뒷받침돼야 가능한 법이다. 입에 가느다란 홈이 있는 광절열두조충이나 입술 세 개를 가진 회충이라면 매달려 있는 것만으로도 꽤 벅찬 일이잖은가? 하지만 구충은 튼튼한 치아 덕분에 장벽에 안정적으로 매달린 뒤 혈관을 찢고 피를 빨아 먹는다. 구충을 굳이 변명하자면, 구충이 피를 빠는 건 분명 나쁜 짓이지만 그 양이 많지는 않다. 상대적으로 먹는 양이 더 많은 두비니구충도 하루 혈액 섭취량이 0.15밀리리터에 불과하니 소수의 구충이 흡혈을 한다면 사는 데 별 지장은 없다. 하지만 1천 마리쯤 된다면 이야기가 달라진다. 하루 150밀리리터씩 피가 없어지면 제 아무리 장사라도 빈혈에 안 걸리고 버틸 재간이 있겠는가? 빈혈이 있으면 얼굴이 창백해지고 어지러움 등의 증상이 나타나는 이외에, 부족한 혈액을 보충하기 위해 심장이 무리를 하다가 결국 뻗어 버리는데, 이게 바로 심부전이다. 이탈리아에서 터널을 파던 인부들 중 사망자가 나온 것도 심장이 감당하기 어려울 정도로 빈혈이 심했기 때문이었다. 그렇다면 그 인부들은 어떻게 구충에 걸린 것일까? 그 터널 안에는 도대체 뭐가 있었을까?

구충의 감염 경로

회충과 편충은 사람의 변을 비료로 쓰는 문화로 인해 확산된다. 사람의 변을 통해 나온 알이 비료를 통해 배추로 뿌려지고, 그 배추를 먹으면 회충에 걸린다는 얘기다. 그렇다면 구충은 어떤 경로를 거쳐 사람에게 들어갈까? 처음에 학자들은 인부들이 먹는 물이 원인이라고 생각했다. 인부들이 단체로 배추를 먹은 것도 아니었으니, 그렇게 의심하는 것도 당연했다. 하지만 물에서는 아무 것도 발견하지 못했다. 이럴 때 기승을 부리는 것이 바로 음모론으로, 터널 안의 나쁜 공기가 기생충을 만든다는 소위 '미아즈마(miasma)설'[7]이 대두됐다. 구충의 감염 경로가 밝혀질 때까지 미아즈마설은 '터널 인부들을 습격한 구충'을 설명하는 유일한 가설이었다.

구충의 감염 경로가 밝혀진 건 그로부터 20년도 더 지난 뒤였다. 1904년 독일의 기생충학자였던 아서 루스(Arthur Loos)는 구충을 실험실에서 배양하는 일을 하고 있었는데, 구충의 유충이 들어 있는

7 그리스의 질병설로, 나쁜 공기 안에 있는 독 때문에 질병이 생긴다는 설이다.

용액을 실험용 기니피그에게 먹이려다 그만 자신의 팔에 쏟고 만다. 훌륭한 과학자는 우연에서 진리를 깨닫기 마련, 보통 사람이라면 자신의 실수를 자책하면서 팔을 빡빡 씻거나 알코올로 소독했겠지만, 루스는 그러지 않았다.

"어, 팔이 좀 가렵네? 가끔씩 따갑기도 하고. 내 팔에서 지금 무슨 일인가가 벌어지고 있어!"

루스는 그게 실험실에서 키우던 구충의 유충이 자신의 피부를 뚫고 들어가고 있기 때문이라고 생각했다. 자신의 가설이 맞는지 확인하기 위해 그 이후 루스는 수시로 자신의 대변을 검사해 구충 알이 나오는지 확인했다. 그로부터 두 달이 지났을 무렵, 루스는 대변에서 나온 구충의 알을 두 손에 들고 유레카를 외쳤다.[8]

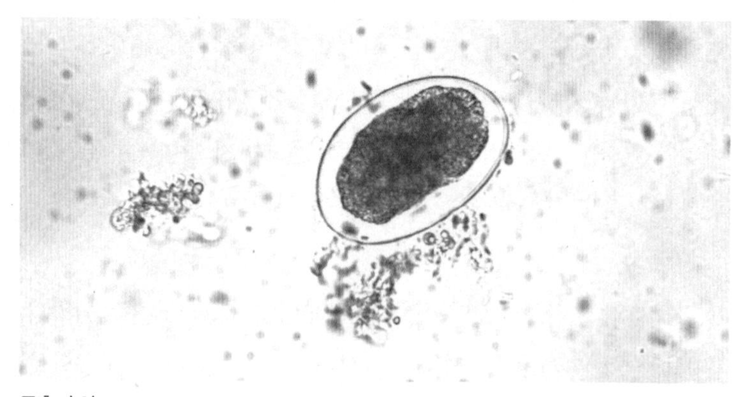

구충의 알

8 말이 그렇다는 것일 뿐, 구충의 알은 40~50㎛ 정도의 크기라 손에 잡기는커녕 눈에 보이지도 않는다.

루스 덕분에 구충은 알을 먹어서가 아니라 흙 속에 있던 유충이 피부를 뚫고 들어가서 전염된다는 게 밝혀졌다. 구충은 일단 피부를 뚫고 들어간 뒤 심장과 폐를 모두 거쳤다가 결국 최종 목적지인 작은창자로 가고, 거기 붙어서 1년 남짓한 기간을 살아가는 게 구충의 생활사다. 그렇다면 이탈리아의 그 터널에서는 대체 어떤 일이

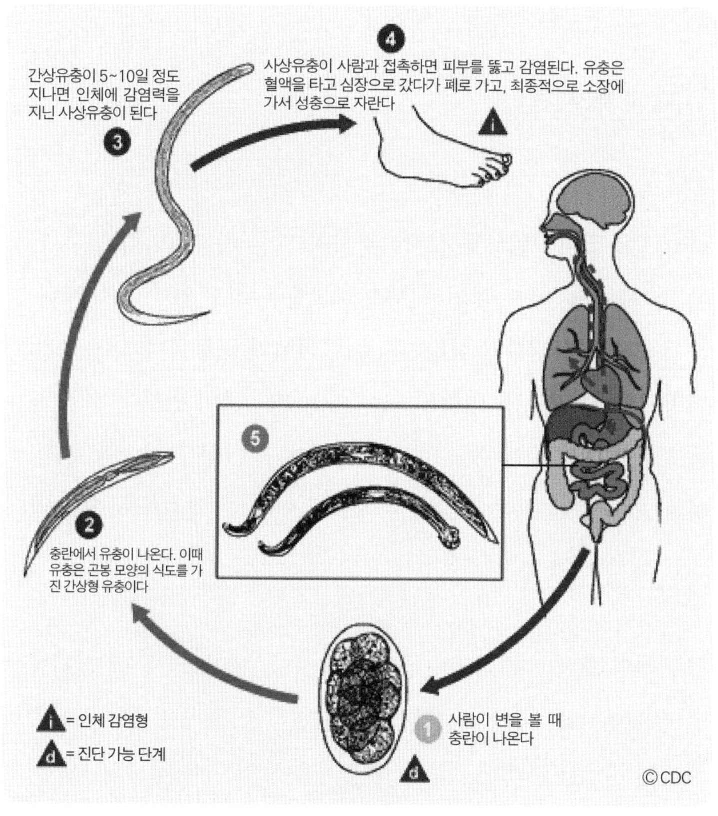

구충의 생활사

벌어졌던 것일까? 그곳 노동자들은 터널을 파면서 그곳에서 볼일을 봤다. 대변을 통해 나온 구충의 알은 순식간에 부화해 유충이 되어 흙 속에 머물다가 인부들의 피부를 뚫고 들어갔다. 인부들이 신발이라도 좋은 걸 신었다면 사정은 좀 나았겠지만, 그들 대부분은 다 떨어진 신발을 신고 일을 했으니, 구충으로서는 그보다 더 완벽한 환경은 없었던 거다.

구충과 제3세계

구충은 아직도 전 세계적으로 5억~7억의 감염자를 거느린 중요한 기생충이며, 특히 못사는 사람들이 많은 아프리카나 일부 아시아 국가들이 구충으로 인해 적잖은 고통을 겪고 있다. 가뜩이나 철분이 부족한 임산부나 성장기의 어린아이가 구충에 걸리면 훨씬 더 치명적일 수 있는데, 이들의 피를 빠는 기생충이 있다는 건 기생충 옹호자인 내가 보기에도 부끄러운 일이다. 이들이 신발을 신지 못하는 게 구충에 자주 감염되는 이유니 만큼, 기생충의 사슬을 끊어내는 길은 역시 경제 발전이 유일한 것 같다.

구충은 과거 우리나라에서도 유행했다. 우리나라는 두비니구충만 유행했는데, 1971년 처음 실시된 전국 조사에서 구충은 10.7퍼센트의 감염률로 절대 강자인 회충과 편충에 이어 당당히 3위를 차지했다. 이 사실로 미루어 볼 때 우리 선조들은 구충 때문에 피를 빼

앗기며 살았을 테고, 특히 신발을 제대로 신지 못하는 빈민층은 구충에 속수무책이었을 것이다. 하지만 기생충박멸협회의 노력 덕분에 구충은 순식간에 멸종의 길로 접어든다. 1976년 2.2퍼센트를 기록한 데 이어 5년 뒤에는 0.5퍼센트가 됐고, 2000년대 들어서는 아예 한 명의 환자도 나온 적이 없다. 나 역시 환자의 변에서 구충의 알을 본 적이 단 한 번도 없는데, 편충을 비롯한 다른 기생충이 힘겹게나마 명맥을 유지하는 반면 구충이 이처럼 순식간에 몰락의 길에 접어든 것은 우리나라에서 더 이상 신발을 못 신는 계층이 없어졌기 때문이리라. 건강관리협회에서 나오는 책자에는 이런 구충의 현실이 적혀 있다.

"구충은 국내에서 완전히 퇴치된 것으로 사료되며, 재유행이 일어날 확률은 거의 없다."

그렇다고 구충을 잊어서는 안 된다. 몇 년 전, 일본에 사는 한 노인이 갑자기 생긴 심부전으로 병원에 왔다. 검사 결과 빈혈이 심했기 때문에 혹시 소화기에서 출혈이 있나 싶어 내시경을 했더니 십이지장에 구충 몇 마리가 꿈틀거리고 있었다. 십이지장에 그만큼 있다는 얘기는 그 아래로 가면 더 많은 구충이 있다는 뜻이다. 곧 철분과 더불어 구충제가 투여됐고, 할아버지는 오래지 않아 건강을 되찾았다. 우리와 비슷한 경제 수준을 가진 일본에서 이런 일이 발생한 건 놀라운 일인데, 그 원인을 찾다 보니 할아버지가 30년간 유기농 채소만 먹었다는 게 드러났다. 물론 이건 드문 사례지만 유기농을 먹으면 아무래도 기생충에 걸릴 확률은 높아지는 바, 유기농이 점점 대세가 되어 가는 우리나라에서 신경 써야 할 일일 것이다.

알레르기 치료에 쓰이는 구충

여기까지 읽으면 구충이 참 나쁜 기생충 같다. 하지만 구충은 돼지편충과 더불어 알레르기와 자가면역질환, 즉 자기 면역계가 스스로를 공격하는 질환의 치료에 쓰이고 있는 좋은 기생충이다. 기생충이라고 해서 모두 알레르기에 효과가 있는 것은 아닌데, 전문가들은 구충이 면역반응을 조절하는 소위 '조절 T세포'를 활성화시킴으로써 면역질환을 치료한다고 추측한다. 돼지편충이 그렇듯이 구충 역시 아직 FDA 승인을 받은 정식 약은 아니다. 하지만 효과가 있다는 게 알려지면서 면역질환에 걸린 분들이 개인적으로 구충을 구입하는 경우가 점차 늘고 있는데, 구충을 파는 인터넷 사이트의 홍보 문구를 잠시 보자.

"구충을 사세요. 200달러만 내면 전 세계 어디든지 구충 25마리를 배달해 드립니다. 크론씨병 같은 염증성 장질환은 물론이고 천식, 습진, 음식물 알레르기 등 여러 면역질환에 효과가 있습니다."
(http://wormswell.com/)

이 방법이 좀 솔깃한 이유는 돼지편충은 500~1,000개의 알을 2주마다 10번 먹어야 하는 반면, 구충은 그보다 훨씬 간편하기 때문이다. 피부에 붕대를 대고 25마리가 든 액체를 붕대에 쏟은 뒤 열두 시간 동안 놔두는 게 전부로, 그러면 그 액체에 있던 구충의 유충이 피부를 뚫고 몸 안에 들어간다. 피부를 뚫을 때 가려울 수 있으며, 장에 안착하기 전에 폐에 들르는 고약한 습성 때문에 알레르기 증상이 도질 수도 있지만, 2주가 지나면서 점차 효과가 나타난단다. 구충제 한 방으로 언제든 치료를 중단할 수 있다는 것도 장점이다.

한 가지 더. 구충이 피를 빨 때 성가신 점은 사람의 혈액이 금방 굳어 버린다는 것인데, 구충은 피를 굳지 않게 하는 소위 항응고제를 분비함으로써 이 문제를 해결한다. 여기에 감동한 한 회사는 다음과 같은 생각을 한다. '심장에 판막질환이 있다든지 뇌졸중이 염려된다든지 할 때 항응고제를 쓰는데, 기존의 항응고제는 합성된 것이다 보니 이런저런 부작용이 있다. 하지만 구충의 항응고제를 쓰면 친환경적이어서 더 낫지 않을까?' 스스로의 생각에 감탄한 회사 측은 이를 바탕으로 특허를 내는데, 이 연구가 잘 된다면 우리는 구충에서 추출한 항응고제를 먹고 각종 질병을 예방할 수 있으리라. 구충이 자신의 죄 값을 갚고 인류에게 봉사할 그날을 기다려 보자.

구충

- **위험도** | ★★★
- **형태 및 크기** | 목을 앞쪽으로 구부리고 있어서 전체적인 모양이 갈고리처럼 보인다. 얼굴의 대부분을 입이 차지하고 있다. 약 1cm.
- **수명** | 약 1년
- **감염원** | 흙(흙 속에 있던 유충이 피부를 뚫고 들어감)
- **특징** | 사람에게 감염되는 구충은 두 가지가 있는데, 두비니구충은 두 쌍의 치아가 있고, 아메리카구충은 칼처럼 생긴 절단판이 입 양쪽에 달려 있다. 기생충 중에 호랑이에 필적할 만큼 멋진 이빨을 가진 건 구충뿐이다. 그리고 이 멋진 '치아'와 '절단판'으로 피를 빨아 먹는다. 이 둘 사이에 얼굴 모양 말고는 육안으로 구별할 만한 차이점이 존재하지 않는다. 알레르기와 자가면역질환 치료에 쓰인다.
- **감염 증상** | 빈혈
- **진단 방법** | 대변 검사
- **착한 기생충에 선정한 이유** | 많은 사람들을 괴롭히는 알레르기, 자가면역질환 치료제로 쓰이는 것만으로도 착한 기생충에 선정될 충분한 이유가 되는데(게다가 적은 양으로도 효과가 있다), 항응고제로서의 역할까지 기대되는 녀석이다. "구충이 먹는 하루 0.15cc의 피를 아까워하지 맙시다. 그보다 훨씬 많은 적혈구가 비장에서 매일 파괴됩니다."

5
분선충

기회주의의 표상

쇠약한 여인을 공격한 분선충

64세 여성이 상복부 통증을 이유로 병원에 왔다. 배가 아픈 것 이외에도 여인은 아픈 곳이 많았는데, 특히 관절염이 심해 스테로이드 치료를 받고 있는 중이었다. 진찰 소견 결과 여기저기 문제가 발견됐다. 전반적으로 몸이 쇠약해져 있는데다, 발이 좀 부어 있었다. 가슴 엑스레이 결과 폐 곳곳에 염증 소견이 관찰되기도 했다. 일단 급한 게 복통이었기에 내시경을 시행했고, 장 조직 일부를 떼어 내 병리과로 보냈다. 오래지 않아 답이 왔다.

"조직에서 벌레가 몇 마리 보입니다. 분선충 암컷인 것 같습니다."

기생충의 스파르타식 삶

회충에 감염된 사람과 긴밀한 접촉, 예를 들면 같은 빨대로 음료수를 마셨다고 해 보자. 이 경우 회충에 전염될 확률은 몇 퍼센트나 될까? 답은 0퍼센트다. 회충은 회충 알을 삼켜야만 감염이 되는데, 회충이 그의 몸 안에서 낳은 알들은 대변으로 빠져나가니 아무리 긴밀히 접촉해도 회충에 걸릴 일은 없다. 이런 경우는 어떨까? 그 사람이 구역질을 심하게 하는 바람에 입으로 알이 나오는 경우 말이다. 음료수를 같이 마실 때 회충 알이 음료수에 들어갔다면, 그리고 그걸 빨대로 빨았다면 회충에 걸릴 수 있을까. 그럴 가능성에 대한 답은 역시 '없다'다. 회충 알은 기본적으로 흙 속에서 2~3주가량 머무르면서 발육해야 사람을 감염시킬 능력이 생긴다.

왜 이렇게 복잡하게 설계한 걸까? 회충이 사람 몸에서 낳은 회충 알이 그 자체로 다른 이에게 감염될 수 있다면, 기생충이 숫자를 불리기 훨씬 쉬울 텐데 말이다. 이건 회충을 비롯한 기생충들이 원래 흙 속에서 독립적으로 살던 생물체였기 때문이리라. 그래도 사람 몸에서 기생하게 된 게 벌써 몇 만 년인데, 왜 그 시절의 습성을 버리지 못하는 것일까? 아마도 그렇게 하는 것이 기생충에게 더 유리해서일지도 모르겠다. 회충 알이 사람 몸 안에서 부화해 감염력을 갖는다고 해 보자. 회충 알은 대변으로 나가는 대신 몸 안에서 부화하고, 회충의 숫자는 늘어난다. 컨디션이 좋을 때 회충 암컷은 한 마리가 하루에 20만 개의 알을 낳는다는데, 이게 전부 어른이 되면 사람은 물론이고 회충도 살아갈 수가 없다. 그래서 회충을 비롯한 기생충들은 자신의 자손이 밖에 나가서 스파르타식 훈련을 받아야만 다시 사람에게 들어올 수 있게 했다.

물론 그렇지 않은 것들도 있다. 람블편모충이나 아메바처럼 크기가 몇 십 마이크로미터에 불과한 작은 기생충(원충)들은 숫자가 늘어난다 해도 삶 자체가 위협받지 않는다. 그래서 이들은 몸 안에 들어오면 마음껏 증식하는데, 그렇기 때문에 대부분의 원충은 인체에서 증상을 일으킨다. 그런데 원충도 아니면서 사람 몸에서 증식하는 기생충이 있다. 분선충(Strongyloides stercoralis)이라는 기생충이 바로 그 능력자인데, 이것 말고도 워낙 신기한 점이 많아 이 기생충을 좋아하는 학자가 많다. 이제 분선충에 대해 본격적으로 알아보자.

분선충의 복잡한 생활사

분선충이 최초로 발견된 것은 1876년이지만, 그 생활사가 완전히 밝혀지기까지는 40년 이상의 노력이 필요했다. 그도 그럴 것이 분선충은 자유생활과 기생생활을 모두 영위하는 복잡한 생활사를 갖고 있기 때문이다. 생활사의 출발을 사람의 몸 안에서 시작해 보자. 장점막에 있는 분선충이 알을 낳으면 그 알은 금방 부화해 유충이 된다. 이 유충의 특징은 식도의 끝부분이 곤봉 모양이라는 점인데, 그래서 이걸 곤봉형 유충(rhabditiform larva, 간상유충)이라 부른다. 사람이 비료를 준다는 마음으로 땅에다 대변을 보면 곤봉형 유충이 빠져나가 흙으로 가고, 두 번 탈피한 뒤 사람에게 감염력을 지닌 유충이 된다. 그런데 이 유충은 곤봉형 유충에 비해 길이도 훨씬 길지만, 식도의 끝이 막대 모양으로 돼, 바로 장과 연결된다. 이 유충을 막대형 유충(filariform larva, 사상유충)이라 부른다. 이 막대형 유충은 흙 속에 숨어 있다가 맨발로 지나가는 사람의 피부를 뚫고 들어간다. 요

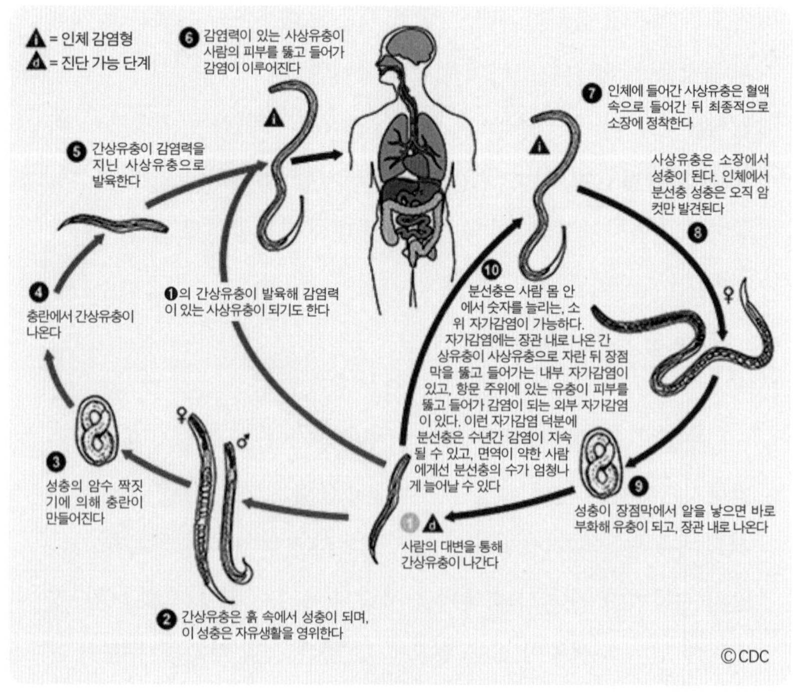

분선충의 생활사

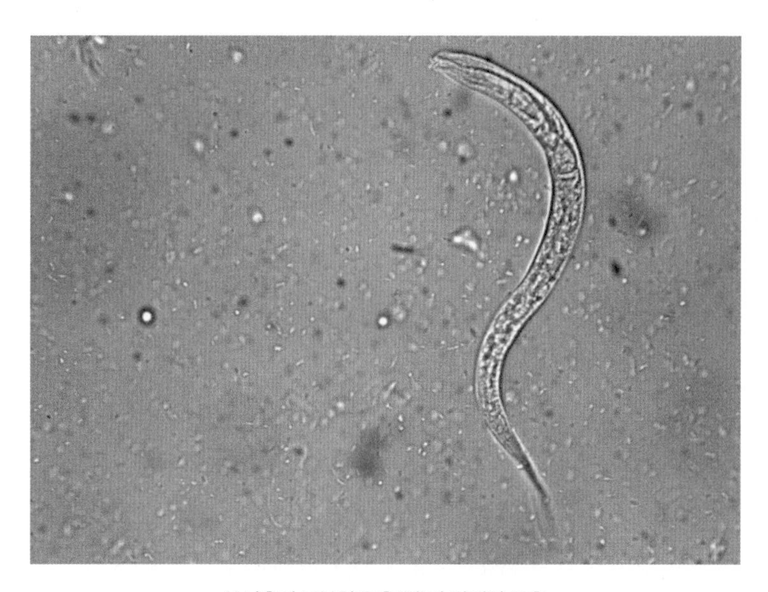

분선충의 곤봉형 유충(위)과 막대형 유충

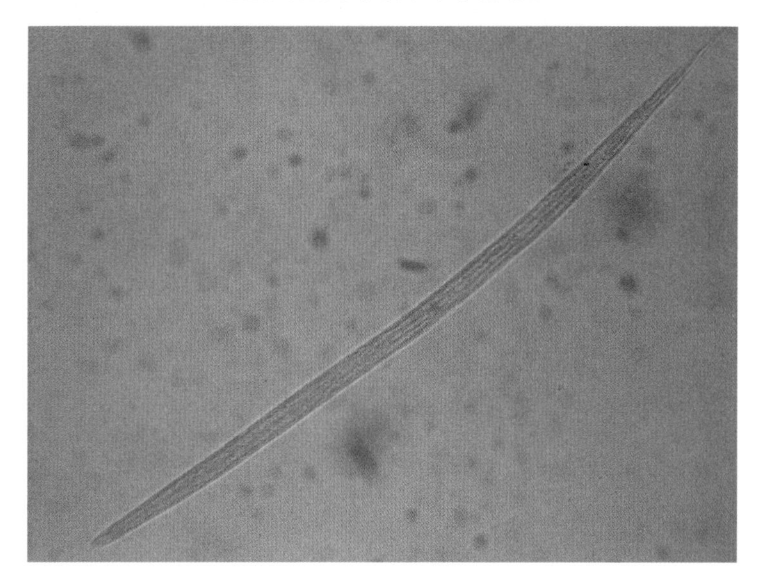

즘엔 건강에 좋다면서 맨발로 다니는 사람이 제법 많은데, 이런 이야기를 들으면 맨발로 걷고 싶은 마음이 싹 사라지지 않을까 싶다.

몸 안으로 들어간 막대형 유충의 활약에 대해 이야기하기 전에 곤봉형 유충이 막대형 유충이 되는 또 다른 경로에 대해 이야기해야 할 듯싶다. 곤봉형 유충은 두 번 탈피해 막대형 유충이 된 뒤 사람에게 감염될 수도 있지만, 잠시나마 자유생활을 택할 수도 있다. 즉 곤봉형 유충이 네 번 탈피해 어른이 되고, 암수가 교접한 뒤 알을 낳는데, 이 과정이 숙주가 아닌, 흙 속에서 이루어지므로 자유생활이라 할 수 있다. 그 알이 부화해 곤봉형 유충이 되고, 이게 두번 탈피해 막대형 유충이 된 뒤 사람에게 감염되는 건 똑같다. 정리해 보자. 사람 몸에서 나온 곤봉형 유충이 막대형 유충이 되는 데는 두 가지 방법이 있다. 첫 번째는 곧바로 막대형 유충이 되는 것, 두 번째는 어른이 된 뒤 짝짓기를 해 알을 낳고, 그 알이 곤봉형 유충을 거쳐 막대형 유충이 되는 것이다. 첫 번째가 훨씬 간단하고 기간도 짧은데(3일 걸린다), 7~10일가량 걸리는 두 번째 방법을 택하는 이유는 뭘까? 기생충의 행동은 다 이유가 있는데, 이 경우는 숫자 때문이다. 사람 몸에서 나온 곤봉형 유충 한 마리는 막대형 유충 한 마리밖에 될 수 없다. 그런데 잠시나마 자유생활을 해서 알을 낳으면 수십, 수백 마리의 막대형 유충이 되니 좀 번거롭긴 하지만 나름의 이익이 있다. 그렇다면 첫 번째 방법이냐 두 번째 방법이냐를 선택하는 기준은 무엇일까? 정답은 온도와 습도로, 덥고 습기 찬 지역에서

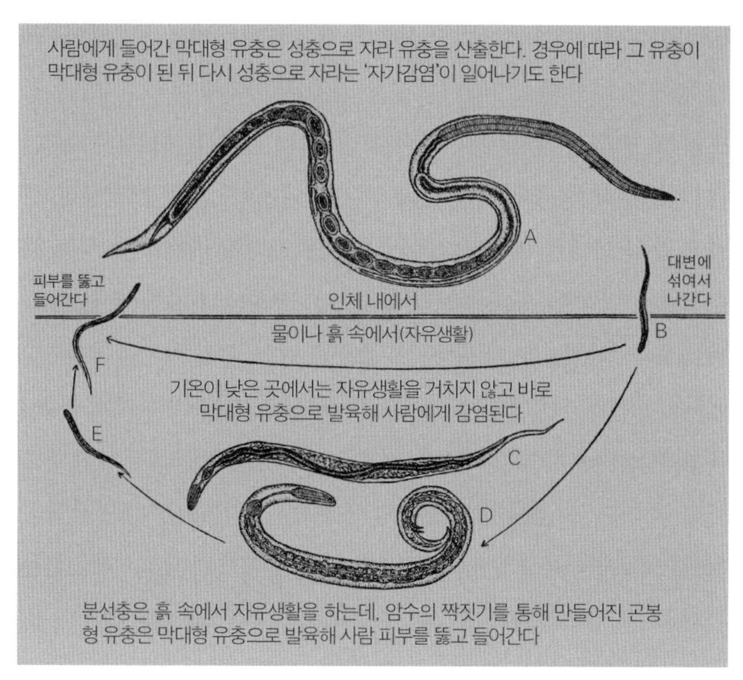

인체 내의 분선충(위)과 흙 속에서 자유생활을 하는 분선충

는 자유생활을 통해 숫자를 늘리는 전략을 취하고, 온대 지방에선 자유생활을 거치지 않고 바로 막대형 유충이 된다. 온대 기후에 속하는 우리나라에서 분선충 환자가 자주 발생하지 않는 건 바로 이 때문이다.

이제 몸 안에 침투한 막대형 유충 이야기를 해 보자. 피부를 뚫고 잠입에 성공한 막대형 유충은 혈액을 타고 폐로 간 뒤 기도와 식도를 거쳐 작은창자로 간다. 거기서 장 표면을 뚫고 들어가 성충으로 자라는데, 이 기생 세대의 성충은 자유생활을 하는 성충과 두 가지 점에서 다르다. 첫째, 자유생활 성충은 기껏해야 1밀리미터 정도인 데 반해 기생 세대 성충은 2밀리미터로, 훨씬 더 길다. 두 번째, 자유생활 성충은 암수가 모두 관찰되는 데 비해 기생생활 성충은 오직 암컷만 발견된다. 어떻게 그럴 수가 있을까? 학생 때 배우기로는 막대형 유충이 먼저 수컷으로 발육해 정자를 내놓고, 곧바로 다시 암컷으로 바뀌어 그 정자를 받아 수정한다는, 소위 수컷 먼저 암컷 나중설(protandrous hermaphroditism이라 하며, 물고기나 연체동물 등이 이 방식을 취한다) 때문에 수컷이 발견되지 않는다고 했다. 하지만 요즘엔 분선충이 암컷 혼자서 새끼를 낳는 단성생식(parthenogenesis라고 하며, 상어나 코모도도마뱀 등이 이 방식을 취한다)을 한다는 설이 더 우세하다.

방법이 뭐든 간에 분선충 암컷은 사람 장점막에서 알을 낳고, 그 알은 금방 부화해 곤봉형 유충이 된다. 이것이 대변으로 배출되는 게 일반적인 경우지만, 분선충은 사람 몸 안에서 숫자를 늘리는 신비한 능력의 소유자다. 이걸 자가감염(autoinfection)이라 하며, 자가감염은 두 가지가 있다. 첫 번째는 곤봉형 유충이 장점막에서 두 번 탈피해 막대형 유충이 되고, 이것이 장점막을 뚫고 혈관 안으로 들어가는 것이다. 이 경우 막대형 유충은 혈관의 흐름을 따라 간으로 갔다가 심장과 폐를 거쳐 다시 식도로 점프하는 과정을 통해 분선충 성충으로 자란다. 이 모든 게 몸 안에서 일어난다고 해서 이를 내부 자가감염이라고 한다. 하지만 이런 경우도 있다. 분선충에 걸린 사람이 변을 본 뒤 잘 닦지 않아 대변의 일부가 항문 근처에 남았다고 해 보자. 대변 안에는 당연히 곤봉형 유충이 들어 있는데, 이것이 두 번 탈피해 막대형 유충으로 변할 수 있다. 피부 정도는 우습게 뚫는 막대형 유충은 항문 주위의 부드러운 피부를 뚫고 다시 몸 안으로 들어온다. 혈관을 따라 폐로 갔다가 다시 어른이 되는 과정은 동일한데, 몸 밖에 나갔던 것이 다시 들어온다고 해서 이것을 외부 자가감염이라고 한다. 이 능력 덕분에 분선충은 처음 들어온 유충보다 월등히 많은 수의 성충이 생길 수 있고, 새로운 성충이 계속 생겨나다 보니 분선충 성충의 수명 이상으로 사람 몸 안에 머무르는 일이 가능하다. 그래서 다음과 같은 일이 생긴다. 제2차 세계 대전 때 영국군 일부가 일본군의 포로가 됐다. 실화를 바탕으로 한 소설 『언브로큰(Unbroken)』을 보면 포로들은 열악한 시설과 형편없는 대우로 인해 각종 병균에 감염됐고, 심하게 설사를 하는 이도 많았다고 했는데, 그중엔 분선충에 감염된 이도 있었을 것이다. 살아남은 이들은 전쟁이 끝난 후 본국으로 송환됐다. 그로부터 35년이 지났을 때 이들 중 한 명의 대변에서 분선충이 발견됐다. 의사는 궁금했다. "도대체 어디서 이 기생충에 걸린 거지?" 그때는 맨발로 걷기가 유행하지 않을 때라 영국에서 분선충에 감염됐을 리는 없었다. 그 의사는 어쩌면 일본 포로수용소에서 감염됐을 수도 있지 않을까 의심했고, 그와 함께 수용소에 있던 영국군 500명을 조사했다. 놀랍게도 그들 중 15퍼센트(78명)가 분선충에 감염돼 있었다! 무려 35년간, 그들 몸에 있던 분선충은 계속 자가감염을 시키면서 버티고 있었던 것이다. 이와 비슷한 일이 역시 일본에 억류됐던 미군 포로들에게서도 관찰됐다.

분선충의 성충이 발견된 예

분선충의 생활사와 관련해 좋다 말았던 경험을 하나 소개한다. 2007년, 76세 남자가 열흘가량 지속된 복통으로 응급실에 왔다. 의사는 혹시 기생충이 아닐까 생각해 대변 검사를 의뢰했다. 환자의 대변을 본 검사실 직원은 깜짝 놀랐다. 처음 보는 기생충이 그 안에 있었던 것이다. 직원의 호출을 받고 가 보니 정말 놀랄 만한 광경이 펼쳐져 있었다. 분선충의 유충은 물론이고 성충까지 다량 발견됐는데, 암컷은 물론이고 수컷도 있었다! 심지어 둘이서 교접하고 있는 장면도 눈에 띄었다. 흥분할 수밖에 없었던 건 교접 장면 때문이 아니라, 우리가 분선충의 기생 세대 수컷을 처음으로 관찰한 사람이란 생각에서였다. 내가 본 게 맞는다면 분선충은 단성생식으로 새끼를 낳는 게 아니라 엄연히 수컷이 있었던 게 되고, 그러면 교과서가 다시 쓰여야 했다. 좋은 학술지에 낼 수 있겠다 싶어 흥분했다.

하지만 이 분야 전문가에게 문의한 결과 그 수컷은 열대 지역 흙 속에서 관찰되는, 자유생활 세대의 수컷과 형태학적으로 일치한다는 답변이 왔다. 기생세대 수컷이 아니라 자유생활의 수컷이라면 그

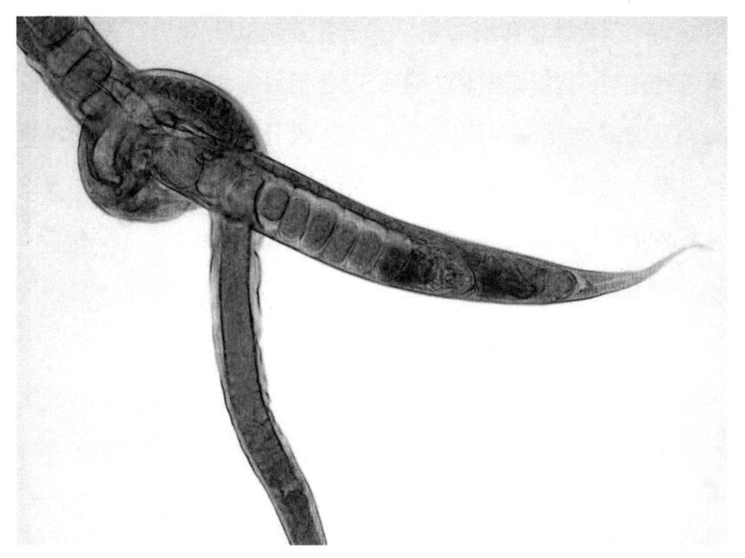

분선충 암수가 교접하고 있는 모습

리 대단한 발견은 아니었기에 흥분은 급속도로 식어 버렸다. 도대체 어떻게 된 일일까? 왜 흙 속에서 사는 자유생활 수컷이 대변에서 발견된 걸까? 추측을 해 봤다. 환자가 변을 본 건 8월 18일, 토요일이었다. 그 대변이 검사실 직원에게 전달된 건 이틀 후인 8월 20일이니까 대략 이틀 정도의 시간이 걸렸다. 대변 검사는 어느 정도 대변이 모아진 뒤에 한꺼번에 하는 거라 반나절이 더 지체됐을 것이다. 그 동안 대변에 있던 유충의 일부가 몇 번의 탈피를 거쳐 자유생활 성충으로 자랐으리라. 이런 일은 온도가 올라가면 더 빨리 일어난다. 섭씨 20도에선 72시간, 섭씨 22도에선 48시간이 걸린다는데, 그때가 8월 말이었고, 병원 에어컨이 작동되더라도 22도는 넘었을 터였으니 성충으로 자라는 것도 충분히 가능했다. 대변이 주말 내내 방치되는 건 제법 있는 일일 텐데, 다른 병원에선 왜 이런 발견이 없었는지 모르겠다. 이 사건을 논문으로 작성한 결과 외국 학술지엔 실리지 못했지만, 국내 학술지는 이런 일이 드물다는 점을 인정해 논문을 받아 줬다.

기회주의의 표상, 분선충

맨 처음 언급한 사례를 보면 분선충의 증상이 매우 심할 것 같지만, 거기에는 다른 이유가 있었을 뿐 분선충의 증상은 그리 심하지 않다. 35년간 분선충을 가지고 살았던 영국군처럼 있어도 모르는 경우가 오히려 더 많다. 그럼 분선충은 착한 기생충일까? 한 가지 조건만 충족되면 그렇다. 그 조건은 바로 면역 기능이 '정상'이라는 것이다. 만약 면역이 좀 떨어진 사람에게 분선충이 감염됐다면 얘기가 달라진다. 그때는 자가감염이 개체 수를 유지하는 데 그치지 않고 사람의 목숨을 위협할 정도로 많이 일어난다. 분선충이 별 증상을 일으키지 않는다는 것도 숫자가 어느 정도일 때 얘기지, 수많은 분선충이 몸에 기생하면 탈이 안 날 수가 없다. 장에 염증을 일으켜 설사가 일어나고, 구토가 나며, 장에 궤양이 생기기도 한다. 또한 분선충의 유충이 어른이 되려고 폐로 몰려오는 바람에 호흡기 증상이 생긴다.

그렇다면 면역은 어떨 때 약화될까? 영양 부족 등도 그 원인이지만, 항암 치료를 한다든지 스테로이드를 오래 쓰는 것 등도 면역을 약화시키는 주범이다. 분선충은 회충약(알벤다졸)으로 치료하지만, 면역이 약화돼 자가감염이 시시각각 일어날 땐 회충약을 아무리 써도 치료되지 않는다. 심지어 이로 인해 사람이 죽을 수도 있으니, 분선충이야말로 약자에 강한 기회주의적인 기생충인 셈이다. 몇 가지 사례를 보자.

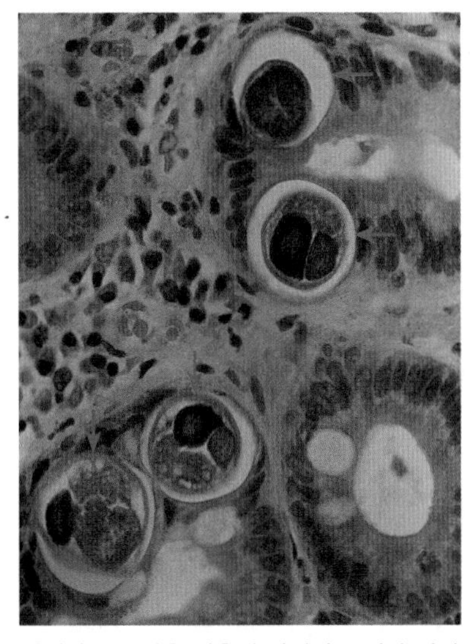

장점막에 분선충 성충의 단면이 보인다(파란색 화살표)

1) 설사를 심하게 일으킨 사례

1991년 탄광에서 일하던 53세 남자가 돌에 깔려 골절상을 입었다. 이 과정에서 스테로이드 치료를 두 달이나 받았는데, 갑자기 설사가 나기 시작했다. 병원에서 검사한 결과 설사변에서 분선충의 유충이 나왔다. 안 되겠다 싶어 회충약을 엄청 투여했지만, 환자를 만만히 보고 마구 증식하는 분선충의 기세를 당할 수는 없었다. 그 환자는 결국 사망했다. 이럴 땐 스테로이드 치료를 잠시 중단하고, 면역력이 회복된 후 회충약을 투여하는 게 좋다.

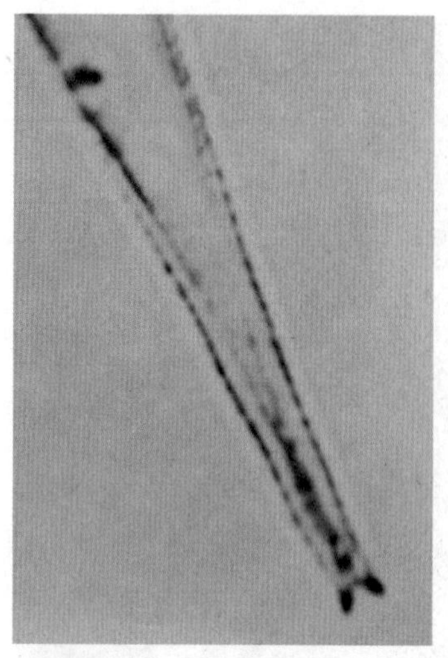

막대형 유충의 꼬리 부분. 끝부분이 움푹 들어가 있다

2) 호흡 곤란을 일으킨 사례

71세 남자가 숨 쉬는 게 영 불편해서 병원에 왔다. 환자는 원래 천식이 있어서 스테로이드 치료를 받기 시작했는데, 호흡 곤란이 생긴 건 그때부터였다. 일단 환자의 객담을 받아서 검사했더니 객담에서 유충 같은 것이 나왔다. 이것은 폐에서 발육 중인 분선충의 막대형 유충이었다. 확대된 사진을 보면 유충의 끝부분에 움푹 들어간 부분이 있는데, 이게 바로 막대형 유충의 특징적인 모습이다. 객담에서 이 유충이 나왔다는 건 폐의 상당 부분이 분선충 유충으로 뒤덮였다는 얘기이다. 숨 쉬는 게 불편할 수밖에 없는 것이다. 결국 환자는 사망하고 말았다.

3) 궤양을 일으킨 사례

58세 남자가 있었다. 이 남자는 인부로 일하면서 식사도 제대로 안 하고 매일같이 소주를 마셨다. 그러다 어느 날 분선충에 걸렸고, 면역력이 약해진 틈을 타 분선충이 마구 증식해 버렸다. 환자는 설사를 심하게 했고 가슴 한가운데가 아팠다. 당연히 체중도 빠졌다.

병원에 입원해 대변 검사를 하니까 분선충의 유충이 마구 움직이고 있었다. 내시경을 해 보니 십이지장에 궤양이 발견됐는데, 분선충이 이런 짓을 한 거라고 추측됐다.

이제 맨 처음에 언급한 64세 환자의 뒷얘기를 할 차례인 듯하다. 그 여자 분이 분선충에 심하게 걸린 건 관절염을 치료하기 위해 스테로이드를 쓴 탓이었다. 분선충은 그녀의 장을 유린했고, 유충에 의한 폐 침공까지 일어났다. 다른 방법이 없었기에 회충약을 썼지만, 안타깝게도 그녀는 숨을 거두고 말았다. 면역이 약한 이에게 분선충은 재앙일 수 있다는 건 충분히 알았으리라. 그렇다면 정상 면역인 사람은 맨발로 걸어도 될까? 꼭 그런 건 아니다. 분선충은 몸

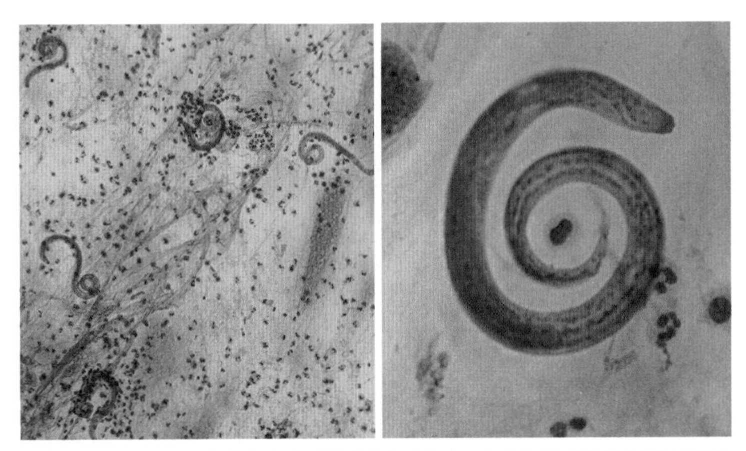

분선충에 심하게 감염된 환자의 폐 세척액에서 다수의 3기 유충(막대형 유충)이 보인다. 분선충은 성충으로 자라기 위해 폐를 통과하며, 폐에서 3기 유충이 된다. 오른쪽 사진은 그중 한 유충을 확대한 모습이다

안에서 때를 기다리니까. 그 사람의 면역이 약해지는 순간, 분선충의 공습은 시작된다. 아프리카나 남미 사람들이 90퍼센트 이상 분선충에 걸려 있는 건 신발을 못 신어서 그렇다 쳐도, 집에 신발이 몇 켤레나 있는 우리나라 사람들이 도대체 왜 맨발로 걷는단 말인가? 신발을 신자! 분선충으로부터 우리를 보호하기 위해.

분선충

- **위험도** | ★(정상) / ★★★★★(면역력이 떨어졌을 때)
- **형태 및 크기** | 암컷 몸길이 약 2mm
- **수명** | 자가감염을 할 경우 수십 년
- **감염원** | 흙
- **특징** | 자유생활과 기생생활을 모두 영위한다. 자가감염이 가능하기 때문에 한 마리가 인체에 수십 년 살아남을 수 있다. 또한 만성감염이 가능하다. 면역 기능이 정상일 때는 착한 기생충이지만 면역력이 떨어진 사람에게는 위험한 기생충이 된다.
- **감염 증상** | 인체에 면역력이 떨어지면 설사, 구토나 장에 궤양이 생긴다. 또한 분선충의 유충이 폐로 몰려가 호흡기 증상이 생기기도 한다.
- **진단 방법** | 대변 검사
- **착한 기생충으로 선정한 이유** | 강자에 약하고 약자에 강한 분선충. 이건 어쩌면 우리 자신의 모습일지도 모른다. 면역력이 있을 때만 착한 것도 일단은 착한 걸로 봐 주자.

6
람블편모충

밉지만 미워할 수 없는 지알디아

지알디아의 발견

“아주 작은 동물이야. 핏방울보다 작거나 큰데, 엄청 빨리 움직여.”

현미경을 발견한 레벤후크(Anton van Leeuwenhoek)는, 현미경을 처음 본 사람이 그렇듯, 주변 사물을 현미경으로 들여다보며 기록하기를 좋아했던 모양이다. 1681년 그가 급성 설사에 시달렸을 때도 마찬가지였다. 그는 자신의 설사변을 현미경에 올려놓고 관찰했는데, 놀랍게도 조그만 기생충이 빠른 속도로 움직이는 게 보였다. 하지만 레벤후크는 그게 자신으로 하여금 설사를 하게 만든 원인이라는 걸 알지 못했다. 그런 나쁜 일을 하기엔 그 기생충이 너무 귀엽

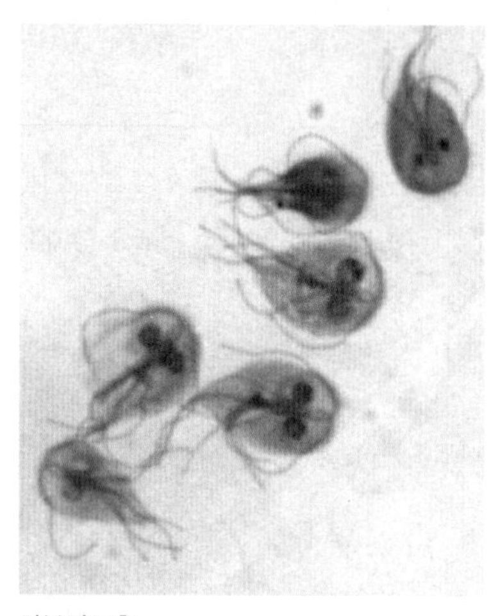
람블편모충

게 생겨서가 아닐까 싶은데, 여기에 대해서는 나중에 얘기하자.

이 벌레가 다시 지구인의 눈에 띄기까지는 거의 200년 가까이 기다려야 했다. 체코 의사였던 람블(Vilem Dusan Lambl)은 1859년 위장염을 앓던 다섯 살짜리 여자아이의 변에서 이 기생충을 발견하고, 이게 그 아이의 증상을 일으켰다고 생각한다. 그는 이 기생충에게 나름 합리적인 이름을 붙여 줬지만, 후세 학자들은 이 기생충 연구에 공이 많았던 람블과 지아드(Alfred Giard)를 기리는 뜻에서 람블편모충(Giardia lamblia)이라는 이름을 붙였다. 요즘은 이 기생충이 십이지장(duodenum)에 산다는 의미를 강조하기 위해 Giardia duodenalis로 더 자주 불리고 있으니, 람블은 좀 억울할 수도 있겠다. 아무튼 람블은 이 기생충이 사람에게 병을 일으킨다고 생각했지만, 다른 학자들도 다 여기에 동의한 것은 아니어서 이게 병원체냐 아니면 그냥 장에 빌붙어 사는 기생충이냐는 논쟁이 꽤 오랫동안 계속됐다. 결국 1987년, 한 연구자가 자원자들을 모집해 람블편모충을 감염시키고, 그들이 설사를 질펀하게 한 뒤에야 이 기생충은 병원체 리스트에 오를 수 있었다. 병을 일으킨다는 보고가 여럿 있었음에도 람블편모충을 병원체로 인정하기 싫었던 이유가 도대체 뭘까? 이건 어디까지나 나만의 생각인데, 그건 람블편모충의 미모 때문이다.

람블편모충의 외모와 삶

람블편모충을 보면 레벤후크가 왜 이것에 감탄했는지 조금은 이해할 수 있을 것이다. 앞은 둥글고 뒷부분은 다소 뾰족한데, 편모가 주렁주렁 매달려 있다. 특히 몸 끝부분에 편모 두 개가 멋지게 드리워져 있어서 어릴 적 날리던 연과 모양이 비슷하다. 이 편모를 이용해 설사변 속을 누비고 다니는 모습은 넋을 잃게 만든다. 이 책을 읽

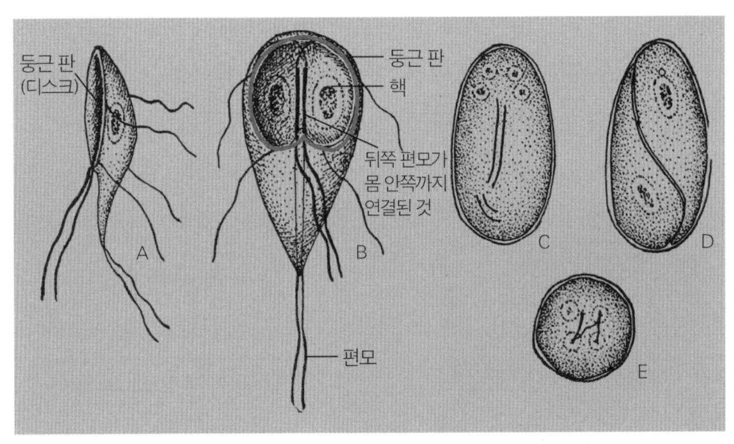

A: 람블편모충 영양형을 측면에서 본 것, B: 람블편모충 영양형을 정면에서 본 것, C: 람블편모충 포낭형인데, 핵이 4개인 4핵성 포낭이다. 가운데 편모를 숨겨 놓은 게 보인다. D, E: 원래 포낭의 핵이 두 개였다가 네 개가 되는 과정을 나타내고 있다. D와E의 과정이 완성된 게 바로 C다

는 독자 여러분도 유투브에서 람블편모충을 검색해 보시길 권한다. 한 동영상에는 'falling leaf', 즉 떨어지는 낙엽 같다는 제목이 붙어 있는데, 정말 비슷하다.

내부 모습은 더 멋지다. 몸 앞부분에는 커다란 둥근 판(디스크)이 위치하는데, 이 둥근 판은 충체가 장점막에 부착할 때 활처럼 아치를 형성함으로써 부착에 관여한다(85쪽 오른쪽 그림 참조). 장점막에 찰싹 달라붙는 대신 아치를 만드는 게 뭐가 좋냐고 하겠지만, 경사가 있는 미끄러운 바닥에서 아래로 떨어지지 않으려면 바닥을 손으로 움켜쥐는 것처럼, 람블편모충의 둥근 판 역시 점액이 분비되는 장점막에서 나름대로 버티려는 수단이 아니었을까 싶다. 람블편모충 자체는 매우 온순해서 조직을 뚫고 들어가진 않지만, 둥근 판을 이용해 부착하다 보니 본의 아니게 장점막에 손상을 줄 수 있다. 람블편모충이 사랑받는 이유는 둥근 판 양쪽에 핵이 하나씩 있어서 마치 사람 눈 같다는 점 때문이다. 거기에 더해 둥근 판 아래쪽에는 중앙소체라는 두 개의 휘어진 막대 구조물이 위치해 입 비슷한 느낌을 준다. 왼쪽에 있는 사진을 보라. 시크하게 웃는 것 같지

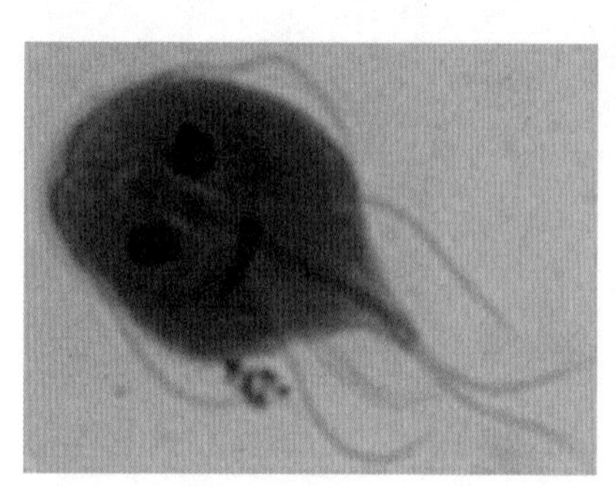

하늘을 나는 연 같은 느낌을 주는 람블편모충. 사람의 얼굴 같은 모습이다

람블편모충 인형

않은가? 람블편모충이 장난감으로 나와 아이들의 벗이 된 것도 이해할 수 있으리라. 충체 끝부분에 달린 편모가 몸 안쪽까지 연결돼 충체를 좌우로 나누는 것도 귀여움을 더해 준다.

지금까지 말한 건 람블편모충의 영양형, 즉 병을 일으키는 단계에 대한 묘사였다. 대부분의 원충류처럼 람블편모충도 상태가 좋지 않을 때는 주머니를 뒤집어 쓴 '포낭'이 되고, 이 포낭이 대변과 더불어 밖으로 나간다. 포낭의 형태도 멋지기 그지없다. 편모를 다 집어넣고 핵 두 개만 보이는데, 마치 맛있는 것을 혼자 다 먹고 시치미를 떼는 느낌이다. 이 포낭이 좀 더 성숙해져서 핵이 네 개가 되면 사람에게 감염력을 갖게 된다. 사람은 이 포낭이 들어 있는 물이나 음식물을 먹고 감염된다. 한창 기운이 좋을 땐 편모를 이용해 병을 일으키다가 사태가 불리해지면 주머니를 뒤집어쓴 채 밖으로 나가

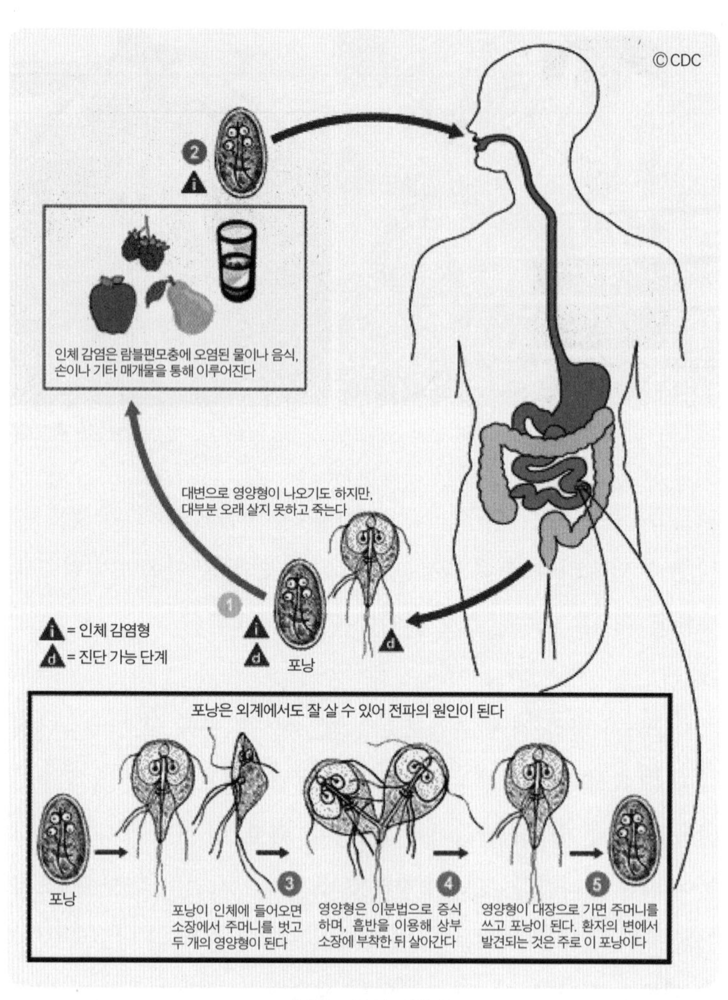

람블편모충의 생활사

힘을 기르는 것, 이게 바로 람블편모충의 삶이다. 어떻게 보면 참 팔자가 좋은 게 아닌가 하는 생각도 든다.

람블편모충의 병변[9]

하지만 미모에만 감탄할 수는 없다. 람블편모충은 엄연히 사람에게 병을 일으키는 기생충이니 말이다. 인체 감염 시 경미한 설사나 식욕 부진, 복통 등의 증상을 일으키는 것으로 알려져 있으며, 지방이 흡수되지 못한 채 변으로 나오는 소위 지방변을 일으킨다는 게 보고돼 있다. 람블편모충은 심성이 착해 장벽을 뚫고 아래로 내려간다든지 하는 일은 없지만, 어찌됐건 이물질이다 보니 어느 정도의 염증은 유발하기 마련이고, 그러다 보면 상피세포의 투과성이 증가된다든지, 장상피세포가 떼죽음을 당한다든지 하는 일이 생기고, 그 결과 설사와 복통이 일어난다. 그런데 지방변은 왜 생기는 것일까? 비결은 람블편모충의 인해전술에 있다. 이들은 엄청난 숫자로 증식해 장점막을 몇 겹으로 덮어 버린다. 이들의 기생 부위는 바

장점막을 덮은 람블편모충 무리(좌)와 둥근 판(디스크)을 이용해 장점막 세포에 붙은 모습

9 병이 원인이 되어 일어나는 생체의 변화

로 십이지장으로, 쓸개에서 만들어진 쓸개즙이 분비되는 곳이다. 쓸개즙의 역할은 지방 흡수인데, 람블편모충이 단체로 몰려와 쓸개즙 분비를 방해하니 지방 흡수에 장애가 생길 수밖에 없다.

람블편모충은 생각보다 흔한 기생충이다. 전 세계적으로 성인의 2퍼센트, 어린이의 6~8퍼센트가 람블편모충에 감염돼 있으며, 못사는 나라에선 감염률이 33퍼센트에 달한다. 못사는 나라의 감염률이 높은 건 상하수도 시설이 완비되지 않아 사람의 대변이 일상적으로 식수와 섞이기 때문이지만, 잘사는 나라라고 해서 무작정 안심할 수는 없다. 식수에는 언제 어떤 일이 일어날지 모르는 법이니까. 예컨대 람블편모충에 걸린 개가 복수의 일념으로 상수원에 가서 변을 본다면, 그 물을 마시는 사람들은 죄다 람블편모충에 감염되지 않겠는가? 실제로 람블편모충에 의한 집단 발병은 잊을 만하면 한 번씩 발생해 경각심을 불러일으킨다. 몇 가지 사례만 보자.

1) 러시아, 상트페테르부르크

1970년 2월, 미국의 올림픽 복싱 팀이 러시아 여행을 갔는데, 같이 간 79명 중 23명(29%)이 설사와 더불어 변에서 냄새가 엄청 나는 등의 증상에 시달린 끝에 람블편모충 진단을 받았다. 그해 5월에는 미국의 과학자 165명이 러시아를 방문했다가 그중 84명이 유사한 증상에 시달렸다. 대변에서 람블편모충이 발견됐음은 물론이다. 이 두 사태 이후 미국 보건당국은 그 시기 러시아에 갔던 여행객에게 대대적인 설문 조사를 했는데, 1969년에서 1973년까지 러시아를 방문했던 사람들 중 무려 502명이 여행 도중 혹은 여행에서 돌아오자마자 위와 같은 증상을 호소했다는 것을 알게 됐다. 설사를 일으키는 병원체는 람블편모충 이외에도 많았으니 이들이 전부 람블편모충에 걸렸던 것은 아닐 터였다. 하지만 설사의 양상 등으로 미루어 볼 때 — 피가 섞이지 않은 설사 — 람블편모충이 절반 이상을 차지했을 것으로 추정했다. 변에서 냄새가 난 건 지방이 흡수되지 않고 그대로 나왔기 때문이었다. 이들은 모두 레닌그라드(지금의 상트페테르부르크)의 호텔에 묵었고, 거기서 수돗물을 마신 경력이 있었기에, 그때 람블편모충의 포낭이 들어간 것으로 추정됐다.

2) 그리스

1997년, 영국의 역학조사팀은 대변 검사에서 람블편모충이 나온 6명의 환자를 발견하고 질병감시국에 통보한다. 그 6명은 같은 해 5월 22일부터 6월 9일까지 그리스의 한 호텔에서 묵었는데, 그들은 이렇게 증언했다.

"그 호텔에 묵은 단체 관광객 중 우리처럼 설사를 한 사람이 더 많이 있었어요."

질병감시국은 그 시기 같은 호텔에 묵었던 영국인들을 조사했다. 결과는 놀라웠다. 조사한 239명 중 229명(94%)이 여행 도중 혹은 여행 직후 아프기 시작했다. 가장 흔한 증상은 설사였고, 설사를 한 기간은 평균 13일 정도였다. 설사 이외에도 위통, 구토 등이 그들이 호소한 증상이었다. 람블편모충은 메트로니다졸로 치료하는 게 보통이지만, 람블편모충증은 가만 놔둬도 저절로 치료될 수 있다. 그러니 이들의 대변에서 람블편모충의 포낭이 나오지 않는다 해서 이들이 람블편모충에 감염된 적이 없다고 할 수는 없다. 실제로 이들 중 포낭이 나온 이는 70명에 불과했는데, 아무튼 이 사건 이후 그리스는 람블편모충의 성지가 되었다.

3) 미국, 워싱턴

미국이라고 해서 람블편모충 안전지대는 아니다. 1991년 자료를 보자. "지난 25년간 미국에서 수돗물과 관련된 전염병 발병이 95번 있었는데, 그중 가장 흔한 게 람블편모충이다." 그 이후 미국은 수돗물의 질 관리를 열심히 했지만, 람블편모충은 요지부동이었다. 미국 질병관리본부 자료에 의하면 2009년 미국의 람블편모충 감염 발생 건수는 19,403건, 2010년에도 이와 비슷한 19,888건이니, 러시아나 그리스 탓만 할 건 아닌 것 같다. 문제는 염소 소독을 하고 충분히 여과를 했는데도 불구하고 이런 일이 생겼다는 건데, 그중 한 사례에선 하천에 사는 동물, 비버가 람블편모충에 감염된 채 마음먹고 변을 봤다는 정황이 포착된 바 있고, 또 다른 사례에선 산에서 녹아내린 물에 의해 상수원이 오염돼 람블편모충이 유행하기도 했다.

4) 우리나라

그 밖에도 "아니, 이 나라가 왜 람블편모충에?"라는 생각을 할 만한 나라들에서 계속적인 유행이 있었다. 신기한 것은 우리나라는 람

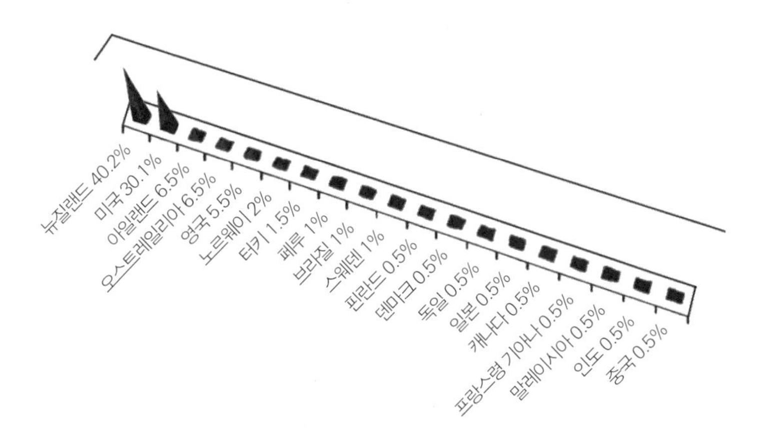

수돗물로 인한 각국 전염병 발생 비율

블편모충의 집단 발병이 아주 드문 나라라는 점이다. 2000년부터 2006년까지 서울삼성병원에서 건강 검진을 받은 이들을 조사한 결과 람블편모충 양성률은 언제나 0.3퍼센트 이하였는데, 이 수치는 모든 나라를 통틀어 봐도 굉장히 낮은 축에 속한다. 게다가 외국과 달리 지금까지 집단 발병이라고 할 만한 건 딱 한 건 있었다. 2010년 전라북도에서 주민 9명이 복통과 설사를 호소했고, 그중 7명의 대변에서 람블편모충이 나왔던 사례가 유일하다. 이쯤 되면 수돗물을 마시라고 자랑해도 될 만하지 않은가? 상단의 표를 보라. 람블편모충을 포함해 수돗물로 인한 전염병 발생을 표시한 건데, 뉴질랜드(40.2%)와 미국(30.1%)이 전체의 70퍼센트를 차지하고 있다! 주로 잘사는 나라들이 유행의 대부분을 차지하는 건, 이전에도 비슷한 얘기를 한 적이 있지만, 못사는 나라들은 콜레라 등 설사를 일으키는 질환이 만연

된 탓에 람블편모충 감염 여부를 판단하지 못하는 탓이다. 그러니 개도국에 놀러 갈 때, 그리고 미국이나 뉴질랜드에 갈 때에는 마시는 물을 조심하자. 그리고 한 가지 더. 우리나라도 람블편모충이 장난감으로 나오는 그날이 빨리 오면 좋겠다. 람블편모충의 미소가 기생충에 대한 부정적인 인식을 바꿔 놓을 수 있을 테니 말이다.

람블편모충

- **위험도** | ★★
- **형태 및 크기** | 앞은 둥글고 뒷부분은 다소 뾰족한데, 편모가 주렁주렁 매달려 있다. 몸 끝부분에 편모 두 개가 드리워져 있어서 날리는 연과 비슷하다. 크기는 영양형은 10~20㎛, 포낭형은 8~10㎛이다.
- **수명** | 수 개월
- **감염원** | 물
- **특징** | 양쪽에 핵이 하나씩 있어서 눈처럼 보이고, 중앙소체라는 두 개의 휘어진 막대 구조물이 위치해 입 비슷한 느낌을 주어 웃는 모습처럼 보인다.
- **감염 증상** | 식욕 부진, 경미한 설사, 복통
- **진단 방법** | 대변 검사
- **착한 기생충으로 선정한 이유** | '예쁜 게 착한 거다'라며 무조건 선정한 건 아니다. 람블편모충은 조직을 절대 파괴하지 않는다. 다만 매달려 있을 뿐.

7

왜소조충

약자만 노리는 기생충

그 남자의 왜소조충

44세 남자가 건강 검진 차 병원에 왔다. 남자는 지난 10여 년간 B형 간염으로 치료를 받아 왔고, 건강을 위해 유기농 식품만 먹었다고 한다. 다른 곳은 다 이상이 없었지만, 대장내시경에서 뭔가가 발견됐다. 작은창자 끝부분에서부터 큰창자까지, 길이 2센티가량의 벌레가 수 없이 있었던 것이다. 이 기생충은 왜소조충으로 확인됐다. 이건 또 어떤 기생충인지 알아보자.

왜소조충의 잔머리

왜소조충(Hymenolepis nana)은 조충, 즉 촌충의 일종이다. 촌충은 수많은 마디로 된, 길이가 긴 기생충이다. 대표 기생충으로는 길이가 5미터를 우습게 넘는 광절열두조충이 있다. 그런데 왜소조충은 수많은 마디로 이루어진 건 똑같지만, 길이는 수 센티미터가 고작이다. 오죽 황당했으면 이름이 왜소조충이다. 학명의 뒷부분에 있는 'nana'는 '난쟁이'를 뜻하는 그리스어인 'nanos'에서 따 왔는데, 직접 보면 '저리도 작은 녀석이 조충이라고 우기다니'라는, 머리라도 쓰다듬고픈 귀여움이 느껴진다. 물론 머리를 쓰다듬는 건 좋은 행동이 아니다. 왜소조충은 머리에 4개의 흡반뿐 아니라 20~30개의 갈고리가 둥글게 위치하니, 손을 벨 수도 있겠다(농담이다). 머리 아래 목이 있고, 그 아래부터 200개 정도에 달하는 마디 — 전문용어로 '편절'이라고 한다 — 가 이어지는 것이 왜소조충의 구조다.

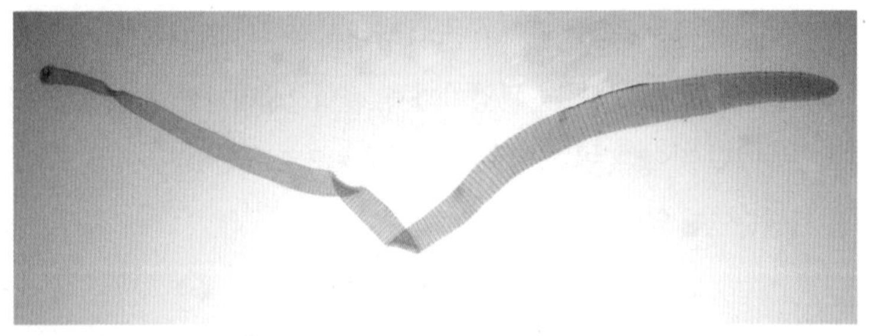

왜소조충

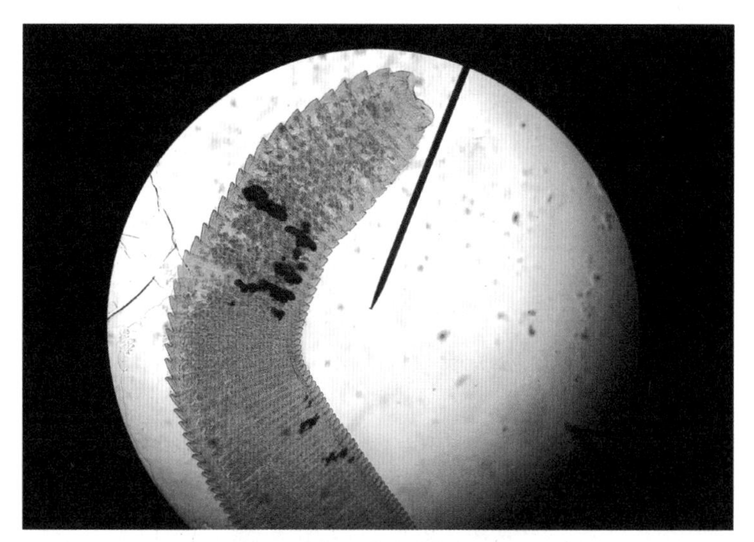

왜소조충의 편절

왜소조충의 머리. 낙지의 빨판처럼 생긴 네 개의 흡반이 보인다

왜소조충은 원래 집쥐에게 흔히 있는 기생충이다. 왜소조충에 감염된 집쥐가 변을 보면 왜소조충의 알도 같이 나오는데, 이 알은 열흘 안에 다른 곤충이 먹어 주지 않으면 죽고 만다. 쥐똥이 묻은 걸 누가 먹겠냐 싶지만, 다행히 쌀벌레라든지 벼룩, 딱정벌레 같은 애들이 십시일반으로 알을 먹고 몸 안에서 유충으로 키워 준다. 유충이 어느 정도 발육하고 나면 감염력을 가지며, 쥐가 이 벌레들을 잡아먹으면 쥐의 몸 안에서 수 센티미터짜리 성충이 된다. 사람이 감염되

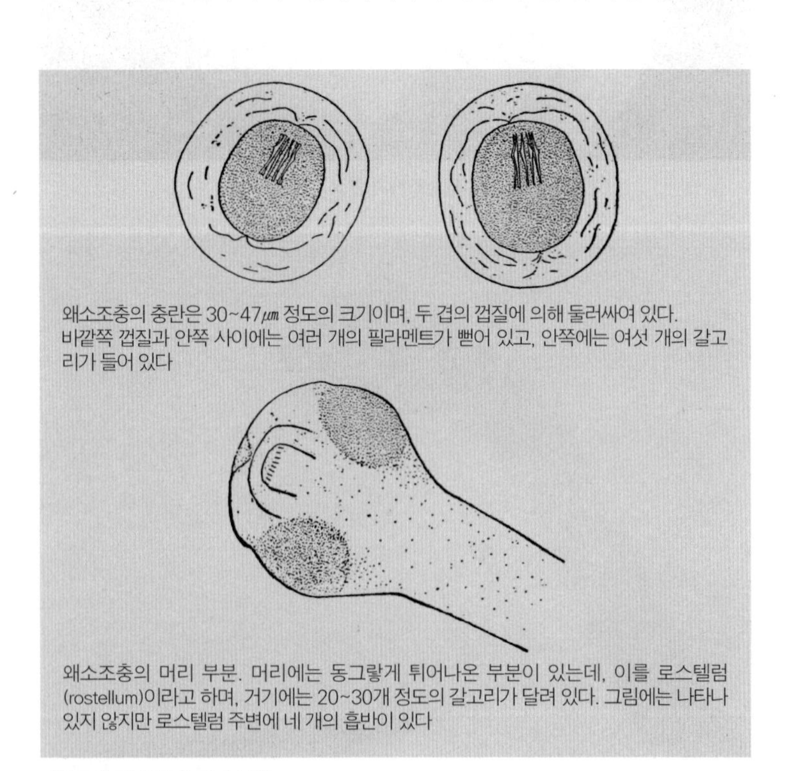

왜소조충의 충란은 30~47㎛ 정도의 크기이며, 두 겹의 껍질에 의해 둘러싸여 있다. 바깥쪽 껍질과 안쪽 사이에는 여러 개의 필라멘트가 뻗어 있고, 안쪽에는 여섯 개의 갈고리가 들어 있다

왜소조충의 머리 부분. 머리에는 동그랗게 튀어나온 부분이 있는데, 이를 로스텔럼(rostellum)이라고 하며, 거기에는 20~30개 정도의 갈고리가 달려 있다. 그림에는 나타나 있지 않지만 로스텔럼 주변에 네 개의 흡반이 있다

왜소조충의 충란과 머리 부분

는 건 쌀벌레를 먹었을 때로, 쥐에서 그러는 것처럼 왜소조충의 유충은 사람의 작은창자에 들어가 어른이 된다. 여기까지만 보면 왜소조충의 생활사가 특별할 건 없다. 하지만 다음 상황을 보자. 쥐가 방 한가운데 대변을 싸질러 놨다고 하자. 그걸 본 방 주인이 투덜거리면서 쥐똥을 치운다. 그런데 꼼꼼하지 못한 사람이라면 변을 휴지로 집고 대충 닦는 척만 하고 마는데, 그로부터 몇 시간 뒤, 방 주인이 과자를 먹다가 그만 방바닥에 떨어뜨리고 만다. 하필 그곳은 쥐가 똥을 쌌던 바로 그 자리였고, 깨끗이 치우지 않은 탓에 왜소조충의 알이 조금 남아 있었다. 하지만 과자를 아까워한 방 주인은 그걸 집어서 입에 넣는다. 문제를 하나 내겠다. 이 사람은 왜소조충에 걸릴 수 있을까?

답을 말하기 전에 민촌충을 예로 들어 보자. 민촌충은 덜 익은 쇠고기가 감염원이자 중간숙주이며, 쇠고기에 들어 있는 유충을 사람이 섭취하면 몸 안에서 3미터짜리 민촌충이 된다. 그런데 사람이 유충 대신 민촌충의 알을 섭취하면 어떻게 될까? 알은 인체에서 부화하지 못하고 그냥 대변으로 나가 버린다. 중간숙주를 거치지 못해 감염력이 없기 때문이다. 민촌충의 친척인 갈고리촌충은 어떨까? 갈고리촌충은 덜 익힌 돼지고기를 먹을 때 그 안의 유충을 섭취함으로써 인체 감염이 이루어진다. 만약 갈고리촌충의 알을 먹는다면 사람 몸 안에서 부화해 유충이 되긴 하지만, 더 이상의 발육은 불가능하다. 대부분의 기생충이 이렇다. 그런데 왜소조충은 신기하게도 알만 먹어도 감염이 될 수 있다. 알이 부화하면 갈고리가

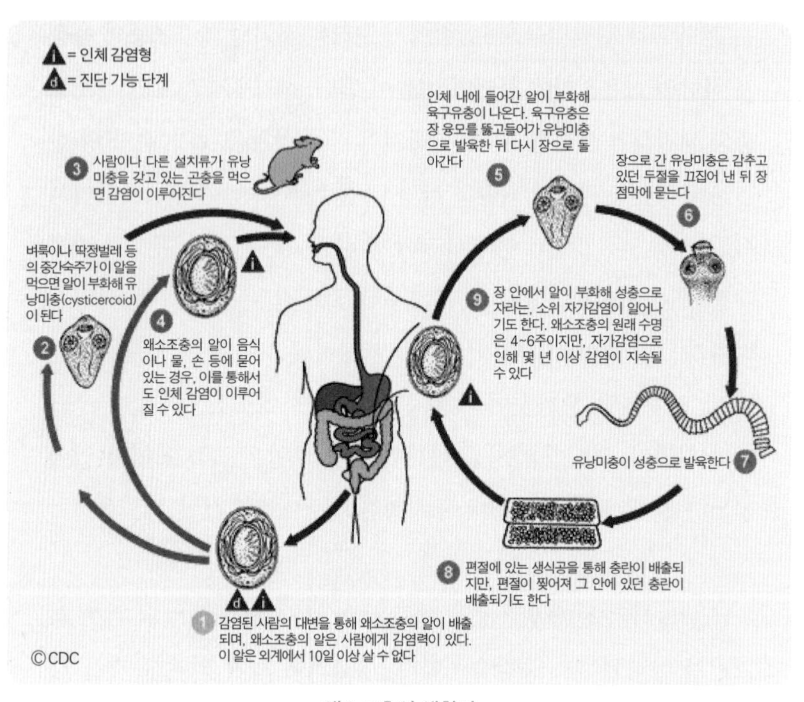

왜소조충의 생활사

있는 초기 유충이 나오는데, 그게 장의 융모를 뚫고 들어가 그 안에서 감염력 있는 유충이 되고, 이것이 다시 융모를 뚫고 작은창자 안으로 나가 성충이 된다. 이전에 언급한 분선충처럼 소위 자가감염(autoinfection)이 가능하다는 것이다. 이걸 최초로 밝힌 사람은 그라시(Grassi B)라는 학자로, 1887년 중간숙주 없이 쥐에서 쥐로 감염이 가능하다는 걸 증명했다. 그러니 쥐가 다니는 곳에선 떨어진 과자를 아까워하지 말자.

숙주 내에서 자가감염이 가능하다는 건 왜소조충 입장에선 큰 이득이다. 왜소조충의 수명은 기껏해야 4~6주에 불과하지만, 자가감염 덕분에 안정적으로 사람 몸에 머물며 알을 낳을 수 있기 때문이다. 또한 사람에게 감염되는 게 비교적 쉬워진다. 곤충이 알을 먹고 그 곤충을 사람이 먹는 게 쉽겠는가, 아니면 알이 묻은 과자를 사람이 먹는 게 더 쉽겠는가? 심지어 자가감염 덕분에 사람에서 사람으로 알을 건네주는 것도 가능해졌다. 왜소조충이 비교적 흔하게 발견되는 이유도 이 때문으로, 십여 년 전 통계이긴 하지만 전 세계적으로 7500만 명이 감염돼 있다고 한다.

왜소조충과 면역

처음에 언급한 44세 남자에 대해 얘기해 보자. 살충제를 안 쓰는 게 유기농 음식이니, 아마도 이 환자는 유기농 식품을 통해 왜소조충에 감염됐을 것이다. 그리고 소수의 왜소조충은 환자 몸에서 자가감염을 일으키며 불어났을 거다. 하지만 이렇게 많은 왜소조충이 있어도 환자는 아무런 증상을 호소하지 않았다. 실제로 왜소조충은 여간해선 증상을 일으키지 않는다. 마릿수가 많을 때 배가 아프고 설사를 유발했다는 보고가 있긴 하지만, 실제로 왜소조충 때문에 병원을 찾는 이는 거의 없다. 그런데 면역억제자의 경우는 얘기가 좀 달라진다. 면역이 억제되면 아무래도 자가감염도 더 자주 일어나겠지만, 그와는 차원을 달리하는 기이한 현상이 가끔씩 생기고 있기 때문이다.

처음 이 현상이 보고된 건 1968년이다. 호지킨병이라고, 일종의 혈액암에 걸린 환자가 화학요법과 방사선 치료를 받던 도중 사망한 일이 있었다. 그 환자를 조사해 보니 기생충이 만든 것으로 추정되는 주머니가 환자의 여러 장기와 혈관, 피부 등 곳곳에서 발견됐다. 병리조직 검사를 해 본 결과 이 기생충은 왜소조충의 유충으로 밝혀졌다. 이게 이상했던 이유는, 사람은 왜소조충의 종숙주이며 종숙주 내에서 왜소조충은 작은창자에 기생하기 때문이었다. 왜소조충의 유충들이 사람 몸의 여러 곳에 자리 잡고 주머니를 만드는 건 분명 이례적이었다. 이런 일은 그 후에도 발생했다. 에이즈에 걸린 44세 남자 환자가 복통과 발열, 체중 감소를 호소했으며, 특이하게도 간과 림프절 여러 곳에 커다란 덩어리가 있는 게 발견됐다. 환자는 병원에 온 지 열흘 만에 사망하고 말았는데, 부검 결과 전신에 기생충 비슷한 것들이 잔뜩 퍼져 있었다. 의사는 "뭔가 굉장히 위험한 기생충의 유충에 대량 감염된 것 같다"고 진단했다. 이럴 때 할 수 있는 것은 DNA 검사다. 감염된 조직을 조사해 봤더니 그 유충은 역시 왜소조충이었다. 이 두 건으로 보아 다음과 같이 얘기할 수 있겠다.

"왜소조충에 감염된 환자가 면역이 억제된 경우 알에서 부화된 유충들이 몸의 각 부분을 공격해 사망에 이르게 한다."

이것과 자가감염이 도대체 어떻게 다른 것이냐는 질문이 따를 수 있겠지만, 자가감염은 사람 몸 안에서 부화된 알이 성충으로 완전히 자랐을 때 붙이는 용어인지라 이처럼 유충이 활개 칠 때를 나타내기엔 적당한 단어가 아닌 듯하다. 아무튼 왜소조충이 무작정 조그맣고 착한 기생충은 아니며, 면역이 약화된 약자에게 터무니없는 악행을 저지른다는 건 틀림없는 사실인 듯하다. 그리고 그 일이 생겼다.

왜소조충과 암

2013년 1월, 41세 환자가 피로감과 발열, 기침, 체중 감소 등을 호소하며 병원에 왔다. 환자는 에이즈 감염자로, 면역이 크게 억제돼 있는 상태였다. 대변 검사를 해 본 결과 왜소조충의 알이 나왔다. 여기까진 그럴 수 있지만, CT를 찍어 본 결과 폐에 덩어리들이 있는 게 관찰됐다. 크기는 0.4센티에서 4.0센티였는데, 이 덩어리들은 간과 더불어 목, 가슴, 배의 림프절(림프샘)에서도 관찰됐다. 에이즈 환자에게는 암이 비교적 흔하기에 암이라고 잠정 진단을 내렸고, 확진을 위해 목 림프절의 덩어리에서 일부 조직을 떼어 내 검사해 봤다.

그런데 조직 검사 결과가 좀 이상했다. 분명히 암은 맞지만, 그게 인체에서 유래된 게 아닌 듯했다. 아무리 암이라 해도 그게 시작된 세포의 원형을 어느 정도는 유지하고 있어야 하는데, 이 암은 아무리 봐도 사람 세포에서 비롯된 게 아니었기 때문이다. 진단을 못해 우왕좌왕하는 동안 목에 있는 림프절의 크기는 5센티가량으로 커졌고, 환자의 상태는 급격히 나빠졌다. 결국 환자는 사망하고 말았다. 원인을 명확히 규명하기 위해 환자의 목 림프절에 생긴 덩어리를 떼어 내 DNA 검사를 시행했는데, 결과는 놀라웠다. 그 조직은 바로 왜소조충의 것이었다. 면역이 억제된 환자의 경우 왜소조충의 유충이 몸 여기저기를 침범하는 것은 보고된 바 있지만, 이번처럼 암으로 변해 몸 곳곳을 침범한 경우는 처음이었다. 아마도 숙주 면역이 약해지다 보니 왜소조충의 일부 조직이 비정상적으로 자라고 암까지 생겼는데, 폐암이 혈액을 타고 몸 여기저기에 퍼지는 것처럼 왜소조충에서 생긴 암이 혈액을 타고 폐와 림프절로 전이된 모양이었다. 왜소조충이야 디스토마 약을 먹이면 되고, 다른 조직을 침범한 경우 회충약도 괜찮지만, 암에 걸린 왜소조충은 약도 없다. 보통 사람 같으면 왜소조충을 웃어넘길 수 있어도 에이즈 환자들은 그래선 안 된다. 면역이 약할수록 유기농 식품을 조심하자. 왜소조충이 기다리고 있을지도 모르니까.

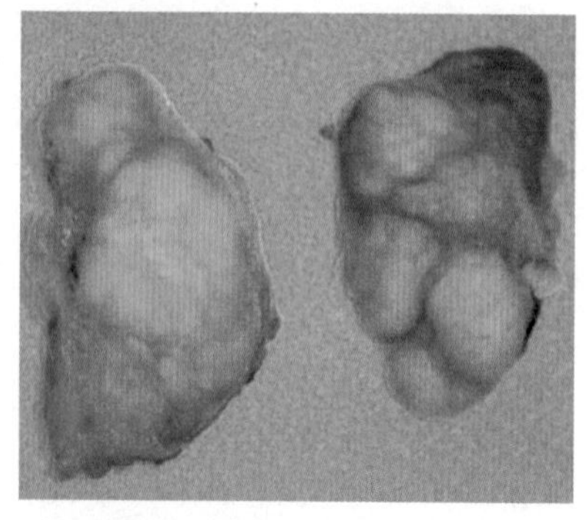
왜소조충에서 생긴 암

왜소조충

- **위험도** | ★(정상) / ★★★★★(면역력이 떨어졌을 때)
- **형태 및 크기** | 머리 아래 목이 있고, 그 아래부터 200개 정도에 달하는 편절(마디)이 달려 있다. 수많은 마디로 되어 있지만 길이는 고작 수 센티미터다.
- **수명** | 4~6주, 자가감염을 하면 수개월~수년
- **감염원** | 쌀벌레
- **특징** | 대부분의 기생충은 사람이 알을 섭취했을 땐 부화하지 못하고 대변으로 빠져나가거나 유충이 되어도 발육이 불가능하다. 그런데 왜소조충은 사람이 그 알을 먹어도 성충이 되기 때문에 감염이 된다. 숙주 내에서 자가감염이 가능하며, 감염이 쉬운 편이다.
- **감염 증상** | 증상이 거의 없는 편이지만, 사람의 면역이 억제되면 유충들이 몸의 각 부분을 공격해 사망에 이르게 한다.
- **진단 방법** | 대변 검사, 조직 검사
- **착한 기생충으로 선정한 이유** | 5미터 넘는 조충이 널린 세상에서 2센티짜리 벌레를 욕하시렵니까?

기생충 연구와 노벨상

건국대 집단 폐렴 사태

2015년 10월 19일, 건국대 실험실에서 일하는 연구원 몇 명이 원인 미상의 폐렴에 걸렸다. 이때만 해도 이대로 넘어가겠거니 했지만 환자는 계속 늘어났고, 최종적으로 확인된 환자 수는 55명이었다. 이들은 섭씨 37.5도 이상의 열과 오한, 근육통, 두통 등의 증상에 시달렸는데, 특이하게도 기침과 호흡 곤란 등 폐렴의 특징적인 증상은 오히려 드물었다. 환자들은 모두 동물생명과학 건물에서 일하는 연구원들이었는데, 사태가 점점 심각해지자 건국대 측은 연구원들이 일하는 건물을 폐쇄하고 원인 규명에 들어갔다.

감염자가 다 연구원이니 그 안에서 배양 중이던 세균이나 바이러스가 원인일 수도 있고, 맨 처음 감염된 연구원들이 직전에 충주캠퍼스 실습 농장에 다녀왔다고 했으니 그때 감염된 것일 수도 있었다. 하지만 발병 원인은 쉽사리 찾을 수 없었다. 폐렴을 일으킬 만한 병원체 16종을 가지고 테스트했지만 모두 음성으로 나왔다. 연구원들이 격리 전 가족과 함께 생활했음에도 불구하고 전파가 안 된 걸 보면 감염력은 그리 높지 않은 것 같았다. 혹시 실험실에서 쓰는 독성물질이 원인일까 의심하기도 했지만 가능성이 떨어졌다.

한 달여 가까운 조사 끝에 방역 당국은 집단 폐렴의 원인을 알아냈다. 폐렴을 앓던 환자의 검체에서 방선균(Streptomyces spp.)을 검출해 낸 것이다. 방선균은 곰팡이와 비슷하지만 곰팡이는 아니다. 그렇다고 세균도 아닌, 정체성이 좀 애매한 균이다. 주로 흙 속에 사는 이 균이 연구원들에게 침투한 건 실험실에서 쥐 등 동물에게 주는 사료를 통해서였다. 이번 사건이 좀 충격이었던 건 방선균이 사람에게 가끔씩 알레르기 증상을 일으키기는 해도, 원래 사람에게 해를 끼치는 균은 아니었기 때문이다. 땅 속 어디를 파 봐도 방선균이 있을 만큼 흔한 균이지만, 이번과 같은 폐렴을 일으킨 건 처음이었다는 것만 봐도 이들이 평소 얼마나 착한 애들인지 알 수 있다. 게다가 이 방선균은 지금까지 수억, 아니 수십억의 목숨을 구한 의로운 균이기도 하다. 이게 정말일까 의심하는 분들을 위해 방선균의 업적에 대해 써 본다.

방선균에서 나온 항생제들

스트렙토마이신이라는 약이 있다. '결핵' 하면 바로 죽는 병이라고 생각하던 1943년, 축복처럼 등장한 이 약은 수많은 결핵 환자를 구했다. 이 약을 발견하는 데 역할을 한 학자는 1952년 노벨생리의학상을 탔는데, 그로부터 70여 년이 지난 지금도 스트렙토마이신은 결핵 치료의 1차 약이다. 그런데 방선균의 학명이 Streptomyces인 데서 보면 알 수 있듯이, 이 약은 방선균에서 추출된 항생제다. 이 약 하나만 가지고도 방선균이 사람한테 큰소리를 칠 수 있겠지만, 이건 시작에 불과했다. 방선균은 수많은 종이 있고, 스트렙토마이신을 추출한 방선균은 그중 하나인 스트렙토미케스 그리세우스(Streptomyces griseus)였다. 그렇다면 다른 종류의 방선균에서도 항생 물질이 나올 수 있지 않을까? 수많은 연구자들이 갑자기 땅속을 뒤지기 시작했다. 결과는 성공적이었다. 클로람페니콜(Chloramphenicol)과 테트라사이클린(Tetracyclin) 등 지금도 널리 쓰이는 항생제 몇 가지가 방선균에서 추출됐다. 이게 다 1940년대와 1950년대에 벌어진 일이었다.

19세기 캘리포니아의 골드러시가 더 이상 금을 캐낼 곳이 없게 되자 막을 내린 것처럼, 방선균 러시도 곧 시들해졌다. 찾을 수 있는 건 남들이 다 찾았을 테니 다른 걸 연구하는 게 훨씬 더 경제적이지 않겠는가? 하지만 그로부터 20년이 지났을 무

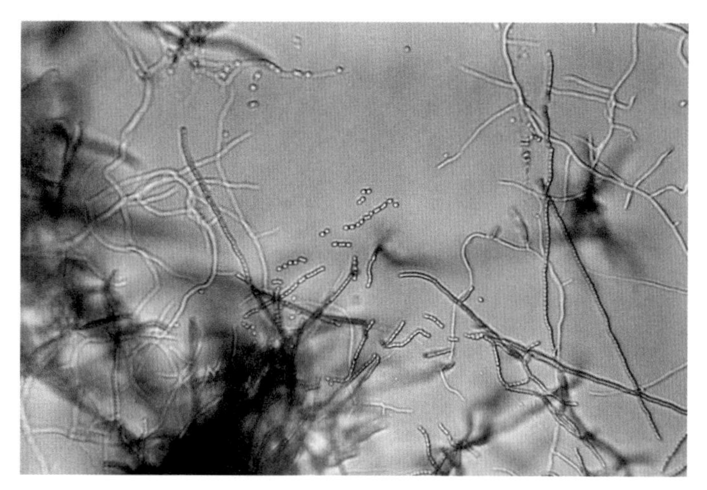

방선균

렵 일본 기타사토 대학의 오무라(Satoshi, Omura)라는 분은 남들이 찾지 못한 항생 물질을 내는 방선균이 있을지도 모른다는 생각을 한다. 물론 그 일은 쉽지 않았다. 오무라는 일본 전역을 돌며 2천5백 여 곳의 흙에서 방선균을 찾아내 항생 물질을 내는지 봤지만, 죄다 실패였다. 그래도 포기하지 않은 오무라에게 서광이 비쳤으니, 시즈오카 현의 골프장 흙에서 나온 방선균이 기생충을 죽이는 성분을 내고 있었던 것이다.

세균 약과 기생충 약은 차이가 좀 있다. 세균은 세계 곳곳에서 감염을 일으키고, 약에도 금방 내성을 나타낸다. 의사들을 공포에 떨게 만드는 수퍼박테리아는 지구상의 어떤 약으로도 치료가 안 되는 세균을 의미하니, 세균이 아직 만나 보지 못한 새로운 약은 언제라도 환영이다. 하지만 기생충 약은 다르다. 기생충은 세균보다 수명이 훨씬 길어, 회충의 경우 수명이 짧아도 1년이다. 내성이라는 건 여러 세대를 거치는 중 나타난 돌연변이로, 수명이 세균보다 긴 회충이 약제에 내성을 갖기는 참 어렵다. 지금도 시중에서 구할 수 있는 회충약의 성분은 1970년대에 개발된 알벤다졸(albendazole)인데, 이것은 회충의 소장에 붙어 포도당 흡수를 방해함으로써 효과를 나타낸다. 즉 기생충을 굶겨 죽이는 것인데, 그로부터 40여 년이 지난 지금도 회충들은 알벤다졸이 들어오면 "에이, 씨!"라고 외치며 죽어 버린다. 사정이 이럴진대 새로운 회충약을 또 개발할 필요가 뭐가 있겠는가? 기생충 감염이 많은 나라들이 하나같이 잘살지 못한다는 사실도 제약회사가 기생충 약 개발을 꺼리는 이유다. 애써 약을 만들어 봤자 비싸게 팔지 못하면 본전을 뽑기 어렵기 때문이다.

오무라의 고민은 여기서 시작됐다. 오무라는 그 기생충 성분을 약으로 만들고 싶었고, 그러려면 제약회사의 도움이 필요했지만, 그게 쉽지 않았다. 결국 오무라는 미국으로 건너가 제약회사 투어를 시작했다. 여러 차례 거절당한 끝에 오무라에게 구원의 손길을 내밀어 준 것은 거대 제약회사 중 하나인 머크사(Merck Co.)였다. 이후 태평양을 사이에 둔 공동 연구가 시작됐다. 방선균을 배양하는 것은 오무라의 몫이었고, 어떤 조건에서 항기생충 물질이 더 많이 나오는지와 방선균이 내는 물질 중 어떤 것이 가장 항기생충 효과가 뛰어난지를 알아보는 게 머크사(社)에 소속된 윌리엄 캠벨(William Campbell)의 몫이었다. 그렇게 해서 만들어진 약이 바로 아이버멕틴(ivermectin)인데, 이건 시즈오카 현에서 발견된 방선균의 이름인 스트렙토미세스 아버미틸리스(Streptomyces avermitilis)에서 따온 것이다. 알벤다졸과 달리 아이버멕틴은 기생충의 세포막에 있는 이온 통로(이온채널)에 작용한다. 모든 생명체는 세포 내 전해질의 농도를 일정 수준으로 유지하는데, 이를 가능하게 하는 것이 바로 이온이 지나다니는 통로로, 이걸 이온 통로라고 한다. 아이버멕틴은 여러 전해질 중 염소(chloride) 통로에 관여해 기생충을 죽였다.

회선사상충을 박멸하다

연구의 매력은 반드시 계획한 대로 결과가 나오지는 않는다는 점이다. 시데나필(Sidenafil)이란 약을 예로 들어 보자. 이 약은 원래 협심증이라고, 심장으로 가는 혈액이 부족해 가슴이 찢어지게 아픈 병의 약으로 개발됐다. 약이 시중에 나오려면 임상시험을 거쳐야 하는데, 임상시험 결과 이 약은 협심증에는 별 효과가 없는 것으로 드러났다. 많은 약들이 개발 도중 이렇게 사라지니, 특별할 것도 없었다. 그런데 이 약을 개발하던 제약회사 화이자는 약제의 부작용에 주목한다. 이 약을 복용한 환자들이 하나같이 발기라는, 예상치 못한 일을 겪게 된 것이다. 무슨 얘기를 하는지 이젠 다 아셨으리라. 비아그라라는 상품명으로 출시된 이 약은 내 친구들을 비롯해 수많은 남성들에게 기쁨을 줬다.

아이버멕틴도 그랬다. 기존 약제보다 기생충에 더 잘 듣는다는 게 밝혀지긴 했지만, 그렇다고 해서 사람에게 쓰기엔 문제가 복잡했다. 인체기생충에 잘 듣는 약은 이미 있기도 했고, 더 결정적으로 사람에게 쓰려면 몇 차례의 임상시험을 거쳐야 했다. 기존 약제에 비해 효과가 더 있는 게 아니면 식약청(FDA)에서 승인해 주지 않을 것이고, 또 시험 과정에서 부작용이라도 있다면 승인은 불가능했다. 머크사는 사람에 비해 승인 과정이 좀 만만한 동물 기생충 시장을 노렸다. 1981년 출시된 아이버멕틴은 이내 축산업계를 평정했다. 약효가 좀 강한 기생충 약에 굶주려 있던 축산업자들은 이온 통로를 막아 단번에 기생충을 죽이는 아이버멕틴에 열광했다. 특히 기존 약제에 잘 듣지 않던 온코서카 서비칼리스(Onchocerca cervicalis)라는 기생충을 죽인 건 큰 성과였다. 말이 이 기생충에 걸리면 피부염에 걸리고 털이 빠졌으며, 가려움증을 호소했는데, 아이버멕틴은 이 기생충을 쉽게 퇴치했다.

역사를 움직이는 것은 아주 사소한 연결고리일 수 있다. "가만, 온코서카 서비칼리스라면 회선사상충과 친척 아니야?" 『기

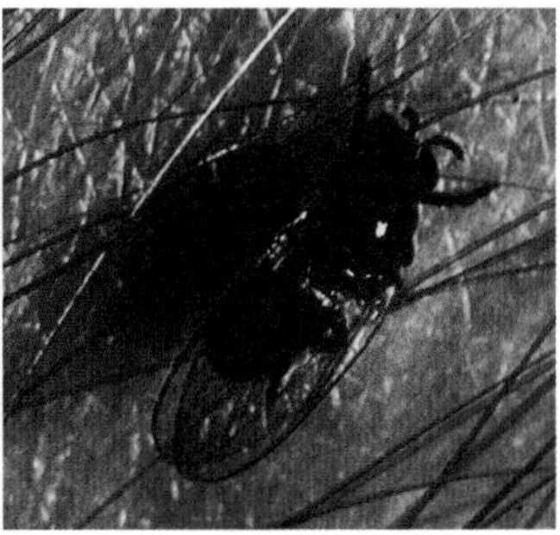

회선사상충(좌)과 먹파리

생충 열전』을 읽은 분들이라면 회선사상충을 기억하실 것이다. 먹파리(blackfly)에 의해 감염되며, 사람의 피부에서 덩어리(mass)를 만들며 사는 기생충이다. 그런 부분은 별로 문제가 되지 않지만, 그 기생충이 낳은 유충(새끼 사상충)들이 눈으로 가서 결국 실명을 일으키는 것이 문제다. 그래서 '강가의 실명(river blindness)'이란 악명이 붙었다. 그 회선사상충의 학명이 바로 Onchocerca volvulus였으니, 말 기생충인 온코서카 서비칼리스와 속(genus)명이 같은, 쉽게 말해 친척 기생충이다. 그때까지 회선사상충은 이렇다 할 약이 없었기에, 아프리카 지역에 사는 수많은 사람들의 눈이 멀어 가고 있는 데도 속절없이 당할 수밖에 없었다. 하지만 친척 기생충에게 듣는 약이 있다면, 회선사상충 환자에게도 시험해 볼 수 있지 않을까?

1981년 회선사상충의 유행지인 세네갈, 가나, 과테말라에서 임상시험이 시행됐다. 효과는 드라마틱했다. 실명의 원인이던 새끼 사상충이 환자 몸 안에서 완전히 사라져 버렸다. 비록 성충을 죽이진 못했지만, 놀란 회선사상충은 그 뒤로도 5년간 새끼를 낳지 못했다. 성충의 수명이 15년 정도니 넉넉잡고 2년, 적어도 5년마다 아이버멕틴을 투여한다면 그 사람은 실명으로부터 자유로울 수 있지 않겠는가? 임상시험이 성공적으로 끝난 뒤인 1995년, 아프리카 회선사상충 박멸프로그램(APOC, African Program for Onchocerciasis Control)이 발족됐다. 이는 머크사가 통크게 아이버멕틴을 무상으로 공급하기로 한 덕분에 가능한 것이었다. 그로부터 12년이 지난 뒤, 회선사상충은 내전 때문에 APOC를 시행하지 못한 시에라리온을 제외하곤 아예 자취를 감췄다. 2015년 10월, 오무라와 캠벨은 회선사상충을 박멸한 공로로 노벨생리의학상 수상대에 섰다. 처음부터 회선사상충을 목표로 한 것은 아니었지만, 뭔가 열심히 하다 보면 이런 영광이 온다는 것을 그 둘은 잘 보여 줬다.

|부록|

투유유 여사의 노벨상 수상

위 두 분 이외에 2015년에 노벨생리의학상을 받은 이가 한 분 더 있다. 중국의 투유유(Tu Youyou)가 바로 그분인데, 『기생충 열전』을 열심히 읽은 분이라면 노벨상 수상자가 발표됐을 때 이렇게 말했을 거다.
"어머나, 정말로 그분이 탔어!"

『기생충 열전』을 보면 다음과 같은 구절이 있다.
"말라리아 백신이 기생충 분야의 세 번째 노벨상을 보장해 준다고 했지만, 어쩌면 다른 이가 세 번째의 영광을 차지할지도 모른다. 중국의 투요우요우가 그 유력한 후보이다."(244쪽)
그 당시 잘 모르고 이분의 존함을 투요우요우라고 적은 건 부끄럽지만, 이분이 노벨상을 타리라는 걸 미리 예측한 점은 스스로 생각해도 대견하다. 어른들이 독서의 중요성을 강조한 것도 책을 읽으면 이렇게 미래를 알 수 있기 때문이리라.

그런데 이게 정말 내 예측이 들어맞은 것인지는 의문이다. 왜냐하면 『기생충 열전』에는 이런 구절도 있기 때문이다.
"문제는 투요우요우 여사가 1930년생으로 벌써 80세가 넘었다는 사실. 노벨 위원회야, 주려면 좀 빨리 줘라. 기다리다 여사님 돌아가시겠다."(245쪽)
이 구절을 읽은 독자 한 명이 내게 이런 말을 했다.
"보통은 '노벨 위원회야, 나 노벨상 좀 주라' 이렇게 말하는데, 서민 작가님은 정말 대단하세요. 다른 사람, 그것도 우리랑 그리 친하지 않은 중국 사람에게 상을 주라고 하다니, 도량이 정말 크신 것 같아요."

도량도 도량이지만, 이런 의혹이 든다. 혹시 노벨 위원회 중 한 명이 내 책을 읽은 것은 아닐까. 그래서 위원회에서 투유유 여사에게 주자고 얘기한 건 아닐는지? 『기생충 열전』이 나온 게 2013년이고, 스웨덴에서 그 책을 받아서 읽으려면 2014년, 노벨상 수상은 2015년. 시기적으로 딱 맞아떨어지지 않는가? 예측이 들어맞은 게 아니라 선정에 영향을 준 걸지도 모른다는 의혹은 여기서 제기된다. 책을 쓰는 것의 좋은 점은 이렇듯 누군가에게 영향력을 행사할 수 있다는 점이다. 이게 사실이라면 투유유 여사가 밥 한번 사야 할 텐데.

지구의 2인자,
기생충의
독특한 생존기

II
독특한 기생충

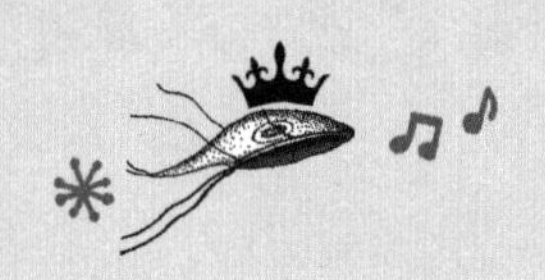

1
싱가무스

남녀 간의 영원한 사랑

태국 남자에게서 나온 것

그 남자는 32세로, 태국에서 농사를 지으며 살고 있었다. 그런 그에게 일자리가 생겼다. 말레이시아의 우림 지역에서 나무 베는 일을 해 주면 임금을 많이 쳐 주겠다고 한 것이다. 돈이 필요했던 그는 말레이시아로 갔고, 4개월간 일을 하겠다는 계약을 맺었다. 그런데 도착한 지 2개월이 지났을 무렵, 그는 시름시름 아프기 시작했다. 자꾸 기침이 났고, 침을 뱉으면 끈끈한 점액질의 가래가 나왔다. 이것만 해도 충분히 힘들 텐데 열이 나고 온몸이 쑤시기까지 했다. 이런 악조건을 참아 가면서 계속 일을 했지만 상태는 점점 악화됐다. 체중이 계속 줄어드는 데다 기침을 하면 피까지 나왔으니, 돈은 둘째 치고 일단 살고 볼 일이었다. 그는 다시 고향으로 돌아왔고, 오자마자 병원으로 달려갔다.

남자는 떠날 때와 너무도 다른, 핼쑥한 모습이었다. 의사는 청진기를 대고 숨을 쉬어 보라고 했다. 숨을 쉴 때마다 이상한 소리가 들렸다. 결핵을 의심해 볼 만도 하지만, 흉부 X선 사진은 정상이었고, 객담에서 결핵균은 검출되지 않았다. 혹시 기생충이 있지 않을까 싶어 대변 검사를 시행했다. 놀랄까 봐 미리 얘기하는데 그때는 1991년이었고, 태국의 시골에 사는 남자라면 기생충 몇 종류는 다 가지고 있었다. 대변 검사 결과 분선충의 유충과 간디스토마, 두 종류의 촌충, 십이지장충 그리고 극구흡충의 알이 발견됐다. "아니 여섯 종류나?" 하고 놀라기엔 이르다. 한 가지가 더 있었으니까. 일곱 번째 기생충은 바로 싱가무스였다. 아마 처음 듣는 이름일 것 같으니, 이것에 대해 알아보자.

싱가무스 트라키아

싱가무스에는 중요한 종이 두 개 있는데, 하나는 싱가무스 트라키아(Syngamus trachea)고 다른 하나는 싱가무스 라링지우스(Syngamus laryngeus)다. 편의상 앞의 것을 싱가무스 1, 뒤의 것을 싱가무스 2라고 부르겠다. 트라키아(trachea)는 숨을 쉬는 '기도'고, 라링스(larynx)

는 '후두'라고 하는 기도 바로 윗부분에 위치해 있는, 역시 공기가 드나드는 통로다. 여기까지만 놓고 보면 그게 그거 같고, 형태나 하는 짓도 비슷하지만, 결정적으로 숙주에서 차이를 보인다.

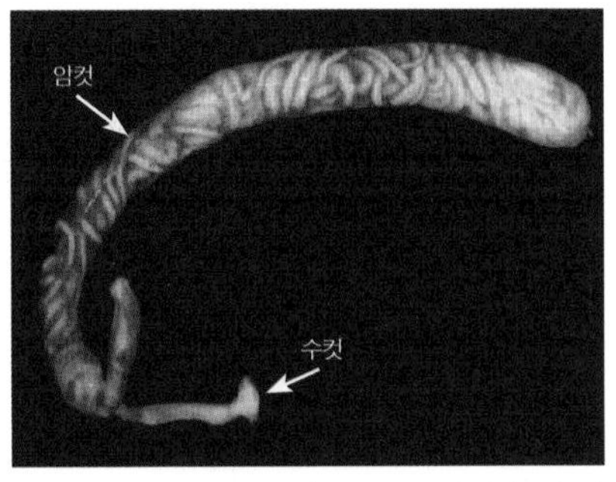

새의 기도에 기생하는 싱가무스 트라키아. 긴 게 암컷이고 하단의 작은 게 수컷이다

하나는 새의 기생충이고 다른 하나는 가축의 기생충이란 점이 다른데, 먼저 싱가무스 트라키아에 대해 알아보자.

싱가무스 1은 새의 기도에 사는 기생충이다. 아니 다른 데 다 놔두고 왜 하필 기도일까? 거기 있어 봤자 별로 먹을 것도 없는데 말이다. 아무튼 기도에 사는 탓에 아주 특별한 증상이 생기는데, 그게 바로 'gape'다. 그 의미를 사전을 찾아보면 '입을 딱 벌리고 바라보다', '딱 벌어져 있다.'라고 되어 있다. 사람이나 동물이나 숨을 못 쉬게 되면 입이 벌어지기 마련인데, 싱가무스 1이 기도를 막을 때 숙주가 입을 넓게 벌리다 보니 '기관개취충(gapeworm)'이라는 별명을 얻게 됐다. 싱가무스 1은 또 '붉은 벌레' 또는 '포크처럼 생긴 벌레(forked worm)'라고도 불리는데, 전자는 몸 색깔이 빨개서 그런 별명이 붙었다고 쉽게 추측할 수 있지만, 후자는 도대체 무슨 이유 때문일까? 충체의 끝부분이 두 갈래로 갈라져 있기라도 한 걸까?

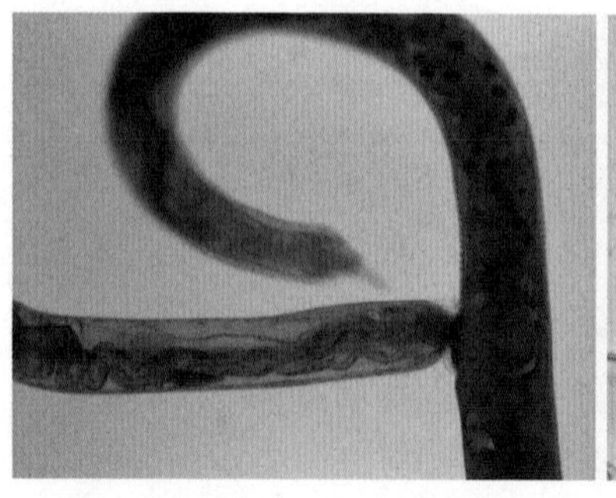
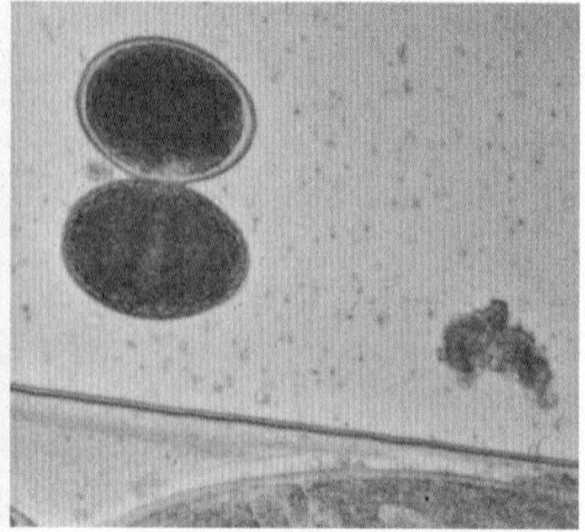

싱가무스 트라키아 암수(암컷이 흡혈을 하여 빨갛게 보임)가 교접하는 모습(좌)과 싱가무스트라키아의 알

싱가무스 1은 암컷이 20밀리미터 정도로 꽤 긴 반면 수컷은 6밀리미터에 불과하다. '암컷이 수컷의 키를 안 보는구나'라며 감탄하기엔 아직 이르다. 싱가무스 1은 분명 암수딴몸인데, 수컷과 암컷이 항상 붙어 있고, 자세 또한 암수가 사랑을 나누는 바로 그 자세다. 『기생충 열전』에 나오는 주혈흡충은 수컷이 암컷을 안고 있는 정도지만, 이건 좀 심하다. 19금 딱지라도 붙이고 싶어질 정도인데, '싱가무스'라는 뜻도 '함께'라는 뜻의 'syn'과 '생식'이란 뜻의 'gamus'다. 암컷에 비해 수컷의 크기가 너무 작다 보니 그게 야하기는커녕 충체 끝부분이 둘로 갈라져 있는 것처럼 보인다. 포크처럼 생긴 벌레라는 별명은 그래서 얻어졌다. 여러 별명 중 싱가무스 1의 특징을 가장 잘 나타내 주는 건 바로 이것이 아닐까.

바람만 열심히 들락거리는 기도에서 싱가무스 1 부부가 어떻게 살아가는지 궁금할 것이다. 기생충의 존재 이유가 번식인데, 알은 어떻게 낳으며 또 어떻게 외부로 내보내는지 말이다. 외모도 행동도 범상치 않은 기생충이다 보니 생활사 역시 남다르다. 싱가무스 1의 암컷이 기도에서 알을 낳으면 종숙주인 새는 그 알을 삼킨다. 왜 삼킬까. 혹시 가래침 뱉는 새를 본 적이 있는가? 아마 없을 것이다. 새는 객담을 뱉지 못하니, 알을 배출하려면 삼킨 후 대변으로 내보내는 수밖에 없다. 새가 삼킨 알은 대변으로 나가는데, 새는 아무 데서나 변을 보는 동물이다 보니 알은 대개 땅에 떨어진다. 1~2주쯤 지나면 알 안에서 유충이 자라나게 되는데, 여기서 지렁이가 등장한다. 혹시 "지렁이는 도대체 어디에 쓸모가 있어?"라고 생각하셨던 분들, 반성하시라. 지렁이는 싱가무스 1의 알을 먹고 거기서 나온 유충을 몸에 가지고 있다가 새에게 잡아먹힘으로써 유충을 새한테 건네주는 임무를 성공리에 마친다. 새가 싱가무스 1의 알을 먹을 수는 없는 노릇이니, 지렁이가 아니었다면 싱가무스 1은 진작 멸종할 뻔했다. 물론 이런 큰일을 지렁이 혼자만 하는 건 아니다. 달팽이나 구더기 같은 것들도 지렁이를 돕는데, 이런 식으로 몸을 바쳐 가며 생활사를 이어주는 숙주를 '연결숙주(paratenic host)'라고 한다. 싱가무스 1의 유충은 지렁이 안에서 감염력을 유지한 채로 3년 이상 있을 수 있다니, 이런 고마운 숙주가 어디 있겠는

지렁이를 잡아먹는 새

가? 새가 지렁이를 먹을 때 유충이 같이 들어가며, 혈액을 타고 폐까지 간다. 폐에 도달한 유충은 어느 정도 자란 뒤 기도로 기어 올라오고, 결국 성충이 돼 짝짓기로 삶의 대부분을 보낸다. 암컷이 단단한 이빨로 기도 벽을 물고, 수컷은 그 암컷에 매달려 있는 구조로.

싱가무스 1이 웃고 즐기는 사이 새는 어떤 고통을 겪을까? 기도에 있으니 감염되면 심한 증상이 나타날 것 같지만, 대부분의 새들은 싱가무스 1에 걸려도 아무 일 없는 듯 산다. 물론 이건 새가 말을 못하니까 그런 것이지, 얘기를 나눠 보면 나름의 괴로움은 다 있다. 2센티쯤 되는 기생충이 기도에 붙어 있으니 기도가 자극되고, 이에 대한 방어 작용으로 점액 분비가 많아진다. 기침이나 재채기는 물론이고 새가 머리를 마구 흔드는 것도 다 기도에 뭔가 있으니까, 갑갑해서 그걸 배출하려는 본능적인 행동이다. 그러다 기도라도 막히면 일이 커진다. 기도 폐쇄에 있어서 중요한 건 새의 크기로, 새가 크면 기도도 넓으니 싱가무스 1이 살아도 괜찮지만, 작은 새라면 대번에 기도가 막혀 호흡 곤란이 생긴다. 입을 크게 벌리고 목을 길게 뻗는 소위 '갭핑(gaping)'이 이럴 때 나타난다. 참고로 싱가무스 1에 의한 인체 감염은 한 번도 보고된 적이 없다.

그런데 싱가무스는 음식이라곤 있지도 않은 기도에서 대체 뭘 먹고 살까? 그들은 기도에 붙어서 피를 빨아 먹고 산다. 몸 색깔이 빨간 것도 다 피를 먹기 때문이다. 하지만 너무 뭐라고 하지 말자. 드라큘라는 다른 먹을 게 많은데 피를 빠니 나쁜 놈이 맞지만, 피 말고는 먹을 게 없는 싱가무스를 욕해서야 되겠는가?

싱가무스 라링지우스

싱가무스 2는 소나 양 등이 종숙주이며, 사람에게 감염을 일으키는 것도 바로 이것이다. 남미와 카리브 해 섬들이 유행지로, 지금까지 100례 가량의 환자가 발생했다. 싱가무스 라링지우스보다는 '맘모모노가무스 라링지우스(Mammomonogamus laryngeus)'라는 학명으로 더 많이 불린다. 이 학명에 나오는 '모노가무스'는 '일부일처'라는 뜻으로, 싱가무스의 사랑에 감동한 학자가 붙인 이름이다. 암컷이 수컷에 비해 크고, 둘이 늘 사랑을 나누는 자세여서 Y자 모양으로 보이는 것이 싱가무스 1과 같다. 생활사도 싱가무스 1과 비슷할 걸로 추측된다. '잠깐, 새는 지렁이를 먹는데 사람은 그러지 않잖아?'라고 생각하겠지만 아마도 땅 속에 있던 알이 샐러드나 야채, 과일, 물 등을 통해 사람에게 들어오는 게 아닐까 싶다. 싱가무스 2는 다른 건 다 싱가무스 1과 같지만, 두 가지 차이점이 있다. 첫째, 사람은 새와 달리 가래를 뱉을 수 있으므로 가래를 통해서도 알을 내보낼 수 있다. 둘째, 대부분의 기생충은 알이나 유충의 형태로 사람에게 감염되는데, 싱가무스 2는 성충을 먹어도 감염이 이루어질 수 있다. 만약에 사람이 모르고 회충의 성충을 먹는다면 어떻게 될까? 사람에게 정착하는 대신 그냥 소화돼 우리의 피와 살이 된다.

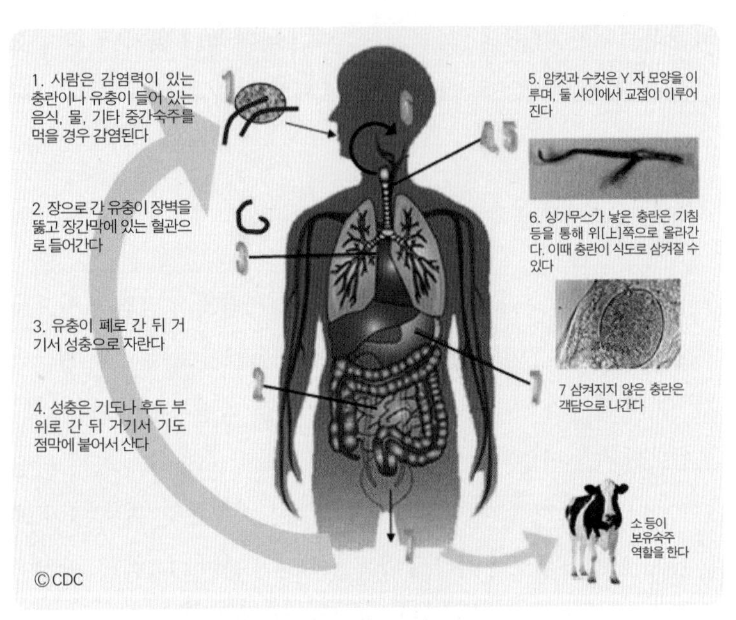

싱가무스 라링지우스의 생활사

싱가무스 2가 인체에 감염되면 초반엔 열이 나고 기침이 나다가 어느 순간부터는 계속 기침만 하게 된다. 그러다 보면 가래도 뱉고 가래에 피도 섞이게 마련인데, 충체가 기도를 막다 보니 천식 비슷한 증상을 보이기도 한다. 천식인 줄 알고 오래 참았는데 싱가무스 2인 것이다. 그런데 이게 좀 억울한 것이, 천식이야 지속적인 치료가 필요한 질병인 반면 싱가무스 2는 그냥 충체만 제거해 주면 금방 증상이 없어지지 않는가. 뭐든지 정확한 진단이 필요한 법이지만, 기생충은 특히 더 그렇다. 그 밖에 목구멍이 간질간질하다든지 하는 증상도 있을 수가 있다. 싱가무스 2의 진단은 다음 방법으로

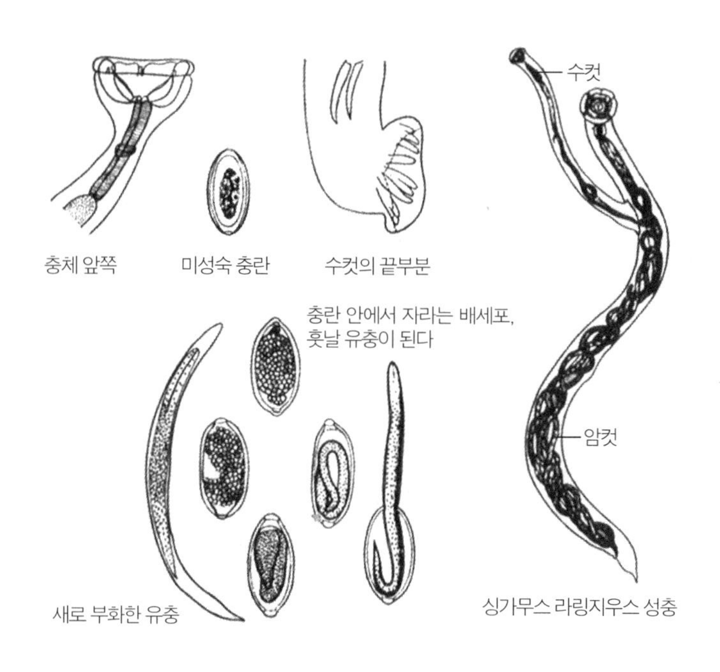

싱가무스 라링지우스

가능하다. 기침을 마구 하게 하는 것이다. 그러다 보면 기도에 있던 충체가 밖으로 나온다. 성충이 나오지 않아도 알이 있으면 진단이 가능하다. 그것도 아니면 기관지 내시경을 통해 기도에 붙어 있는 충체를 보면 진단할 수 있다. 하지만 이건 어디까지나 의사가 싱가무스 2가 아닐까 하고 의심했을 경우에 국한되며, 이런 의심을 하지 못한 채 항생제만 투여하면서 시간을 낭비하는 경우가 의외로 많다. 예를 들어 2004년 싱가무스 2에 걸린 포르투칼 노인은 병원에서 진단을 제대로 못하는 바람에 9월 9일부터 11월 말까지, 근 3개월 가까이를 죽자고 기침만 하기도 했다. 진단만 되면 치료는 간단하다. 기관지 내시경을 통해 충체를 꺼내면 되는 것이다. '간단하다'라고 말은 했지만 벽에 단단히 붙어 있으면 꺼내기가 쉽지 않고, 물 한 방울만 기도에 들어가도 난리가 나는 판에 충체를 꺼낸답시고 기도에 장비를 집어넣는다는 것이 결코 편한 상황은 아닐 것이다. 그러니 브라질을 비롯해 싱가무스의 유행지에 간다면 먹는 것을 조심하자. 아내가 잘하는 말을 써 본다. "조심해서 나빠?"

이제 잊고 있던 32세 태국 남자에 대해 얘기해 보자. 진단을 위해 기침을 세게 시킨 뒤 객담을 뱉으라고 했더니 세상에, 무려 96마리의 싱가무스 2가 밖으로 나왔다! 대부분 암수 한 쌍이 들어와 사는 게 고작인데 96마리라니, 이 남자가 왜 그렇게 고생했는지 알 만하다. 충체를 다 빼낸 뒤 혹시 있을지 모르는 싱가무스 2를 위해 회충약을 쓰자 남자의 증상은 거의 없어졌다. 혹시 우리나라에서도 환자가 나온 적이 있을까? 있다. 중국에서 식당을 하던 61세 한국 남

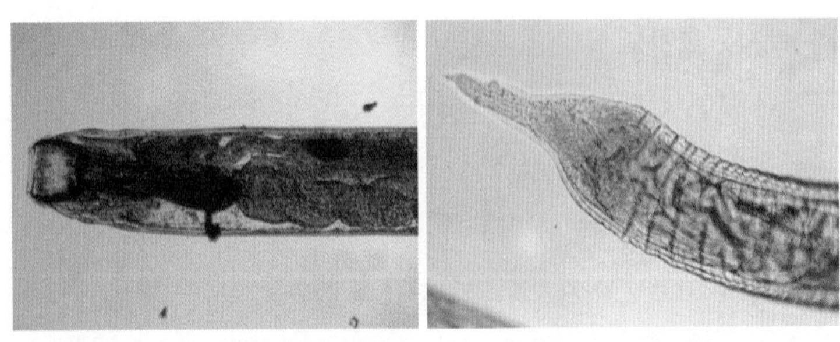

왼쪽 사진은 싱가무스 라링지우스의 머리 부분이고, 오른쪽은 꼬리 부분이다

자가 그 주인공으로, 매일같이 100밀리리터 가량의 가래를 뱉어 내다 못해 귀국한 뒤 바로 병원에 왔다. 처음엔 폐렴이라고 생각했지만 약을 써도 별반 나아지는 게 없었기에 혹시나 싶어 기관지 내시경을 했더니, 싱가무스 2가 붙어 있는 게 아닌가? 한두 마리가 아니었고, 이걸 다 빼내니 환자는 더 이상 가래가 끓지 않았다. 이 사람은 어떻게 해서 싱가무스 2에 걸렸을까? 환자의 증언에 의하면 증상이 시작되기 5일 전에 자라 피를 먹었다고 했다. 싱가무스 2의 알이 들어가서 성충으로 자라는 데는 보통 3주 정도가 걸리는데 불과 닷새 만에 증상이 나타난 것으로 보아 자라 피에 있던 성충이 들어갔던 게 아닌가 추측된다. 늘 하는 얘기지만 기생충에 걸리지 않으려면 남들이 잘 안 먹는 것은 먹지 말자.

지금까지 싱가무스에 대해 알아봤다. 기도에 기생충이 사는 것도 놀라운데 그 기생충 암수가 늘 짝짓기를 하고 있다니 정말 흥미로웠으리라. 다음 장에선 어떤 기생충이 우릴 놀라게 할까?

싱가무스

- **위험도** | ★★★
- **형태 및 크기** | 암컷이 20mm, 수컷이 6mm. 암수딴몸인데 암수가 항상 붙어 있다. 길이가 긴 암컷에 수컷이 붙어 있어서 끝 부분이 둘로 갈라져 있는 Y자 형태처럼 보인다.
- **수명** | 싱가무스 라링지우스의 수명은 알려진 바가 없고, 새의 기도에 사는 싱가무스 트라키아는 닭에서 92일, 칠면조에서 126일을 살았다고 한다.
- **감염원** | 땅 속에 있던 알이 야채나 과일, 물 등을 통해서
- **특징** | 싱가무스 트라키아는 새의 기도에 사는데, 싱가무스 라링지우스는 소, 양 같은 가축에 산다. 싱가무스 트라키아 인체 감염은 보고된 바가 없지만 싱가무스 라링지우스는 인체 감염을 일으킨다. 일반적인 기생충의 경우 성충을 먹으면 소화돼 버리지만, 싱가무스 라링지우스는 성충을 먹어도 감염될 수 있다. 충체가 기도에 붙어 있다가 기침할 때 밖으로 나오기도 한다.
- **감염 증상** | 싱가무스 라링지우스에 감염되면 초반엔 열이 나고 기침이 나다가 이후엔 계속 기침만 하는데, 가래도 생기고 가래에 피가 섞이기도 한다. 충체가 기도를 막다 보니 천식 비슷한 증상을 보이기도 한다.
- **진단 방법** | 기관지 내시경, 객담 검사
- **독특한 기생충으로 선정한 이유** | 남녀 간의 사이가 좋은 건지, 아니면 수컷이 암컷한테 일방적으로 끌려 다니는 건지 그렇게 붙어 다니는 게 독특하다. 그리고 영양분 많은 다른 곳을 놔두고 왜 하필 기도에 붙어서 사는가. 기침하면 튀어나와서 사람들 놀라게 해 주려고? 참 독특하다.

2
고래회충

고래회충의 진실

회는 위험하니 익혀 먹어야 한다?

"민아, 너 회 절대 먹지 마라. 큰일 난다."

갑자기 걸려 온 어머니의 전화에 좀 황당했다. 생선회는 맛있는 음식이다. 과거엔 비싸서 못 먹었지만, 요즘은 값이 내려가며 예전보단 대중화됐다. 난 지금도 생선회를 먹고 있으면 '산다는 게 이렇게 행복한 거구나' 하며 기쁨을 느낀다. 아마도 그건 인간에게 음식을 날로 먹던 시대의 유전자가 남아 있기 때문일 것이다. 생선회를 먹는 것은 그러니까 그 유전자를 달래 주는, 과학적으로 꼭 필요한 일이다. 그런데 왜 어머니는 생선회를 먹지 말라고 하는 것일까.

"나랑 내 친구들도 이제 생선회는 먹지 않기로 맹세했다. 너도 먹지 말아라."

어머니가 그런 말씀을 하신 건 2015년 3월 초 방영된 KBS 9시 뉴스 때문이었다. '위벽 뚫는 고래회충, 생선 섭취 주의'라는 제목의 이 뉴스는 시청자에게 회를 먹지 말라고 대놓고 얘기하고 있었다. 갓 잡은 망상어 안에 5센티 가량 되는 붉은 벌레가 꿈틀거리는 광경을 보면 회 생각이 달아날 수밖에. 낚시꾼 정 모 씨의 인터뷰가 덧붙여진다.

"낚시를 30년 동안 했는데 이런 광경은 처음입니다. 50마리 정도 잡았는데 거의 다 이렇게 회충이 나오니까 너무 황당합니다."

기자는 말한다. 이 기생충이 사람에게 들어오면 위벽을 뚫는 등 말썽을 부리며, 약도 듣지 않는다고 말이다. TV에 나온 내과 교수는 이렇게 말하기도 했다. "회는 위험하니 가급적 익혀 먹는 것이 좋다." 익혀 먹으면 그게 어디 회인가? 하지만 뉴스의 위력은 엄청났고, 횟집을 찾는 손님들의 숫자는 크게 줄었다. 부산일보의 보도를 보자. "경남권 어류 양식업계는 고래 회충 보도가 쏟아진 지난 주말을 기점으로 양식 활어 출하량이 종전의 20퍼센트 수준으로 급감했다." 그로부터 일주일 뒤 KBS는 '신선한 회는 괜찮다'며 진화에 나섰지만, 그 파장은 쉽게 가라앉지 않았다. 여기서 한번 따져 봐야 한다. 이 사태는 정말 사실에 입각한 보도였을까? 그걸 알아보기 전에 먼저 뉴스의 주제였던 고래회충에 대해 알아야 할 필요가 있다.

고래회충은 고래의 자식이다

사람에게 사람 회충이 있는 것처럼, 바다에 사는 고래한테도 고래회충이 있다. 사람 회충이 30센티 정도니 고래회충은 그보다 훨씬 더 길 것 같지만, 그렇지는 않다. 문헌에 따르면 대략 10센티 내외고, 긴 건 15센티라고 한다. 고래회충의 학명은 Anisakis인데, 이런 이름이 붙은 건 다음과 같은 연유에서 비롯됐다. 고래회충 수컷은 생식기를 두 개 갖고 있는데, 오른쪽 것이 왼쪽보다 더 짧다고 한다. "뭐야? 얘는 생식기가 짝짝인 거야?" 그 결과 다르다는 뜻의 'anis'와 생식기를 뜻하는 'akis', 즉 Anisakis라는 이름이 탄생했다. 고래회충으로선 좀 열 받을 만도 하다. 자신에게는 타의 모범이 될 만한 구조물이 여럿 있는데, 왜 하필 생식기만 보고 이름을 붙였단 말인가. 게다가 고래회충에 속하는 기생충 중에는 두 생식기의 길이가 같은 것도 있다는 게 훗날 밝혀졌으니 (구체적으로 A. insignis라는 종이 그렇다) 억울할 만도 하다.

이제 고래회충이 어떤 삶을 사는지 살펴보자.

1) 고래가 변을 본다. 고래는 대부분 고래회충에 감염돼 있기 때문에 고래의 변에는 고래회충

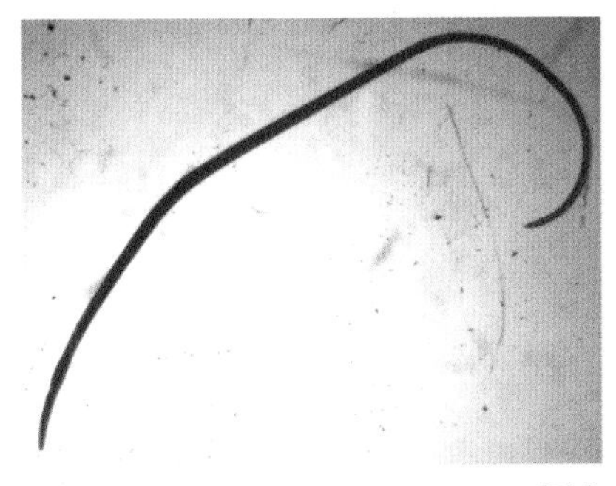
고래회충

의 알이 어마어마하게 들어 있다. 결정적으로 고래는 바다에다 변을 보는지라 고래회충의 알들은 바닷속으로 가라앉는다. 2) 고래회충의 알이 부화돼 유충이 기어 나온다. 3) 그 유충을 크릴새우 같은 바닷속 갑각류가 삼킨다. 가엾은 크릴새우는 배를 채웠다고 생각하지만, 유충은 소화되지 않은 채 새우 안에 남아 있다. 포만감 대신 속만 더부룩한 꼴이다. 4) 크릴새우는 바닷속 물고기들의 먹이다. 그런데 크릴새우 안에는 고래회충의 유충이 들어 있으니, 그 새우를 먹은 물고기는 고래회충의 유충도 삼키게 된다. 5) 물고기는 그래도 크릴새우보단 낫다. 최소한 크릴새우라도 소화시킬 수 있으니까. 여기서도 살아남은 유충은 물고기 안에서 자라 1~2센티 길이의 3기 유충이 된다. 6) 이 물고기를 고래나 돌고래, 바다사자 등이 먹으면 고래회충의 유충이 같이 들어가 어른으로 자라는데, 이들이 짝짓기를 해서 낳은 알이 다시 고래의 대변을 통해 바다로 나간다.

사람이 고래회충에 감염되는 것 — 이걸 고래회충증이라고 한다 — 은 바로 6단계로, 고래가 그러는 것처럼 사람도 물고기를 먹고 고래회충에 감염된다. 하지만 사람과 고래는 결정적인 차이점이 있으니, 고래회충의 유충이 인체에서는 어른으로 자라지 않는다는 것이다. 유충 상태로 있는 고래회충은 어떤 증상을 일으킬까?

고래회충의 감염 증상

사람이 사람 회충에 감염되면 알아채기가 어렵다. 사람은 사람

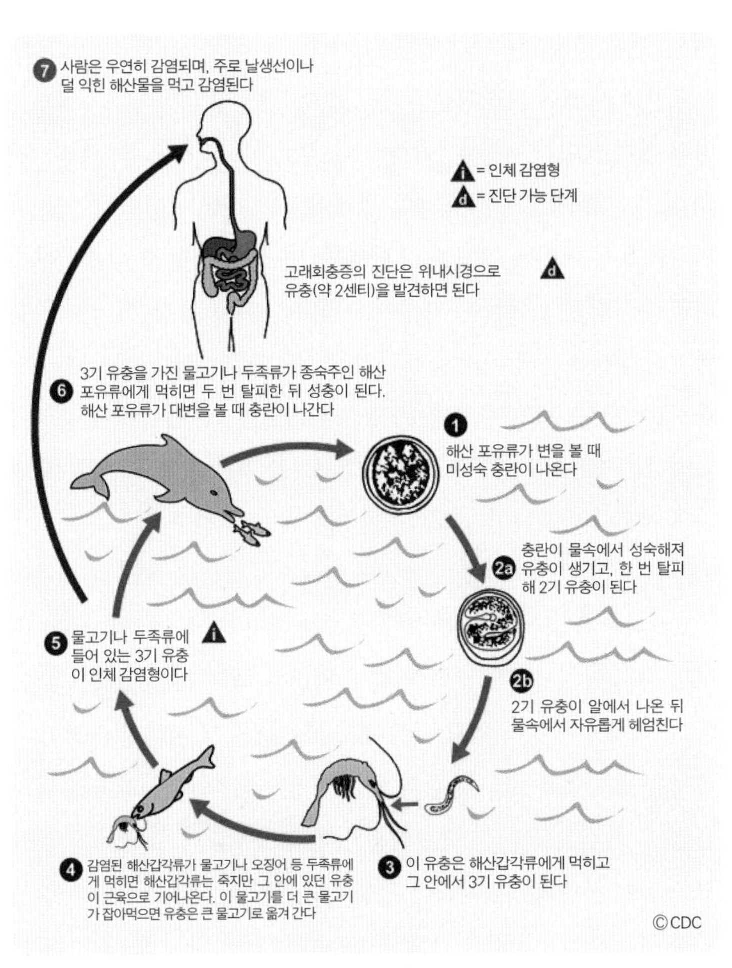

고래회충의 생활사

회충의 종숙주라서 특별한 경우가 아니면 증상이 없기 때문이다. 마찬가지로 고래도 고래회충에 감염돼도 별 탈 없이 헤엄치고 다니며 잘 산다.

그런데 사람이 고래회충의 유충을 삼키면 어떻게 될까? 식도를 따라 위에 들어간 유충은 '여기가 아닌데'라는 의문에 봉착한다. 원래 가기로 했던 고래 배 속과는 환경이 많이 다르니 말이다. "앗, 따가워!" 무서운 일은 그게 다가 아니다. 안 그래도 길을 잃어 당황스러운데 사람의 위에서는 위산이 분비된다. 이런 젠장, 어서 이곳을 빠져나가야 하는데 어디가 어딘지 알 수가 있나. 안 되겠다고 생각한 유충은 바닥에다 머리를 박고 숨으려고 한다. 사람에게 증상이 나타나는 것은 바로 이 순간으로, 생선회를 먹은 지 몇 시간 후에 배가 무지하게 아프다면 고래회충을 의심해 봐야 한다.

고래회충이 의심될 때 병원에서 가장 먼저 해야 할 일은 바로 내시경이다. 위내시경을 보면 위벽에 머리를 박은 하얀 벌레가 보인다. 뉴스에선 이걸 '위벽을 뚫는다'고 표현했지만, 지나친 과장이다. 위벽을 뚫는 것과 머리를 살짝 묻는 건 엄연히 다르며, 실제로 위벽을 뚫고 복강으로 나간 고래회충은 아직까지 없다. 구덩이를 파려고 삽질을 하면서 "나 지금 지구를 뚫는 중이야!"라고 하는 사람은 없지 않은가? 그렇다면 "고래회충에 감염되면 약도 없다"는 말은 진짜일까? 약이 아예 안 듣는 건 아니겠지만, 원래 기생충의 유충은 성충보다 약에 대한 반응이 좀 떨어진다. 그렇다고 해도 약을 왕창 주면 제 아무리 고래회충 유충이라도 타격은 입을 것이다. 하지만 그렇게 하기보단 그냥 내시경으로 끄집어내는 편이 훨씬 더 신속하

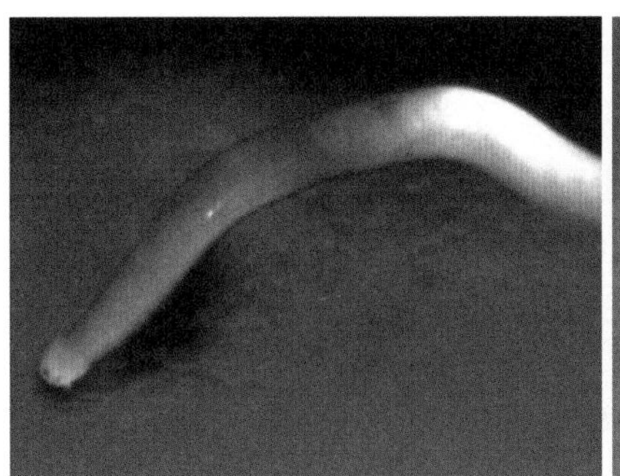
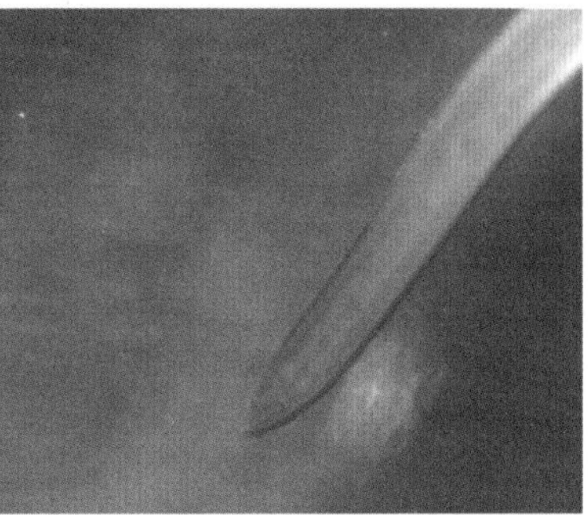

왼쪽 사진이 고래회충 앞부분이고 오른쪽 사진이 뒷부분이다. 앞부분에는 뚫는 데 사용하는 이빨(boring tooth)이 있다

지 않겠는가? 그러니 '약도 없다'는 말보다 "내시경으로 쉽게 치료된다"라는 게 훨씬 더 정확한 표현이다. 복통 이외에도 고래회충의 유충에 대한 알레르기 반응이 생길 수 있는데, 원래 알레르기는 개인차가 있기 마련이다. 대부분은 별 일이 없지만 간혹 피부에 발진이나 두드러기가 생기거나 가려움증이 동반될 수 있다.

고래회충으로 인해 골치 아픈 건 다음의 경우다. 유충이 위산을 피해 아래쪽으로 도망쳐 작은창자에 도달할 때로, 전체의 5퍼센트 정도 비율로 발생한다. 장에서 염증을 일으키면 배가 좀 아플 수 있다. 그런데 이런 증상이 나타나기까지 적어도 1~5일 정도가 소요되다 보니 복통의 원인이 생선회 때문이라고 생각하기 어렵다는 게 문제다. 한 일본 의사의 말을 들어 보자.

"48세 여성이 배가 아프다고 병원에 왔어요. CT를 찍어 보니 작은창자가 부어 있고, 복수도 좀 있더라고요. 이거 응급 질환이구나 싶어서 급하게 수술을 했어요. 나중에 장을 잘라낸 곳에서 벌레가 하나 나왔는데, 고래회충이더라고요." 환자에게 언제 회를 먹었냐고 물었더니 이틀 전에 먹었다는 대답을 들었다. 의사는 후회했다. 고래회충이라면 수술을 하지 않아도 됐을 텐데. 그로부터 사흘 뒤, 환자 두 명이 배가 아프다며 그 의사를 찾아 왔다. CT 결과 역시 장이 좀 부어 있었고, 복수도 있었다. 첫 번째 환자의 뼈아픈 경험이 있던 터라 의사는 환자에게 혹시 최근 2~3일 사이에 회를 먹지 않았느냐고 물었다. 과연 환자는 회를 먹었다고 했다. "제가 보기에 당신들은 고래회충증입니다." 의사는 수술 대신 환자를 며칠 동안 굶기면서 수액만 공급해 줬다. 고래회충은 고래에 특화된 기생충인지라 사람 몸에서 적응하지 못한 채 죽어 갔다.

배가 아프던 건 씻은 듯이 나았고, 환자들은 웃으면서 퇴원할 수 있었다. 그 의사는 다음과 같이 경고한다.

"배가 아픈 환자를 만나면 '무조건' 최근 닷새 내에 생선회를 먹은 적이 있느냐고 물어봐야 합니다. 쓸데없는 수술을 할 수 있거든요."

물론 고래회충으로 인해 수술을 해야 되는 경우가 없는 건 아니다. 이건 정말 드물지만, 고래회충으로 인해 소장이 막히거나 장이 꼬일 때 등등이다. 원광대병원에 온 60세 여성 환자가 바로 이 경우였다. 이분은 모듬회를 먹은 다음날 배가 아프다며 병원에 왔는데, 굶기면서 상태를 보는 건 불가능했다. 유충이 소장에서 염증을 일으키는 바람에 장의 일부가 그대로 들러붙어 버렸고, 그 바람에 장이 완전히 막혔기 때문이다. 결국 그 여자분은 20센티 가량을 수술로 잘라내야 했다. 이것만 보면 "뭐야, 이거. 고래회충 완전 위험하잖아!"라고 할지 모르지만, 이건 어디까지나 십 년에 한 번도 나오지 않을 희귀한 사례다.

고래회충에 걸리지 않으려면?

바닷물고기는 도대체 고래회충을 얼마나 가지고 있을까? 먹이사슬 구조상 작은 물고기는 수백 개의 크릴 새우를 먹고, 큰 물고기는 수십 마리의 작은 물고기를 먹게 마련이다. 때문에 위로 올라갈수록 고래회충의 3기 유충이 쌓일 수밖에 없다. 물론 채식을 주로 하는 물고기라면 얘기가 다르겠지만, 고등어, 청어, 대구, 오징어 등등 작은 물고기를 잡아먹고 사는 물고기는 대부분 고래회충에 걸려 있다. 방송에서 아이템이 떨어질 때마다 고래회충을 선택하는 건 다 이런 연유다. 시장에 가서 바닷물고기 몇 마리만 사오면 되는데다, 물고기에서 고래회충을 꺼내 카메라로 보여 주기만 하면 시청률이 나오니 얼마나 매력적인가? 연구에 따르면 우리나라에서 고래회충증을 일으킨 물고기 중 1위는 '아나고'라 불리는 붕장어고, 2위가 조기, 3위는 오징어였다. 고래회충이 논문에 많이 실리던 시절엔 회가 귀했고, 사람들은 아나고를 통해 날것 유전자를 달랬다. 지금이야 광어나 감성돔 같은 게 고래회충에 걸리는 주요 경로일 테지만,

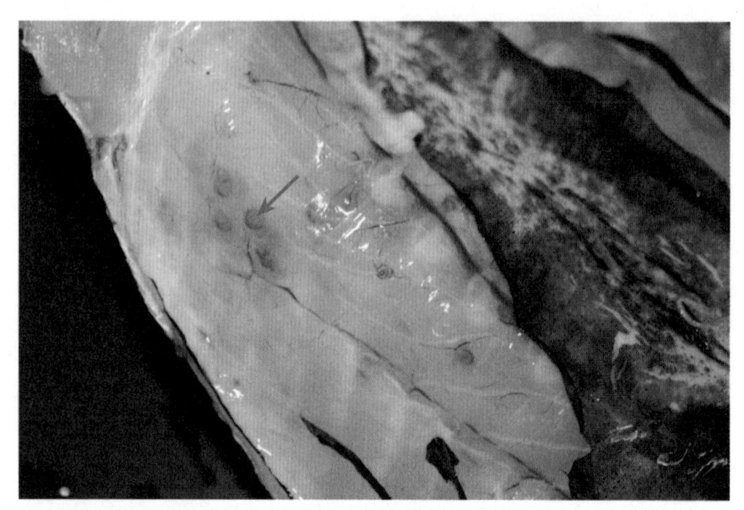
생선 안에 있던 고래회충

과거와 달리 지금은 고래회충 환자가 있어도 학술지에 보고하지 않으니 정확한 자료를 구하기가 어렵다.

대부분의 물고기에 고래회충이 있다고 하는데 우리는 어떻게 해야 할까. 회를 먹을 때마다 1센티 남짓한 흰 벌레가 있는지 확인하기 위해 눈을 부라려야 할까? 꼭 그럴 필요는 없다. 큰 물고기가 작은 물고기를 먹으면 거기서 나온 고래회충은 대부분 내장에 머문다. 그러니 회를 뜰 때 내장을 미리 제거하면 고래회충에 걸릴 위험을 크게 낮출 수 있다. 물론 장벽을 뚫고 근육으로 가는 유충이 없는 것은 아니지만, 이건 물고기가 죽어서 유충이 위기감을 느꼈을 때의 일이니, 신선한 회만 먹는다면 별 일 없다고 믿어도 좋다. 간혹 한두 마리의 유충이 들어올 수도 있지만, 그렇다고 해서 다 증상이 있는 것도 아니니 말이다. 어느 분은 건강 검진 차 내시경을 했는데, 거기서 살아 움직이는 고래회충 유충을 발견하기도 했다. 검진에 대비해 전날 우럭을 먹었다는데, 길이가 제법 큰 놈이었음에도 불구하고 아무런 증상이 없었다고 했다. 진짜 재앙은 물고기의 내장을 먹었을 때 일어난다. 세 가지 사례만 보자.

1) 바닷가에 사는 68세 여자가 배가 아프고 토하기까지 해서 병원에 왔다. 뭐 잘못 먹은 게 없냐고 물어보니 다섯 시간 전에 멸치를 회로 먹었다고 했다. 말을 마친 여자는 아파 죽겠다고 하더니 갑자기 실신해 버렸다. 의사는 틀림없이 고래회충이라고 생각해 내시경을 시행한다. 놀랍게도 그녀의 위에서 네 마리의 고래회충 유충이 머리를 박고 있었다. 한 마리도 아니고 네 마리가 있었으니 실신할 만했다. 문제는 그 다음에 벌어졌다. 정도는 덜했지만 내시경 후에도 통증이 계속된 것이다. 이 의사는 매우 훌륭한 의사였고, 혹시나 놓친 게 있지 않을까 의심해 다음날 다시 내시경을 실시했다. 직감은 맞았다. 한 마리가 더 있었다. 대부분의 고래회충증이 유충 한 마리로 인해 일어나지만, 이렇게 다섯 마리가 있는 경우는 매우 드물다. 왜 이런 일이 벌어졌을까? 멸치는 내장을 제거하지 않고 먹는다. 잠깐 씻었다가 막걸리에 10분쯤 담가 둔 뒤 초고추장에 찍어서 먹는데, 방사선을 쬐도 죽지 않는 고래회충이 초고추장이나 막걸리 따위에 죽을 리 없다. 하지만 이보다 더 무서운 사례가 있다.

2) 60세 남자가 광어의 내장과 회를 먹은 지 한 시간 후부터 복통과 구토가 4일 동안 계속돼 병원에 왔다. CT를 찍어 봤더니 위벽이 전반적으로 두꺼워져 있었는데, 생선회를 먹자마자 발생한 일이니 고래회충증을 의심하는 건 당연했다. 이분은 멸치도 아니고 광어의 내장을 드셨다고 했다. 고래회충 유충이 몇 마리나 나왔을까? 무려 51마리가 나왔다! 나중에 확인된 바로는 몇 마리가 아래로 내려가 작은창자에 조그만 농양을 만들었다고 하니, 실제로 들어간 고래회충 유충은 그보다 더 많았으리라.

3) 스페인에 사는 37세 여성이 갑자기 배가 아프고 가려운데다 두드러기도 나서 병원에 왔다. 뭘 먹었냐고 물어보니까 세 시간쯤 전에 '튀긴 남방대구와 물고기 알'을 먹었다고 했다. 의사가 원인이 뭔지 머리를 굴리는 동안 환자의 통증은 점점 더 심해졌고, 여자는 결국 응급실로 옮겨졌다. '튀겼다'는 말 때문에 고래회충을 의심하지 못한 의사는 진통제를 줬지만 별 효과가 없었다. 안 되겠다 싶어 내시경을 한 의사는 깜짝 놀랐다. 그녀의 위에 기생충이 무더기로 들어 있는 게 아닌가! 물론 고래회충 유충이었다. 한 시간여 동안 기생충을 꺼내고, 잠시 쉬었다가 또 다시 내시경을 해서 기생충을 꺼냈지만, 도대체 끝이 없었다. 다 합쳐서 몇 마리인가 세던 의사는 200마리까지 센 뒤 "의미 없다"고 생각해 세는 것을 중단하고 만다. 원래 세계 기록이 56마리였던 걸 감안하면, 이번 200여 마리는 고래회충 업계에선 정말 불멸의 기록이다. 여기서 주목할 점은 생

선을 튀겨서 먹었는데도 기생충에 걸렸다는 사실이다. 살짝 튀기는 것만으로는 죽지 않는 고래회충, 강하긴 강한 녀석이다.

그렇다고 고래회충이 불멸의 존재는 아니다. 고래회충은 다음과 같은 경우에 죽는다.

- 생선을 60도 이상에서 구우면 죽는다.
- 영하 20도로 냉동하면 7일 정도 지난 후 죽는다.
- 영하 35도에서 하루 가량 있으면 죽는다.

첫 번째 방법은 '생선회'가 아닌 게 되며, 나머지 방법도 하나같이 회 맛을 떨어뜨린다. 회를 먹으면서 고래회충에 걸리지 않으려면 다음과 같이 하면 된다.

"신선한 생선을 비교적 괜찮은 곳에서 먹는다. 경험 많은 주방장이 있는 식당이면 좋다. 정 고래회충에 안 걸리고 싶거든 양식 회를 드시라."

뉴스의 진실

우리나라 사람들은 회를 좋아한다. 많은 이들이 생선회에 소주를 곁들이며 하루의 시름을 잊는다. 그중 고래회충에 걸리는 경우는 극히 일부에 불과하며(0.001%), 행여 걸린다 해도 내시경으로 금방 치료되니 걱정할 필요는 없다. 앞에서 말한 뉴스는 국민 건강에 유익했을까? 회가 주는 기쁨과 고래회충에 걸릴 위험도를 분석해 보면, 그리고 횟집 사장님들의 속이 까맣게 탔을 걸 생각하면 손해 쪽으로 기운다. 하지만 그래도 고래회충이 유독 증가했다면 보도하는 게 기자의 사명이리라.

그래서 다음을 따져 봐야 한다. 망상어에서 나온 건 정말 고래회충이 맞을까. 고래회충 유충은 흰색이고 길이가 기껏해야 1~2센티인 반면, 화면에 잡힌 벌레는 붉은색에 길이가 5센티나 됐다. 고래회충 중에서 유독 큰 것이었을까? '입질의 추억'이란 블로그 주인께서 이 점을 가장 먼저 밝혀 주셨는데, 그 기생충은 고래회충의 유충이 아니라 망상어를 종숙주로 삼는 필로메트라(Philometra)라는 기생충이었다. 유충과 달리 성충은 인체에 감염력이 없어, 우리가 먹어도 삼겹살 한 점 먹은 것처럼 단백질의 좋은 공급원이 될지언정 해롭진 않다. 아니, 그렇다면 기사가 오보란 말인가? 그랬다. 기자는 고래회충도 아닌 것을 가지고 뉴스에 내보냈고, 횟집에 큰 피해를 끼쳤다. 그로부터 일주일 뒤 "신선한 회는 괜찮다"는 기사를 내보낸 건 혹시 미안해서 그런 게 아니었을까? 기자가 먼저 기생충학자 중 누구한테라도 자문을 좀 구했다면 그게 고래회충이 아니란 걸 알았을 텐데, 좀 아쉽긴 하다. 물론 기자는 신이 아니며, 오보를 낼 수도 있다. 중요한 건 오보라는 걸 알고 난 뒤의 처신일 터. 자신이 틀렸다는 걸 알았다면 그게 잘못된 보도임을 인정한 뒤 "생선회

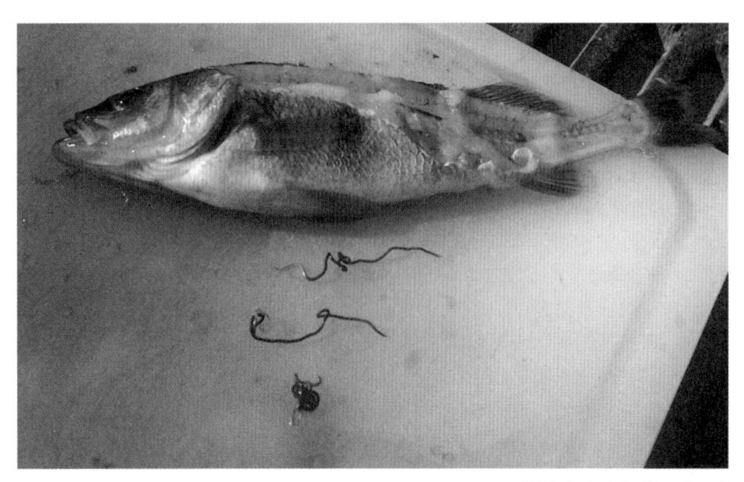

생선에서 나온 필로메트라

드셔도 안전합니다."라고 했다면 좀 낫지 않았을까?

나도 반성할 게 있다. 고래회충 때문에 횟집 사장님들이 속상해하고 있을 때, "서민 교수, 고래회충에 감염돼 입원…… 충격"이란 만우절 글을 올려 생채기를 덧나게 했으니 말이다. 아무리 만우절이라 해도 그런 장난은 해선 안 되는 것이었다. 먹는 거 가지고 장난치면 안 된다는 옛말이 틀린 게 아니다. 횟집 사장님들께 다시 한 번 사과드린다.

고래회충

- **위험도** | ★★
- **형태 및 크기** | 성충: 10~15cm, 유충: 1~2cm
- **수명** | 인체 내에서는 일주일 이내에 죽는다.
- **감염원** | 내장을 제거하지 않았거나 신선도가 떨어지는 회
- **특징** | 생식기가 짝짝이다. 인체에서는 어른으로 자라지 않고 유충으로 남는다.
- **감염 증상** | 복통, 고래회충의 유충에 대한 알레르기 반응(피부 발진이나 두드러기, 가려움증)
- **진단 방법** | 위내시경
- **독특한 기생충에 선정한 이유** | 인체 감염의 경우, 고래한테 가려다가 사람한테 잘못 들어온 거다. 그래서 어디로 가야 할지 몰라 당황해 머리를 박고 숨으려 한다. 길치라서 슬픈 고래회충.

3
이전고환극구흡충

고환이 움직이는 기생충

거제도에 사는 68세 남자가 병원에 왔다. 그는 닷새 전부터 오른쪽 아랫배가 이따금씩 아팠다. 식도암, 림프종, 담낭 제거 등 온갖 병으로 고생했던 그였으니 또 큰일이 난 게 아닌가 걱정됐을 것이다. 진단의 단서는 호산구[10]가 높다는 점이었다. 백혈구 100개 중 호산구는 3개 내외일 때를 정상이라고 하는데, 이분의 호산구 비율은 무려 20.7퍼센트였다. 평소 육회와 생선회를 좋아했고, 두 달 전에는 개구리를 날로 먹기까지 했으니 충분히 기생충을 의심해 볼만 했다. 하지만 대변 검사에선 아무것도 나오지 않았다. CT를 찍어 봤

10 산성 색소에 잘 물드는 거칠고 큰 과립을 많이 가진 백혈구. 정상에서 백혈구 전체의 약 3%를 차지한다.

더니 큰창자 시작 부위가 좀 부어 있는 게 관찰됐다. 이럴 때 할 수 있는 건 대장내시경이다. "별 게 없습니다"라는 결과가 나오면 또 다른 원인을 찾아 헤매야 하지만, 이 경우에는 더 이상 찾아 헤맬 필요가 없었다. 큰창자 시작 부위와 그보다 조금 더 윗부분에 움직이는 벌레가 한 마리씩 있었던 것이다. 의사는 그 벌레 두 마리를 꺼내서 대학병원 기생충학교실에 문의했다. 답변이 왔다. "이전고환극구흡충(Echinostoma cinetorchis)입니다." 처음 들어보는 기생충이었지만, 어쨌든 흡충(디스토마)인지라 디스토마를 죽이는 약(프라지콴텔, praziquantel)을 썼고, 환자의 증상은 좋아졌다. 두 달이 지났을 무렵 환자의 호산구 수치는 5.4퍼센트로, 거의 정상에 근접한 수준이 됐다. 단 두 마리의 감염만으로 심한 복통을 일으킨 이전고환극구흡충은 도대체 어떤 기생충일까?

이전고환극구흡충의 발견

『기생충 열전』에서 얘기했던 바 있지만, 기생충학자가 의욕은 넘치는데 돈이 없을 때 하는 일 중 하나가 쥐를 잡아서 어떤 기생충이 있나 검사하는 것이다. 1920년대 일본의 안도(Ando R)와 오자키(Ozaki Y)가 그랬다. 그들은 야생 쥐를 몇 마리 잡은 뒤 기생충의 종류를 헤아리기 시작했다. "쥐편충 하나, 쥐편충 둘, 쥐요충 열다섯……" 그러던 중 그들은 처음 보는 기생충을 발견했다. 1센티가 넘는 기다란 기생충인데, 입 주위를 20개가 넘는 가시들이 둘러싸고 있었다. 기생충의 학명은 속명(genus)과 종명(species)으로 구성되는데, 입 주위에 가시가 있다면 1809년에 만들어진 Echinostoma 라는 속에 속한다. 그것은 입을 뜻하는 stoma와 가시를 뜻하는 echino가 합쳐진 말이다. 이것의 우리말 이름인 '극구흡충' 역시 입에 가시가 있다는 뜻이다.

하지만 아무리 봐도 이 기생충은 기존에 발표된 기생충들과 달랐는데, 첫 번째로 다른 것은 가시의 숫자였다. 먼저 발견된 호르텐스극구흡충(Echinostoma hortense)이란 건 가시가 27개였는데, 이건 37개가 아닌가. 종 분류에 있어서 10개 차이는 대단한 차이이다. 둘째, 다 그런 건 아니지만 흡충, 즉 디스토마는 대개 난소 하나와 고환 두 개를 갖고 있다. 두 개의 고환은 몸 가운데를 기준으로 왼쪽과 오른쪽에 나란히 위치하기 마련인데, 이전고환극구흡충은 그게 아니었다. 고환의 위치가 충체마다 달랐고, 심지어 고환이 한 개밖에 없는 것도 있었다. 이런 기생충이 있다는 사실에 놀란 안도와 오자키는 이 기생충을 신종으로 보고하기로 했다. 새로운 기생충의 이름은 발견한 사람이 짓게 마련, 그들은 종명으로 cinetorchis 를 제안했다. cine는 '시네마'라는 말에서 보듯 움직인다는 뜻이고 'orchis'는 고환을 뜻하니, 매우 적절한 이름이다.

나중에 서울대 팀이 쥐에 실험 감염을 시킨 뒤 충체를 꺼내 분석해 봤다. 총 194마리의 이전고환극구흡충을 조사한 결과 82퍼센트에 해당하는 159마리가 고환이 없었고, 34마리(17.5%)가 고환이 하나만 있었으며, 고환을 둘 다 가진 충체는 한 마리에 불과했다. 고환의 위치도 제각각으로, 심지어 고환이 머리 근처에 있는 충체도 있었다. 머리에 고환이 달린 기생충이라니, 좀 엽기적이지 않은가? 앞에서 소개한 68세 남자에게서 발견된 충체 두 마리도 다 고환이 없었다. 디스토마는 암수한몸으로, 고환에서 나온 정자가 난자와 만남으로써 알이 만들어진다. 이 환자가 대변 검사에서 음성이 나온 것도 그런 이유 때문일까? 그건 아니다. 환자에게서 꺼낸 충체는 몸 안에 백여 개가 넘는 알을 가지고 있었다. 고환도 없는데 알은 어떻

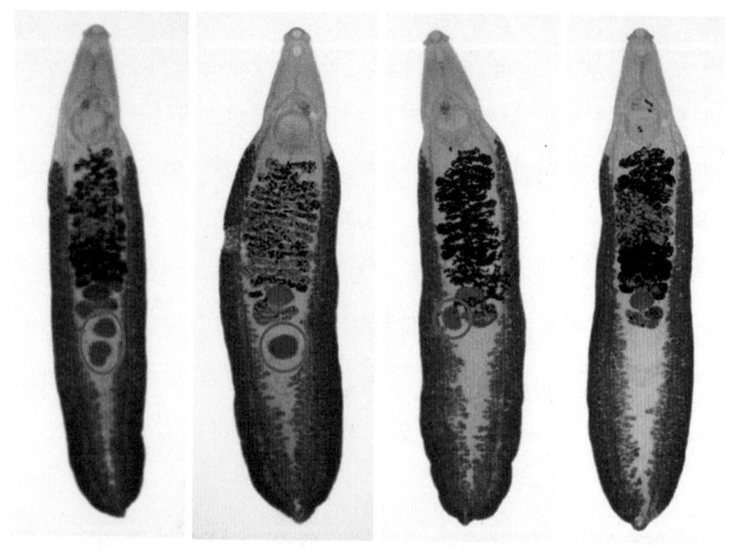

이전고환극구흡충. 왼쪽부터 차례로 정상적으로 고환이 두 개인 것, 고환이 한 개인 것, 고환이 한 개인데 비정상 부위로 옮겨 가 있는 것, 고환이 없는 것

게 만들었는지 의문이 간다. 혹시 정자를 내놓자마자 바로 퇴화돼 버린 것일까? 이에 대한 답은 아직까지 아무도 내놓지 못하고 있다.

우리나라의 이전고환극구흡충 연구

쥐에서 이전고환극구흡충이 발견된 이후 일본 학자들은 이 쥐가 도대체 뭘 먹고 이전고환극구흡충에 걸린 것인지 조사하기 시작했다. 쥐한테 물어볼 수도 없었기에 어려운 과제였지만, 미꾸라지와 개구리 등에서 이 기생충의 유충이 발견돼 이것들이 감염원임이 밝혀졌다. 앞의 그 환자가 두 달 전에 개구리를 날로 먹었다는 걸 상기하자. 물론 모든 사람이 다 개구리를 먹는 건 아니고, 미꾸라지를 회로 먹는 사람도 드물다. 그래서 이 기생충의 인체 감염은 일본과 한국에서만 보고되고 있다. 그렇다 하더라도 뭔가 이상하다. 동남아나 중국에서도 개구리나 미꾸라지를 먹지 않는가? 그런데 왜 이 나라들에서는 감

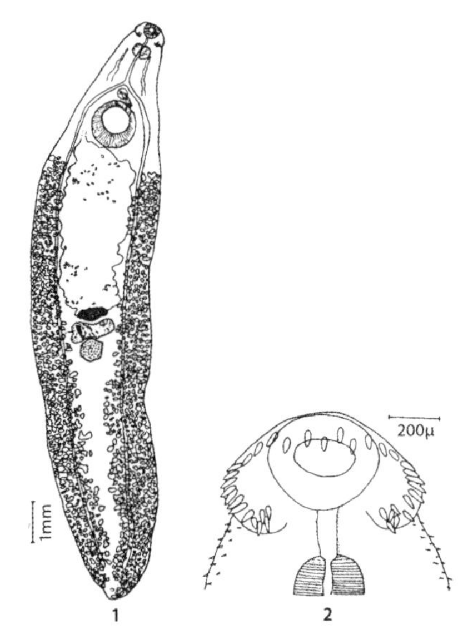

1. 이전고환극구흡충의 성충, 2. 두관(37개의 두극)

염자가 없을까? 이유인즉슨 기생충이 발견됐을 때 일일이 염색을 하고, 입 근처의 가시 숫자를 헤아려 이게 어떤 종에 속하는지 파악할 수 있는 능력과 열정을 지닌 기생충학자가 일본과 한국에만 있기 때문이다. 일본에선 야마구치(Satyu Yamaguti)라는 전설적인 기생충학자 이후 후학들이 디스토마 연구를 계속했고, 우리나라에선 서울대 서병설 교수로부터 시작된 장디스토마 연구가 채종일 교수대에 이르러 꽃을 피웠다. 퇴임 때까지 5백 편이 넘는 논문을 쓴 채종일 교수는 장디스토마—전문 용어로 장흡충—의 세계적인 대가로, 해외에서 교과서를 쓸 때마다 초청받는다.

우리나라의 이전고환극구흡충 연구를 보자. 1964년, 안도와 오자키처럼 의욕은 넘치는데 돈은 없었던 서병설 교수는 학교 운동장을 가로지르는 쥐를 잡아 기생충을 분석한다. 『기생충 열전』에 나왔던 서울주걱흡충을 비롯해 수많은 기생충이 이때 나왔는데, 그중 한 마리가 이전고환극구흡충이었다. 감격에 겨웠던 서교수님은 "우리나라에도 이전고환극구흡충이 있다"는 사실을 논문으로 발표한다. 세계 최초의 인체 감염자 보고는 일본에게 빼앗겼지만, 1980년 첫 감염자를 발견한 이래 부단한 노력으로 감염자를 계속 찾아내 감염자 수에서 만큼은 일본을 멀찌감치 앞질렀다. 그 감염자 중 한 명의 사연을 보자. 이 감염자는 18세 학생으로, 입원할 때 시행된 대변 검사에서 이전고환극구흡충의 알이 나왔다. 약을 먹인 후 설사약을 투여해 충체를 꺼낸 결과 이전고환극구흡충 한 마리가 나왔다. 이 학생은 평

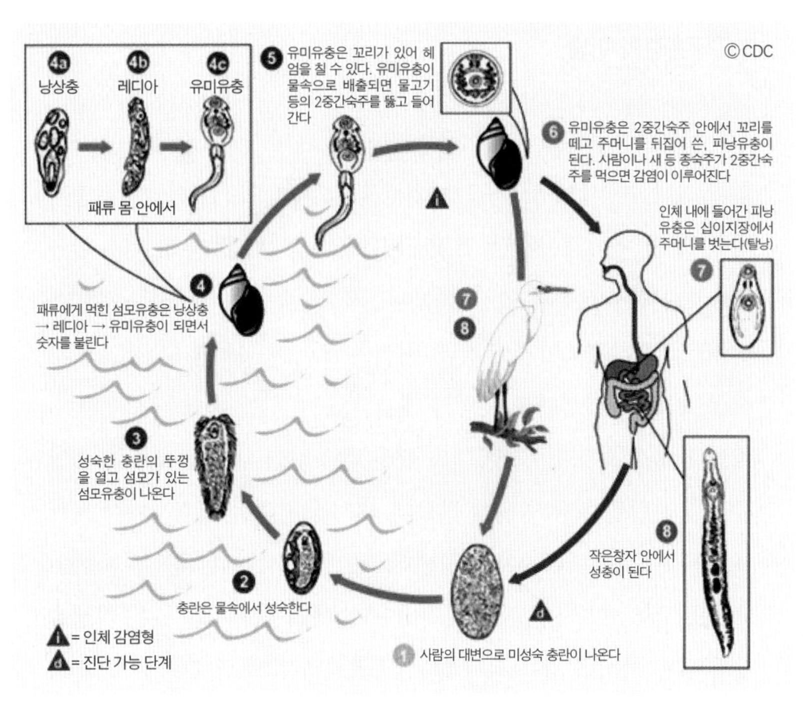

이전고환극구흡충의 생활사

소 신장이 좋지 않아서 고생하던 차에, 신장염에 좋다고 해서 충북 진천에서 잡은 송사리와 미꾸라지, 올챙이 등을 갈아서 생즙으로 먹었는데, 생즙 성분 중 미꾸라지가 이 기생충 감염의 원인이었을 것이다. 그걸 먹어서 신장염이 나았으면 좋겠지만, 입원까지 한 걸로 보아 효과는 없었던 모양이다. 고환은 한 개가 발견됐다. 그 학생 말고 이전고환극구흡충이 그렇단 얘기다.

극구흡충의 미담

이전고환극구흡충의 가까운 친척 중 호르텐스극구흡충이란 기생충이 있다. 머리에 가시가 27개가량 있다는 게 이전고환극구흡충과의 가장 큰 차이점이지만, 그것 말고도 생김새가 많이 다르다. 서울의대 기생충학교실의 연구팀이 직접 먹고 증상이 어떤지를 확인했던 바로 그 기생충이기도 한데, 친척이 그러는 것처럼 이 기생충 역시 몇 마리만 기생해도 사람의 배를 아프게 하는 능력을 소유했다. 예컨대 울산에 사는 55세 여자 분은 개구리를 날로 먹고 2주 동안 복통에 시달린 끝에 병원에 왔는데, 내시경 결과 십이지장에서 호르텐스극구흡충 두 마리가 발견됐다. 81세 남자 분의 상복부를 아프게 했던 것도 이 기생충 두 마리였으니, 머리에 가시가 있는 기생충을 만나면 가시 숫자를 세지 말고 그냥 피하는 게 상책일 것 같다.

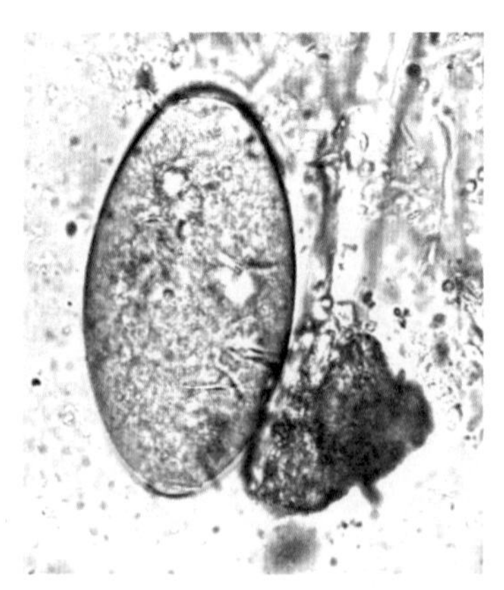

호르텐스극구흡충의 알

여기서 문제를 하나 내겠다. 만일 호르텐스극구흡충 649마리에 감염된 사람이 있다면 그는 도대체 어떤 증상을 호소할까? 이 그룹에 속하는 애들이 한두 마리 가지고도 심한 증상을 유발한다면, 수백 마리에 감염된 사람은 일상생활이 불가

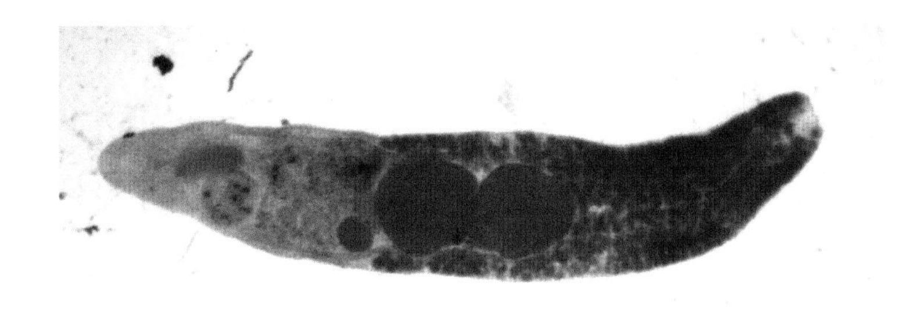

호르텐스극구흡충

능할 정도의 고통에 시달리지 않을까? 그런데 꼭 그렇지는 않다. 기생충은 대개 면역이 작용하지 않아 한 번 걸렸던 사람이 얼마든지 다시 감염될 수 있긴 하지만, 자주 만나면 정이 드는 것처럼 반복적으로 감염되다 보면 증상이 점차 덜해진다. 낙동강 상류에 위치한 경북 청송에선 얼룩동사리나 버들치 등 민물고기를 날로 먹는 식습관이 대세였고, 마을 주민 중 호르텐스극구흡충에 감염된 이가 무려 22퍼센트에 달했다. 그렇다면 이들은 몇 마리의 호르텐스극구흡충에 감염돼 있을까. 그들 중 35명을 설득해 몸 안에 있는 기생충을 꺼낸 뒤 숫자를 세어 봤다. 결과는 놀라웠다. 1인당 평균이 무려 51마리였고, 100마리가 넘는 사람도 3명이나 있었다. 짐작하겠지만 가장 많은 기생충이 나온 사람은 649마리였다! 하지만 이들의 증상은 거의 없다시피 했는데, 유행지에서 자주 감염되다 보면 기생충과 사람이 공존하는 방법을 배우게 되는 모양이다. 이런 걸 보면 극구흡충이 상종 못할 나쁜 존재는 아닌 것 같다.

여기에 쐐기를 박고자 호르텐스극구흡충이 사람의 목숨을 구한 미담을 소개할까 한다. 때는 1994년, 경남에 사는 55세 남자가 아산병원에 왔다. 원래 건강했는데 일주일 전부터 갑자기 배가 아프고 가끔씩 피를 토하기도 했다. 더 무서운 증상은 다음이었다. 변에 피가 섞이면 짜장 같은 변이 되는데, 이분이 딱 그랬다. 나이 대를 보나 증상으로 보나 위암이 의심되는 상황이었고, 그가 경남에서 서울의 큰 병원까지 온 이유도 그 때문이었다. 병원에선 위내시경을 시행했다. 예상했던 진단이 맞았다. 내시경 결과 딱 봐도 위암인 게 확실한 병변을 발견했으니 말이다. 하지만 이게 다가 아니었다. 십이지장에는 궤양이 세 군데서 발견됐는데, 그중 하나에서 호르텐스극구흡충이 머리를 처박고 있었다. 궤양은 점막 조직과 점막하 조직의 일부까지 벗겨진 걸 말한다. 궤양이 있으면 신경이 드러나니까 당연히 통증이 유발된다. 그런데 그 궤양을 극구흡충이 파먹고 있었으니, 그 고통이 도대체 얼마나 컸겠는가? 정말이지 잔인하기 짝이 없는 극구흡충이라 할 만하다. 환자를 디스토마 약인 프라지콴텔로 치료한 결과 세 마리의 호르텐스극구흡충이 추가로 나왔다.

이게 무슨 미담이냐고 하겠지만, 생각해 보자. 위암은 원래 증상이 거의 없다. 그러다 보니 지금처럼 내시경을 수시로 하기 전에는 말기가 돼야 암이 발견되는 경우가 흔했다. 그런 환자를 병원으로 이끈 건 누구인가? 궤양을 만들고, 그것도 모자라 궤양 속으로 들어가 갉아먹기까지 했던 호르텐스극구흡충에 의해 통증을 느끼지 못했다면, 환자가 아산병원에 오는 일은 없었을 것이다. 건강 검진이 지금처럼 대중화되기 전인 1990년대라는 걸 고려하면, 환자가 조기 위암일 때 발견할 수 있었던 건 순전히 호르텐스극구흡충 덕분이다. 물론 본의 아니게 한 좋은 일이었지만, 설사 그렇다 하더라도 한 번쯤은 칭찬해 주자. 극구흡충아, 네가 큰일을 했구나.

이전고환극구흡충

- **위험도** | ★★★
- **형태 및 크기** | 성충: 약 1cm. 입(구흡반) 주위에 가시가 있다.
- **수명** | 수개월로 추정
- **감염원** | 미꾸라지, 개구리
- **특징** | 고환의 위치가 제각각이고 고환 수도 조금씩 다르다.
- **감염 증상** | 복통
- **진단 방법** | 내시경
- **독특한 기생충으로 선정한 이유** | 이 아이들에겐 고환이 있다가도 없고 없다가도 있으며, 위치도 제각각이다.

4
동양안충

눈에 사는 기생충

1972년 9월, 23세 여성이 병원에 왔다. 오른쪽 눈에 뭔가 있다는 느낌, 전문용어로 '이물감' 때문이었다. 때때로 눈물이 났다는 말도 덧붙였다. 원래 청춘이란 이유 없이 눈물이 나기도 하는 거고, 이물감은 눈에 먼지 같은 게 들어간 탓이겠거니 하고 생각할 수도 있었다. 하지만 다음 말은 심상치 않았다. "가끔씩 눈 안에 벌레 같은 것이 기어 다니는 것 같아요." 눈에 벌레라니, 이게 무슨 말도 안 되는 소리인가? 안과 의사는 환자의 말을 무시하고 원인을 찾고자 했다. 시력 검사는 양쪽 다 정상이었다. 다음으로 눈을 들여다봤다. '눈꺼풀의 안쪽과 안구의 흰 부분을 덮고 있는 얇고 투명한 점막'을 결막이라고 하는데, 당시의 열악한 장비로도 오른쪽 눈의 결막이 충혈된 것을 관찰할 수 있었다. 눈을 관찰하던 의사는 깜짝 놀랐다. 정말로 환자의 오른쪽 눈에 길이 1센티를 조금 넘는 벌레 한 마리가 있었던 것이다. 해방 이후 우리나라에서 보고된 첫 번째 동양안충(Thelazia callipaeda)이었다.

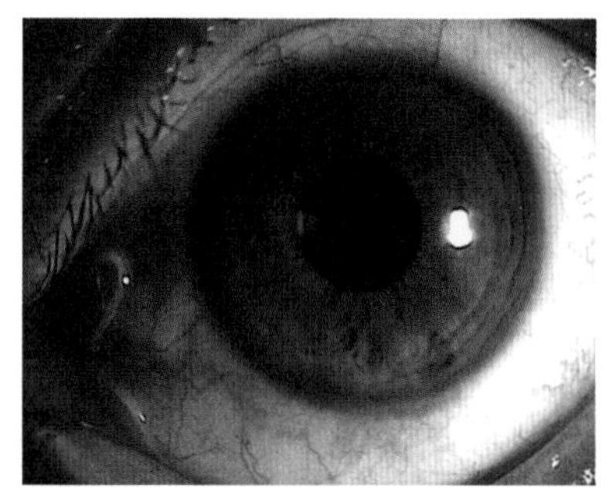
왼쪽에 사람의 눈 안에 있는 동양안충이 보인다

동양안충이란?

'안충(eyeworm)'은 눈을 침범하는 기생충을 통칭한다. 안충은 전 세계적으로 분포하며, 선진국과 후진국을 가리지 않는다. 행동은 물론 생활양식도 다 비슷하지만, 학자들은 원래 나누는 것을 좋아하는 지라 약간의 신체적 특징의 차이를 빌미로 그것을 무려 16종으로 나누어 놨다. 그중 딱 두 종, 동양안충(Thelazia callipaeda)과 캘리포니아안충(T. californensis)만이 사람의 눈을 침범한다. 캘리포니아안충은 미국에서, 동양안충은 그 이외 지역, 즉 아시아, 유럽, 러시아 등에 분포한다. 안충은 원래 사람보다 동물의 눈에 사는 걸 더 좋아한다. 왜일까? 첫째, 하춘화 씨, 이나영 씨 등 예외적인 분들이 있긴 하지만 사람의 눈은 동물, 예컨대 사슴이나 대형 견의 눈에 비하면 턱없이 작다. 좁아터진 곳에 살고 싶은 기생충이 어디 있겠는가? 둘째, 개와 고양이를 비롯한 몇몇 동물의 눈에는 순막(nictitating membrane)이라 불리는 제3의 눈꺼풀이 있는지라 안충이 기생하기 편하다. 누구라도 자신만을 위한 독방이 마련된 집을 선호하지 않겠는가? 셋째, 사람은 예민한 존재인지라 눈에 조그마한 티끌만 들어가도 난리를 치고, 병원에 가서 빼 버린다. 반면 동물은 설사 눈에 이물감을 느낀다 해도 빼낼 방법이 없다. 집을 구할 때 집 주인이 까칠한 집보단 세입자에게 신경을 안 쓰는 집을 선호하는 건 당연하다.

그러니까 안충은 주로 개, 고양이, 여우, 늑대 등의 눈에 기생하며, 혹시 사람에게 안충이 생긴다면 그건 잘못 들어간 것이지 안충의 뜻은 아니다. 개나 늑대처럼 동양안충 성충을 보유하면서 초파리에게 동양안충의 1기 유충을 지속적으로 공급하는 동물을 보유숙주라고 한다. 현재까지 연구된 바에 의하면 초파리가 가장 좋아하는 보유 숙주는 개다. 개는 일단 개체 수가 많고, 다소 앙칼진 느낌을 주는 고양이와 달리 성격이 무던해 초파리가 눈물을 먹는 것에 관대한 것이 이유인 듯하다. 이탈리아에서 이루어진 조사에선 개의 60퍼센트가 동양안충을 지니고 있었고, 일본에선 큐슈 지역 개의 17퍼센트가 감염돼 있었다. 한국에서는 군

동양안충을 감염시키는 초파리

견(세퍼드)의 33.5퍼센트, 야외에서 기르는 개의 2.7퍼센트가 감염돼 있었다는 보고가 있다. '보고가 있다.'라고 담담한 척 적었지만, 저 연구는 내가 직접 한 거라 이렇게 옮겨 적으면서도 감개가 무량하다. 개가 좋은 보유 숙주라는 것은 다음에서 증명된다. 동양안충이 최초로 발견된 것은 1910년 중국의 개에서였고, 캘리포니아안충 역시 1929년 L.A.에 사는 개로부터 수집된 것이 최초였다. 그렇다면 인체 감염은 어떨까? 동양안충의 경우 1917년 스터키(Stuckey E. J.)라는 학자가 25세 중국인에게서 발견한 게 최초고, 캘리포니아안충은 1935년, 산에 다니길 좋아하던 미국의 42세 남자에게서 최초로 발견된 바 있다.

동양안충의 생활사

동양안충의 크기는 암컷이 12~18밀리미터, 수컷은 8~13밀리미터이며, 기다랗게 생긴 것이 전형적인 기생충 같다(158쪽 사진 참조). 야생 늑대의 눈 안에 동양안충 암수가 있다고 해 보자. 암컷은 몸에 알 대신 유충을 잔뜩 가지고 있는데, 동그랗게 말린 유충의 모습이 흡사 고급 벽지를 보는 듯하다(167쪽 사진 참조). 동양안충의 학명인 Thelazia callipaeda의 앞부분은 안충의 아버지라 할 수 있는 테라즈(Thelaz) 박사를 기리는 것이고, 뒷부분은 유충의 모습을 묘사한다. calli는 아름답다는 뜻이고 paeda는 아이를 뜻한다(소아과는 영어로 pediatrics다). 즉 예쁜 아이란 말로, 유충의 모습이 얼마나 예뻤으

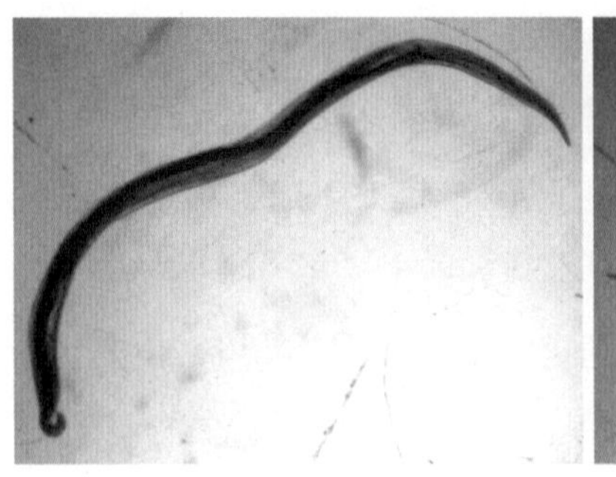
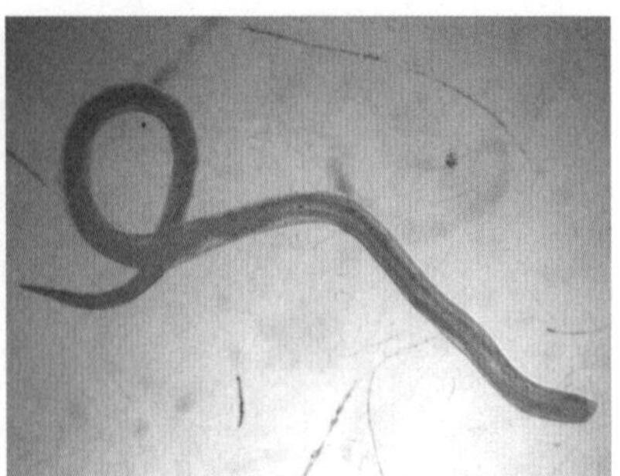

동양안충 수컷(좌)과 암컷

면 이런 이름이 붙었겠는가? 아무튼 동양안충 암컷은 늑대의 눈에서 유충, 정확히 말해 1기 유충을 낳는다. 이 유충은 발육을 위해 다른 곤충의 몸에 들어가야 한다. 늑대 눈 안에서는 어른이 될 수 없기 때문이다. 이것은 보다 많은 동물에게 감염되고자 하는 안충의 의지로 보이는데, 이 유충을 데려다 키워 주고 다른 동물에게 감염시키는 고마운 존재를 벡터라고 부른다. 동양안충의 벡터는 초파리 중 하나인 아미오타 초파리(Amiota sp. 이하 초파리)이다. 이 초파리는 희한하게도 동물의 눈물을 먹고 살기 때문에 벡터로 딱이다. 초파리가 늑대의 눈물을 먹을 때 동양안충의 1기 유충이 같이 들어간다. 초파리 안에 들어간 유충은 몇 시간 만에 장벽을 뚫고 나가 본격적인 발육을 시작하는데, 자기 힘으로 캡슐을 만들어 그 안에서 자란다는 게 특이한 점이다. 다른 동물에 감염력을 가진 3기 유충이 되기까진 14~21일이 걸리며, 이 단계에 다다르면 캡슐을 뚫고 초파리의 입 근처로 간 뒤 다른 동물에게 갈 기회를 엿본다. 초파리가 다른 동물의 눈물을 핥을 때 유충은 잽싸게 그 눈에 안착하고, 어른으로 자란다. 이 과정은 대략 한 달 정도 걸리며, 성충의 수명은 1년 정도다. 뒤에 나올 내용을 위해 '캡슐을 만들고 자란다'와 '3기 유충이 되기까지 14~21일이 걸린다'는 부분은 기억해 주시길.

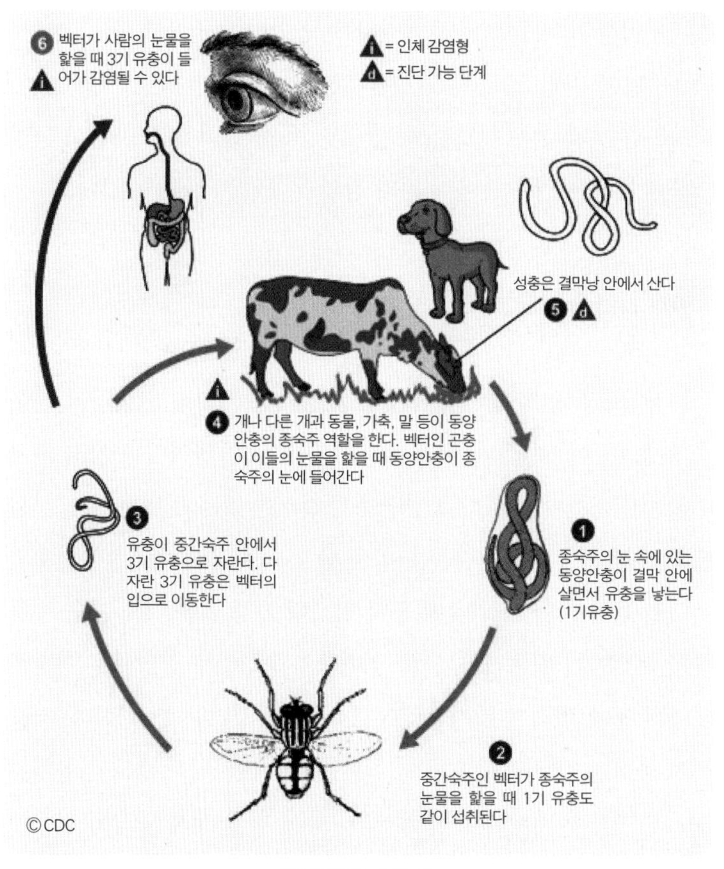

동양안충의 생활사

만일 동양안충의 성충을 직접 다른 동물의 눈에 넣으면 어떻게 될까? 이론적으로는 안 되는 게 맞지만, 이게 가능하다면 실험동물 눈에 넣어 뒀다가 필요할 때마다 꺼내 쓸 수 있으니 편리한 점이 있다. 이런 취지에서 우연히 얻은 살아 있는 성충 네 마리를 실험용으로 기르던 개의 눈에 넣어 봤다. 동양안충은 정말 자석에 이끌리는 철가루처럼 개의 눈으로 들어갔다. 성공이라고 좋아했지만, 그로부터 1주일이 지난 뒤 눈을 검사를 해 보니 동양안충은 보이지 않았다. 또 한 차례 같은 시도를 해 봤지만, 역시 실패했다. 따라서 동양안충에 걸린 사람과 눈을 비비다 감염될 우려는 없을 것 같다.

인체 감염 경로와 증상

동양안충의 인체 감염은 3기 유충을 가진 초파리가 사람의 눈물을 핥을 때 이루어진다. 야생 초파리가 주로 들판이나 산기슭에 거주하는지라 산에 갔다가 동양안충에 걸리는 경우가 많은데, 등산할 때 벌레가 눈을 공격한다는 느낌을 받는다면 그게 바로 동양안충의 벡터일 확률이 높다. 가을에 환자 발생이 가장 많은 것도 가을이 등산의 계절이기 때문이다. 물론 초파리의 동양안충 감염률은 굉장히 낮아서 눈에 벌레가 들러붙었다고 해서 다 걸리는 건 아니다. 지금까지 등산을 한 사람이 한둘이 아닌데 우리나라에서 보고된 환자는 2011년까지 39례에 불과한 게 그 증거다. 물론 실제 발생된 건수에 비해 보고되는 환자들은 극히 일부일 테지만, 그렇다고 해도 우리나라의 등산 인구를 감안해 봤을 때 그 비율은 아주 미미할 것이다. 그러니 동양안충을 핑계로 등산을 회피하진 말자. 7개월 때 동양안충에 걸려 우리나라 최연소 감염자가 된 어느 아이는 눈에서 벌레가 돌아다니는 것에 혼비백산한 어머니에 의해 병원에 왔는데, 그 아이의 눈에는 다섯 마리의 동양안충이 들어 있었다. 7개월짜리가 대체 왜 걸렸을까? 그 아이의 어머니가 아이를 안은 채 동두천의 산에 오르곤 했다니, 그때 초파리가 아이의 눈에 들러붙었던 모양이다.

이렇게 눈에 벌레가 다니는 것을 목격해서 병원에 오는 수도 있지만, 가장 흔한 증상은 이물감이다. 한 15세 소녀의 예를 보자. 그녀는 며칠간 오른쪽 눈에 뭔가 있는 듯한 이물감에 시달렸는데, 심지어 가렵기까지 했다. 안 되겠다 싶어 거울을 보던 이 소녀는 결국 동양안충 한 마리를 직접 꺼냈다. 이 소녀가 현명했던 건 그 뒤 안심하고 일상생활을 하는 대신 병원에 달려왔다는 점이다. 의사는 그녀의 눈에서 두 마리의 동양안충을 더 꺼냈다. 많이 놀라긴 했겠지만, 동양안충은 대부분 눈에 별 이상을 일으키지 않고, 꺼내는 것으로 진단과 치료가 모두 이루어진다. 이물감 이외의 증상은 결막염, 가려움증, 과도한 눈물, 눈에 뭔가가 떠다니는 느낌 등이 있을 수 있으며, 이것들은 동양안충만 없애 주면 깨끗이 나을 수 있다. 경계해야 할 것은 동양안충이 아니라 가렵다고 눈을 마구 비비다 세균에 감염되는 것과, 혼자서 빼 보려고 하다가 각막에 손상을 입는 일 등이니, 동양안충이다 싶으면 병원에 가는 것을 추천한다.

특이한 감염들

결막 주위를 맴돌다 제거되는 게 동양안충의 흔한 말로지만, 다 그런 것만은 아니다. 몇 가지 특이한 예들을 들어본다.

1) 재발?

59세 여자 분이 왼쪽 눈이 가렵고 이물감이 있어 외래를 찾았다. 몇 년 전부터 주말 농장을 운영 중이었는데, 농장에서 개 한 마리를 기르고 있었다고 한다. 그분의 눈을 보니 동양안충이 있어서 한 마리씩 꺼내다 보니 어느 새 10마리가 됐다. 환자는 집에 갔고, 그 후 별 증상이 없었다. 그런데 25일이 지났을 무렵 이분이 다시금 병원을 찾았다. 증상이 재발한 것이다. 혹시나 싶어 눈을 봤더니 이럴 수가, 5마리가 더 나왔다. 이건 어떻게 된 것일까? 두 가지 가설이 제기될 수 있다. 첫째, 10마리를 꺼낼 당시 환자의 눈에 이미 유충들이 존재했고, 25일이 지난 뒤 어른이 된 것이다. 둘째, 초파리가 다시 환자한테 가서 재감염을 시켰다. 뭐가 맞느냐를 떠나서 이 여인은 굉장히 재수가 없는 경우라 할 수 있겠다. 첫 번째든 두 번째든 초파리가 두 번 유충을 배달한 건 마찬가지니 말이다.

15마리에 감염된 환자 얘기가 나왔으니 말인데, 우리나라 기준으로 한 사람에게서 나오는 동양안충의 평균 마릿수는 3.7마리다. 생각보다 많을지 모르지만 이 정도 숫자가 감염돼야 암수가 각각

포함될 테고, 자손의 전파가 가능하지 않겠는가? 우리나라 감염 수 2위는 14마리에 감염된 9세 소녀였다. 15마리 환자가 두 차례에 걸쳐 감염됐다는 걸 감안하면, 이 9세 소녀가 최다 기록을 갖는 게 맞지 않을까 싶기도 하다. 언젠가 진주에서 병원을 운영하는 선배로부터 11마리에 감염된 환자가 발견됐다는 전화를 받은 적이 있다. 당장 갈 테니 검출된 동양안충을 식염수에 좀 넣어 달라고 했더니 그 선배가 이렇게 답했다.

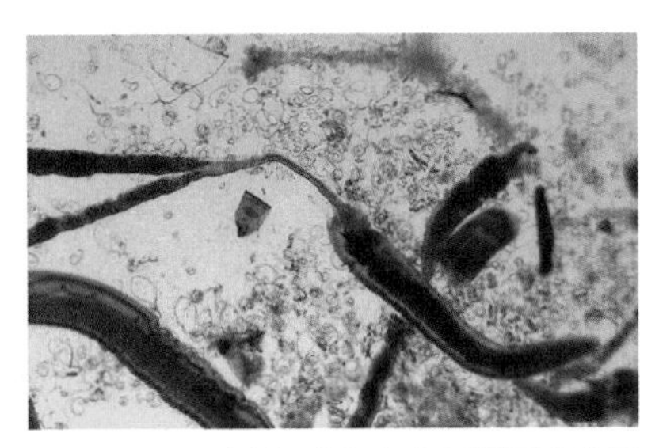

동양안충 암컷의 자궁에 있던 유충들

"벌써 버렸는데."

증례 보고를 하려면 충체를 나란히 놓고 찍은 사진이 필수적이라, 우리나라 3위 기록이 될 뻔한 증례는 그렇게 쓰레기통에 들어가고 말았다.

2) 눈 안쪽

동양안충 대부분이 결막낭, 즉 눈동자의 바깥쪽에 머무는 반면, 그게 수정체 안으로 들어가 기생하는 예도 극히 드물지만 있다. 21세 중국 여성이 오른쪽 눈이 잘 안 보이고 뭔가가 떠다니는 것 같다며 병원에 왔다. 시력 검사를 해 보니 오른쪽 시력이 현저히 떨어져 있었다. 외상의 흔적은 전혀 없었다. 눈 검사를 시행한 결과 수정체 뒤쪽에서 움직이는 벌레 한 마리가 발견됐다. '뭔가가 떠다니는'의 실체였다. 결국 그녀는 수정체의 뒤쪽 일부를 제거하는 수술을 통해 동양안충 한 마리를 꺼낼 수 있었다. 다른 증상은 없어졌지만 수술한 눈의 시력은 조금밖에 회복되지 않았으니, 이분한테는 동양안충이 별 거 아닌 게 아니었다. 이렇게 수정체 안쪽으로 들어가는 사례가 우리나라에서도 두 번이나 있었다.

3) 백내장 수술을 하다가

79세 남자가 백내장 수술을 받았다. 마취를 하고 눈동자 앞쪽을 식염수로 세척하는데, 아래쪽 결막에 하얀 벌레 한 마리가 다급하게 움직이는 게 아닌가? 비록 연세가 있지만 이분은 평소 산에 올라가 나물 캐는 일을 많이 했다니, 거기서 초파리에게 공격을 당한 모양이다. 백내장 수술을 받지 않았다면 동양안충은 이분 눈에서 계속 살 수 있었을까? 이분은 별다른 증상을 호소하지 않았지만, 수술 전 눈 검사를 할 때 결막이 충혈돼 있었다고 한다. 이 점으로 미루어 보면 오래지 않아 증상이 나타났을 테니, 계속 그분의 눈에 사는 건 어려웠을 것 같다.

4) 양쪽 눈

23세 남자가 병원에 왔다. 그는 4주 전부터 양쪽 눈에서 이유를 알 수 없는 눈물이 났는데, 갈수록 정도가 심해지더니 눈에 뭔가 있는 느낌까지 들었다. 안 되겠다 싶어 개인 안과에 갔더니 오른쪽 눈에서 동양안충 한 마리가 발견돼 꺼냈다. 본인이 다 꺼낼 수도 있었지만 겸손한 의사는 좀 더 큰 병원에 가 보라고 했고, 결국 양쪽 눈에서 다섯 마리의 충체를 추가로 더 꺼냈다. 양쪽 눈에서 각각 세 마리씩 나온 셈인데, 이건 확실히 초파리가 두 차례 눈을 습격한 결과였다. 이 증례는 우리나라 유일의 양쪽 눈 환자로 기록돼 있다.

동양안충 연구 실패기

동양안충은 내게 특별한 기생충이다. 『기생충 열전』에서 밝혔듯 난 우리나라에서 동양안충의 벡터가 무엇인지 찾던 중 유충을 내 눈에 넣었고, 그 사실이 알려지는 바람에 매스컴을 타기도 했다. 결과적으로 실험은 실패하고 말았는데, 이것에 대해 "내 눈이 작아서 실패했다"고 농담처럼 변명하곤 했다. 하지만 진짜 이유는 따로 있다. 그때 얘기를 잠시 해 본다.

그 시절 난 논문이 없어서 진급에 어려움을 겪고 있었다. 궁여지책으로 연구 잘하기로 소문난 건국대 유재란 교수의 연구실에 가서 배웠는데, 그때 받은 일이 바로 동양안충 연구였다. 첫 번째 과제는 우리나라 개의 동양안충 감염률을 조사하는 것이었다. 평소 개를 좋아하긴 하지만 개 눈꺼풀을 핀셋으로 제끼고 감염 여부를 확인하는 것은 다른 차원의 일이었다. 서로 좋은 일이라며 개를 다독였지만, 내 말을 알아듣지 못한 개들은 노골적으로 불쾌한 표정을 지었다. 내 손을 뿌리치고 도망가는 놈은 차라리 괜찮았지만, 혹시 나를 물기라도 할까 봐 걱정이었다. 내가 키우는 개처럼 조그만 녀석들이라면 모를까, 중형·대형 견들을 조사하는 일은 거의 목숨을 걸어야 하는 일이었다. 지금 그 일을 시키면 할 엄두도 못 낼 텐데, 논문이 급했던 그땐 앞뒤 가릴 게 없었다. 개들을 껴안는 것은 물론 뒹굴기까지 하면서 개 눈을 관찰했던 기억이 난다. 군견을 조사하는 일은 차라리 쉬웠다. 군견은 집채만 한 셰퍼드였지만, 그 녀석이 자신을 담당하는 병사의 말을 워낙 잘 듣는데다, 만약을 대비해 군인 네 명이 다리 한 짝씩 잡아 줬기에 난 그냥 눈만 까면 됐다. 그렇다 해도 날 째려보는 눈이 어찌나 무섭던지, 가급적이면 눈을 안 보려고 하면서 벌레를 꺼냈다. 30마리가 넘는 동양안충을 꺼낸 녀석도 있었으니, 얼마나 시원했을까? 이 결과를 모아 2002년 학술지에 발표했다.

그 다음으로 했던 게 바로 동양안충 벡터 연구다. 원래 내 계획은 다음과 같았다. '동양안충 1기 유충을 산에서 잡은 초파리에 감염시켜 3기 유충으로 키우고, 그 3기 유충을 개의 눈에 집어넣어 어른으로 자라게 한다.' 실제 연구과정은 다음과 같았다.

1) 동양안충 1기 유충을 구하는 건 크게 어려운 일은 아니었다. 살아 있는 동양안충 암컷을 구하는 게 어렵지, 일단 구하기만 하면 수백, 수천의 1기 유충이 나왔으니까.

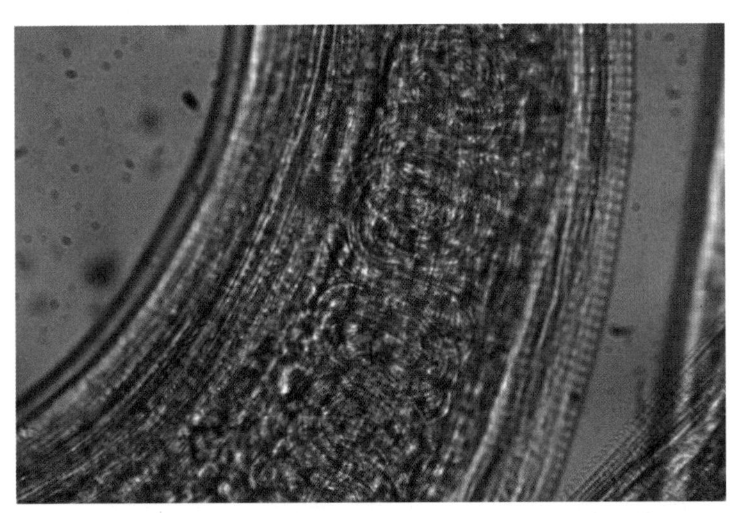

동양안충 암컷. 몸 안에 유충들을 잔뜩 가지고 있다. 둥글게 말려 있는 게 유충이다

2) 초파리를 잡는 것도 비교적 쉬웠다. 내가 동양안충 연구를 하던 건국대 충주캠퍼스 뒷산에는 아미오타 초파리가 제법 많이 살아서 눈에 들러붙는 것을 잡으면 몇 십 마리쯤은 잡을 수 있었다.

3) 그 초파리에 1기 유충을 먹이는 일은 유재란 교수님이 즉석에서 낸 아이디어 덕분에 가능했다. 초파리를 잠자리채의 그물을 이용해 고정시킨 후 얇은 튜브를 이용해 1기 유충을 먹였더니 제법 잘 먹었다.

4) 이제 1기 유충이 3기 유충이 될 때까지 초파리를 키워야 했는데, 이게 좀 어려웠다. 『기생충 열전』에서도 언급했듯이 초파리는 다음날부터 죽어 나갔다. 그게 당연한 것이, 그 당시 난 초파리를 너무 주먹구구식으로 키웠다. 플라스틱 도시락 통에다 넣어 두고 솜

에다 설탕물을 묻힌 걸 주는 게 전부였으니 잘 못 살 수밖에. 문헌 검색을 좀 해 보고 제대로 된 배양액을 만들어 초파리를 키웠다면 결과가 잘 나왔을 텐데, 지금 생각하면 가장 아쉬운 부분이다.

5) 1기 유충은 초파리 안에서 3기 유충이 되는 데 14~21일이 걸린다. 그렇다면 최소한 보름 정도는 키우고 난 뒤 개한테 감염을 시켰어야 했다. 하지만 하루하루 초파리가 죽다 보니 열흘째가 됐을 무렵엔 남아 있는 초파리가 달랑 한 마리였다. 할 수 없이 그 녀석을 해부해 유충을 찾았다. 유충 비슷하게 보이는 것이 다섯 마리쯤 됐는데, 그중 세 마리는 실험실 밖에서 기르던 개한테 먹였고, 나머지는 전자현미경으로 찍으려고 남겨 뒀다.

6) 한 달 후 개의 눈을 뒤졌더니 동양안충은 없었다. 이게 나와야 논문을 쓸 수 있었으니, 결국 실험은 실패로 돌아간 셈이다. 이 과정을 한 번 더 되풀이했지만 결과는 역시 참담했다. 이 과정에서 유충 두 마리를 내 눈에 넣었는데, 이건 순전히 '홧김'이었다. 3기 유충으

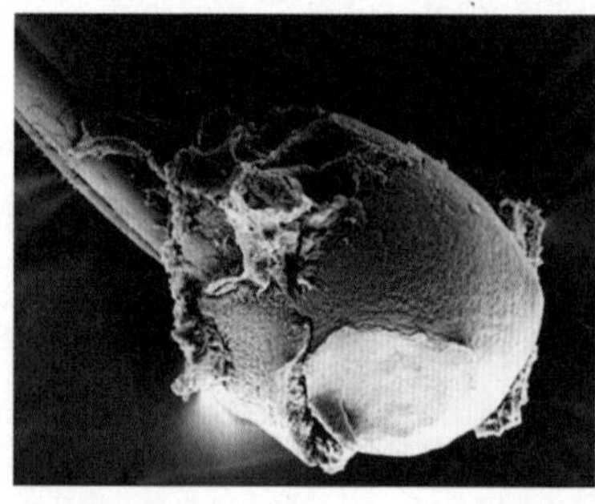

자신이 만든 캡슐을 뚫고 있는 동양안충의 유충

로 충분히 발육하지 않은 것이 실패의 원인이었다.

7) 그런데 전자현미경 결과는 좀 뜻밖이었다. 168쪽 사진을 보면 자신이 만든 캡슐을 뚫고 있는 유충이 보이는데, 이건 명백히 3기 유충이었다. 즉 10일째 잡아도 유충의 일부는 3기 유충이 될 수 있었다. 이걸 전자현미경으로 찍는 대신 개 눈에 넣었다면 어땠을까. 그랬다면 성충으로 자라고, 논문도 쓸 수 있었을 것이다. 학생들 강의를 하다 동양안충이 나올 때마다 씁쓸한 표정을 짓는 건 이런 이유 때문이다.

동양안충

- **위험도** | ★
- **형태 및 크기** | 암컷이 12~18mm, 수컷은 8~13mm이며, 길고 가늘다. 그냥 딱 기생충스럽게 생겼다.
- **수명** | 1년
- **감염원** | 아미오타 초파리
- **특징** | 진단과 치료 모두 눈에서 동양안충을 꺼내는 것이다. 전 세계적으로 분포하며, 선진국과 후진국을 가리지 않는다.
- **감염 증상** | 이물감. 결막염, 가려움증, 과도한 눈물, 눈에 뭔가가 떠다니는 느낌 등이 있을 수 있다.
- **진단 방법** | 눈 검사
- **독특한 기생충에 선정한 이유** | 수많은 곳 중 왜 하필 좁고 먹을 것도 없고, 심지어 손으로 꺼낼 수도 있는 눈에 기생하는지, 정말 독특하다.

5
머릿니

아직도 유행하는 기생충

프랑스 릴 미술관에는 어머니가 딸의 머리를 어루만지고 있는 그림이 있다. 귀여워서 만지는 것 같지는 않은 것이, 그러기엔 어머니의 표정이 너무 심각하다. 아니나 다를까. 디크 할스(Dirck Hals)라는 화가가 그린 이 그림의 제목은 '가족의 풍경: 아이들의 머릿니를 잡아 주는 여인'이다. 그 당시엔 머릿니에 감염된 아이들이 많았고, 어머니가 손으로 머릿니(학명 Pediculus humanus capitis, 이름 Head louse)를 잡아 줬던 모양이다. 이 화가가 활동했던 시기가 1600년대 초중반이니 그럴 법도 하다. 그런데 다음 기사를 보면 좀 의아해진다. 동아일보 2015년 9월 23일자 기사다.

디크 할스의 「가족의 풍경: 아이들의 머릿니를 잡아 주는 여인(Scène familière. L'épouilleuse)」(17세기경)

'후진국형 전염병'으로 알려진 머릿니 감염으로 학부모들이 골머리를 앓고 있다. 학교나 유치원 등에서 자녀들이 종종 옮아 오기 때문이다. 두 자녀를 둔 정모 씨(39·경기도 ○○시)는 최근 초등학생 딸아이의 머리카락에서 머릿니를 발견하고 참빗과 방제약 등을 구매하여 사용했다. 그러던 중 자신까지 감염되어 고생을 했다. 이후에 정 씨가 친한 학부모들에게 이야기했더니 너도나도 자녀의 머릿니 감염 경험을 털어놓아서 놀랐다고 한다.

아니, 머릿니는 과거에나 있던 건데, OECD 국가인 우리나라에서 아직도 근절되지 않았단 말인가? 다들 쉬쉬하고 있지만 머릿니 때

머릿니

문에 고생한 경험을 가진 이가 굉장히 많다는 것도 놀랄 일이다. 머릿니는 어떤 기생충이며, 도대체 어떻게 아직도 아이들의 머리에서 버티고 있는지, 그 비결을 알아보자.

머릿니의 선택은 옳았다

머릿니는 사람의 머리 피부에 붙어살면서 피를 빨아 먹는, 그래서 변 색깔도 검붉은, 길이 3밀리미터 정도의 곤충을 말한다. 원래 동물의 털에 붙어살았지만, 동물이 사람과 접촉하는 과정에서 사람에게 옮겨 간 것으로 추정된다. 10만 년 이상 사람과 더불어 살아온 탓에, 이제 사람에게서 떨어져서는 살 수 없게 됐다. 날개가 없어서

날지 못하며, 다리도 짧고 뭉툭해서 높이 뛰는 건 고사하고 머리 위에서는 머리카락을 붙잡고만 움직일 수 있다. 머릿니가 하는 일이라곤 머리카락을 붙잡고 매달려 있다가 가끔씩 피를 빨아 먹는 게 고작이다. 기생충의 정의가 '일시적 혹은 영구적으로 다른 동물에게 빌붙는 존재'이니, 머릿니는 기생충의 정의에 딱 들어맞는다.

사람에게 기생하는 이는 머릿니 말고도 두 종류가 더 있다. 몸니(Pediculus)와 사면발니(Phthirus Pubis)가 그것인데, 사면발니는 형태학적으로 완전히 다르지만, 머릿니와 몸니는 얼핏 봐서는 구별이 잘 안 될 정도로 닮았다. 아마도 원래 같은 종이었는데 사람에게 건너오면서 일부는 머리를 택했고 일부는 몸을 택한 것으로 추정된다. 이 두 종을 같이 붙여 놓으면 서로 짝짓기도 하고 알도 낳을 수 있다는 점도 이 두 종이 완전히 다른 종이라고 하기 힘든 이유다. 그

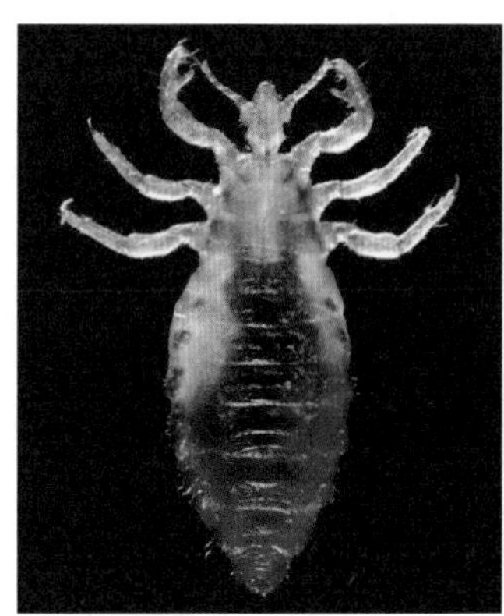
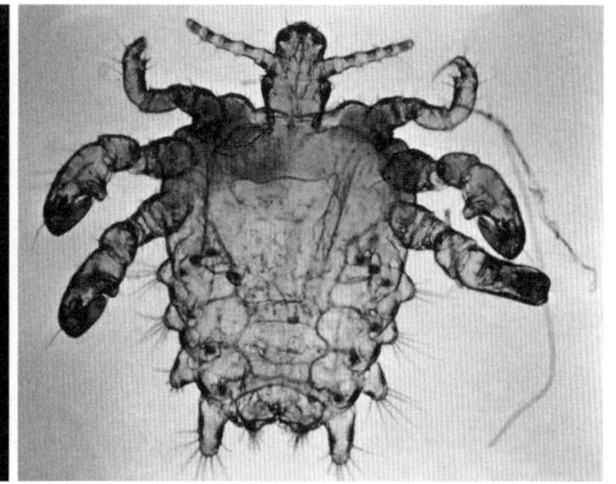

몸니(좌)와 사면발니

렇긴 해도 이 두 종의 운명은 너무도 달랐다. 처음 사람 몸으로 건너와서 서식지를 택할 때만 해도 몸을 택한 건 그리 나쁜 선택은 아니었을 것 같다. 한 달에 한 번 씻어도 문화인 대접을 받았던 과거, 몸니는 몸 전체를 오가며 마음껏 피를 빨았으리라. 우리나라에서도 40년 전만 해도 난롯가 옆에서 이를 잡아 터뜨리는 게 겨울에 흔히 볼 수 있는 광경이었다. 그런 몸니가 보기엔 머리에 들러붙어 숨어 사는 친척 머릿니가 답답해 보였을 것 같다. 그런데 지금은 웬만한 사람들은 매일같이 샤워를 하고, 샤워가 끝난 후면 속옷을 새로 갈아입는다. 결국 몸니는 멸종의 길을 걸었고, 여전히 번창하는 머릿니를 부러워하고 있다.

다리가 짧아서 슬픈 짐승, 머릿니의 전파는 머리와 머리가 아주 가까이 접근해야 가능하다. 소싯적에 가끔 하던 머리를 맞대고 밀어내는 시합은 머릿니가 전파될 수 있는 좋은 기회다. 그 밖에 빗을 같이 쓰거나 모자를 같이 쓰거나, 수건을 같이 써도 옮을 수 있다. 또 침대를 같이 쓰는 것도 머릿니가 옮겨 가는 한 방법이다. 어떤 분이 머릿니 관련 기사에 이런 댓글을 다셨다.

"머리 매일 감고 밥만 잘 챙겨 먹어도 안 생겨."

샴푸로 머리를 자주 감는다고 머릿니가 예방되는 건 아니다. 심지어 빗질을 자주 하는 것도 그게 그냥 빗이라면, 머릿니를 없애는데 도움이 되지 않는다. 그럼 어떻게 하란 말이냐는 말이 나오겠지만, 조금만 기다려 주시라.

머릿니의 빈도

머릿니는 주로 어린이의 머리에 있고, 전 세계적으로 있다. 위생이 안 좋은 나라들에서 유행하는 게 맞지만, 선진국에서도 머릿니는 제법 발생한다. 미국에서도 해마다 600~1200만 명의 아이들이 머릿니 치료를 받고 있고, 영국이나 프랑스, 덴마크, 스웨덴에서도 머릿니 때문에 골치를 앓고 있단다. 갑자기 머릿니가 더 발생하는 이유는 아마도 머릿니가 치료제에 대해 저항성이 생긴 탓으로 추측된다. 요즘엔 IT로 인해 머릿니 발생이 더 증가하고 있다. 무슨 말일까? 미국 위스콘신 주의 소아과 의사 샤론 링크(Sharon Rink) 박사에 의하면 셀카를 찍을 때 서로 머리를 접촉함으로써 머릿니가 전파될 수 있단다.

셀카의 왕국인 우리나라는 어떨까? 우리나라에서는 과거 위생 상태가 좋지 않았던 시절 머릿니가 굉장히 유행했다. 1960년대는 말할 것도 없고 1980년대까지도 머릿니가 극성을 부렸던 모양이다. 예컨대 1984년 충남 서산의 한 초등학교에서는 학생 600여 명 중 73.5퍼센트가

셀카를 찍을 때처럼 서로 머리를 접촉하는 것만으로도 머릿니는 전파될 수 있다

머릿니에 감염돼 있었고, 경북 지역에서도 절반가량의 학생들이 머릿니에 감염돼 있어 충격을 주기도 했다. 지금은 머릿니가 많이 줄긴 했지만, 여전히 머릿니는 아이들의 사회적 문제로 남아 있다. 2010년 15,000여 명을 조사한 결과 4.1퍼센트가 양성이었고, 도시가 3.7퍼센트, 시골이 4.7퍼센트로 시골이 높긴 하지만 도시 역시 큰 차이는 보이지 않았다. 최근에는 진주에 사는 2,200명가량의 어린이에게서 머릿니가 발생한 적이 있다. 즉 머릿니가 후진국병이라 우리나라에는 없을 것이라는 믿음이 머릿니에 대한 경계를 느슨하게 하고, 그로 인해 머릿니가 근절되지 않고 있으니 '내 자식이 설마?'라는 마음을 버리고 자녀의 머리를 한번 살펴볼 필요가 있다.

머릿니의 일생

머릿니는 다른 곤충들처럼 알을 낳는다. 하루 3~4개 정도가 고작이니, 컨디션이 좋은 날에는 하루 20만 개의 알을 낳는 회충과 비교하면 아무 것도 아닌 것 같다. 하지만 그렇게만 볼 게 아닌 것이, 회충의 알 크기가 100분의 1밀리미터에도 미치지 못 할 만큼 작은 데 비해 머릿니의 알은 0.8밀리미터로, 눈에도 보인다. 머리카락에 따닥따닥 붙어 있는 알들을 상상해 보라! 게다가 회충 알은 대변과 함께 변기 속으로 나가니 당장은 문제가 안 되지만, 머릿니의 알은 두피 위에서 부화해 어른 머릿니로 자란다. 암컷 한 마리가 일생 동안 낳는 알은 150개나 되니, 머릿니를 근절하기 위해선 알에도 신경을 써야 한다.

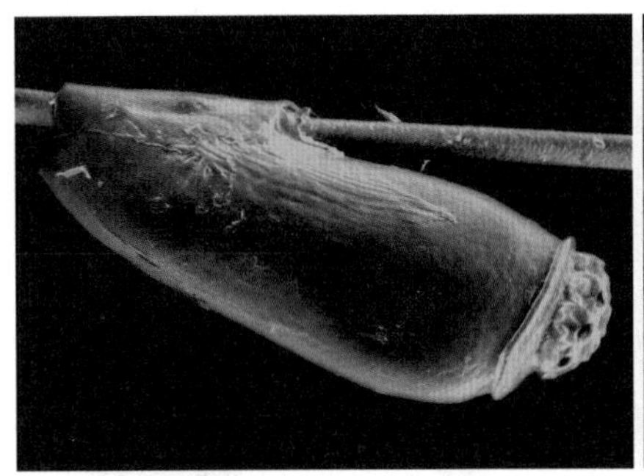
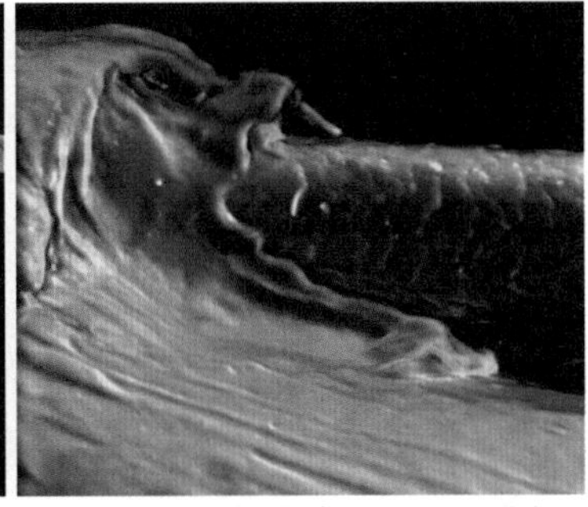

머리카락에 매달려 있는 머릿니의 알(좌)과 암컷에서 분비된 끈끈이. 이 끈끈이는 머리카락을 다 덮고, 알까지 모두 감싸서 알이 단단히 둘러싸지게 한다

알을 하루에 서너 개밖에 낳지 않는 탓에 머릿니들은 자기 알을 무척 소중하게 여긴다. 추울 때는 좀 따뜻하라고 머리카락 깊숙이 두피 근처에 알을 낳고, 더울 때는 좀 더 바깥쪽에 알을 낳는다. 게다가 이 알들이 행여 떨어져 나갈까 봐 암컷은 끈끈이를 분비해 알을 머리카락에 단단히 고정시킨다. 알을 낳은 뒤 6~9일 정도면 새끼(님프nymph, 유충)가 알에서 빠져나가는데, 그와 동시에 알의 색깔이 황갈색에서 흰색으로 변한다. 님프가 빠져나가도 알의 빈 껍질은 끈끈이 때문에 계속 머리카락에 매달려 있는데, 이를 서캐(nit)라고 부른다. 어떤 사람에게서 서캐가 발견됐다면 그 사람의 머리카락 안에는 머릿니가 있다고 생각해도 무방하다. 몇 년 전 칠레 북부에서 660~990년으로 추정되는 미라가 발견된 적이 있는데, 머리카락을 조사해 보니 서캐가 매달려 있었다. 그때 내린 결론, "그 미라는 살아생전 머릿니 때문에 골치 꽤나 썩었겠구나!"

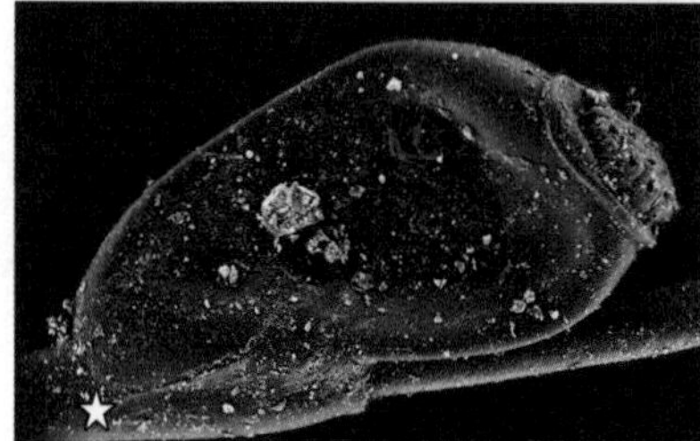

칠레 북부에서 발견된 미라(왼쪽 위). 그리고 그 미라의 머리카락에 매달려 있던 머릿니(오른쪽)와 서캐(왼쪽 아래)

머릿니와 서캐

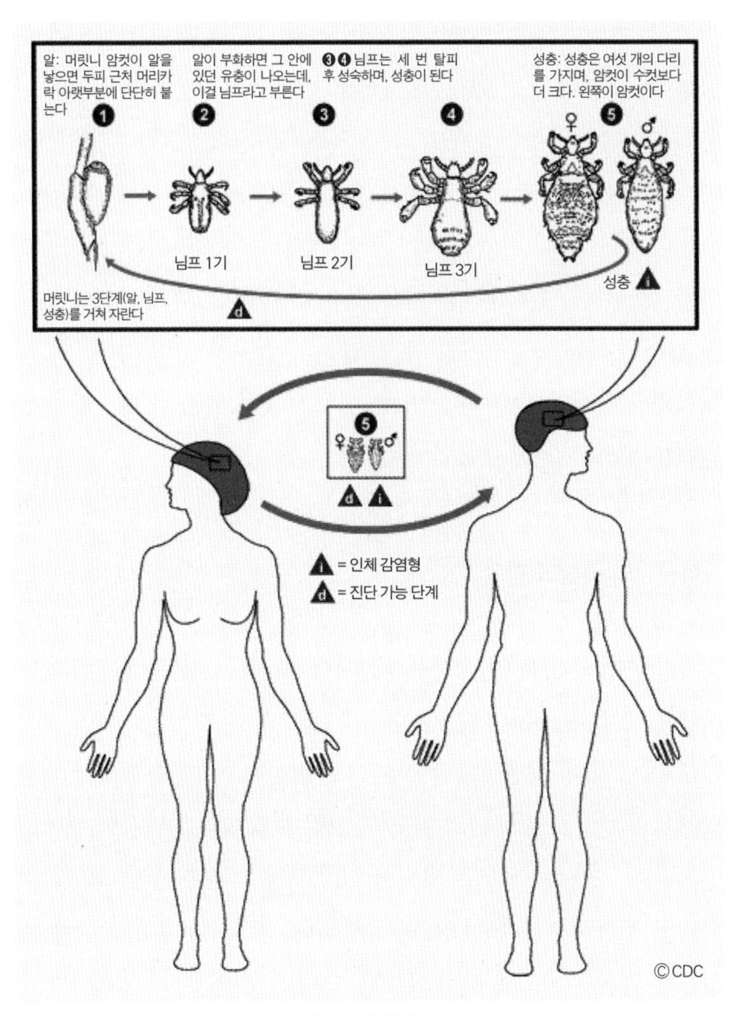

머릿니의 생활사

알에서 나온 님프는 세 번 껍질을 벗고 어른이 되는데, 이렇게 되기까지 걸리는 시간은 대략 열흘 정도다. 그렇다고 모든 님프가 다 어른이 될 수 있는 건 아니다. 대략 40퍼센트 가까운 님프가 어른이 못 되고 죽는다. 여기까지 읽고 "못 먹고 굶주려서 그런 거구나!"라며 머릿니를 동정할 분들도 계시겠지만, 님프의 상당수가 과식으로 죽는다. 피를 너무 많이 먹다가 장이 터져서 죽는 것이다. 살아남은 머릿니도 사실 그렇게 오래 살 수 있는 건 아니다. 피만 잘 빨아먹을 수 있다면 대략 3~4주가량 살 수 있는데, 실수로 사람 머리에서 떨어지기라도 하면 하루 이틀 만에 죽는다. 높이 뛰는 건 고사하고 잘 걷지도 못하니, 굶어 죽을 수밖에.

머릿니의 증상과 진단

가장 흔한 증상은 역시 가려움증이다. 머릿니는 하루 4~5차례 피를 빨아 먹는데, 피를 빠는 생물체가 다 그렇듯 머릿니도 피가 굳지 않도록 침 속에 항응고제를 섞어서 분비한다. 이 항응고제에 대한 알레르기 반응으로 머리가 가렵다. 그런데 알레르기 반응이 생기려면 적어도 한두 달 정도는 있어야 하니, 머릿니 때문에 머리가 가렵다면 최소한 한 달 이상 머릿니가 살았다는 얘기다. 머리를 긁을 때 사람은 손톱을 세워서 긁게 되는데, 그러다 보면 상처가 나고, 그 틈으로 세균이 들어갈 수 있다. 심지어 머리카락이 빠질 수도 있다니, 아무리 좋게 봐도 용서가 안 된다. 머릿니의 숫자가 아주 많다면 머리카락이 떡이 질 수도 있다.

그럼 머릿니에 감염됐다는 걸 알려면 어떻게 해야 할까? 살아 있는 머릿니를 발견하거나 머리카락에 매달려 있는 서캐를 보면 진단할 수 있다. 특히 서캐는 사람의 머리카락이 자람에 따라 두피 근처에 있던 것이 점점 바깥쪽으로 올라오게 되고, 결국 눈에 보일 정도까지 된다. 하지만 머릿니를 직접 관찰하는 건 의외로 어렵다. 날지 못하고 점프도 못하는 미물이지만, 머리카락을 붙잡고 빠르게 이동할 수 있고, 빛을 싫어해서 머리카락을 제치는 순간 후다닥 도망간다. 그래서 사용하는 게 바로 참빗이다. 들어는 봤는가, 참빗? 우리 조상들이 만들어 썼던 참빗은 개화기 이후 두발 간소화로 인해 과거의 유물이 됐지만, 관광용으로만 쓰이던 이 참빗이 다시 빛을 보게 된 건 머릿니 때문이었다. 촘촘한 간격으로 꽂혀 있는 빗살은 머릿니의 성충은 물론이고 크기가 1밀리미터도 안 되는 서캐까지 쓸어 낼 수 있다. 빗살 사이에 붙어 있는 머릿니를 보면 진단은 자연스럽게 되고, 한 30분가량 열심히 빗질을 한다면 치료까지도 가능하다. 하지만 참빗의 공세를 피한 알이나 님프가 있을 수 있으므로 이틀마다 한 번씩 최소한 6회 정도는 반복해야 '완전히 치료됐다'고 할 수 있다. 빗질 그까짓 거 하면 되는 거 아니냐고 하겠지만, 참빗으로 머리 빗는 게 생각보다 어렵고, 이걸 이틀마다 여섯 번이나 하는 건 정말 중노동이다. 게다가 빗질을 꼼꼼하게 한다고 하지만, 제거되지 못한 알들이 있을 확률은 언제나 있다. 힘만 들고 효과는 완벽하지 않고, 그래서 사람들은 좀 더 간단한 치료제를 꿈꾼다.

머릿니의 치료

약은 참빗보다 훨씬 간단하다. 머리에 약을 바르고 어느 정도 시간이 지난 뒤 샴푸로 씻어내면 되니 말이다. 먼저 약국에서 살 수 있는 것에 대해 얘기해 보자.

1) 피레스린(pyrethrin)은 꽃에서 추출한 물질로, 부작용이 적어 2세 미만 아이에게도 쓸 수 있지만, 알을 죽이지 못한다는 약점이 있다. 그래서 남은 알이 부화해 자랄 때까지 기다렸다가(대략 열흘 정도 후) 2차 치료를 해야 한다.

2) 퍼메스린 로션(permethrin lotion, 상품명은 Nix)도 피레스린과 성분은 비슷하며, 알을 죽이지 못한다는 것도 똑같다.

다음은 의사 처방이 있어야 살 수 있는 약이다.

1) 말라티온(malathion) 로션(원액 0.5%)은 성충과 더불어 알도 죽일 수 있다. 이론적으로는 한 번만 써도 치료가 가능하다. 피부에 자극성이 있으며, 6세 이상만 쓸 수 있다.

2) 린단(lindane) 샴푸(원액 1%)는 쉽게 말해 살충제다. 그래서 알도 죽일 수 있지만 독성이 심해서 다른 약을 써 보고 안 들을 때에 한해 2차적으로 써야 한다. 어린이는 물론이고 나이든 사람, 체중이 50킬로그램이 안 되는 사람은 쓰지 말라고 할 만큼 부작용이 심한데, 그럼에도 불구하고 우리나라에선 린단 샴푸가 머릿니의 특효약처럼 쓰이고 있는 모양이다. 좀 오래 되긴 했지만 2009년 뉴스를 보

자. "초등생 80명을 조사한 결과 5명의 혈액에서 '린단'이 검출됐습니다. 린단이 검출된 5명 가운데 4명은 린단 성분의 머릿니 치료제를 사용한 것으로 확인됐습니다." 머릿니보다 린단이 몇 배 더 해롭다는 점에서 린단의 남용은 안타까운 일이다.

그럼에도 머릿니 환아를 둔 부모들이 린단에 의존하는 걸 전혀 이해 못하는 바는 아니다. 시중에서 파는 약을 써도 머릿니가 죽지 않으니까. 파리에 거주하는 작가 목수정은 묻는다. "이 작은 벌레 하나를 해결하지 못할 만큼 현대 의학은 정녕 그토록 무력한 것일까?" 목수정은 효과도 좋고 가격도 저렴한 퇴치약이 나와 있지만, 머릿니 치료로 인해 돈을 버는 사람들이 이 약을 허가하지 않고 있는 게 원인이라고 말한다. "이 조그만 벌레를 둘러싸고 펼쳐지는 시장이 제약업계를 얼마나 통통하게 살찌우는지 삼척동자도 알 수 있다. 그러니 제약업계의 어느 누구도 머릿니가 완전히 척결되는 쉬운 처방이 세상에 나오기를 바라지 않는 것이다."

여기서 목수정이 말하는 약은 2015년 노벨상을 수상하게 한 아이버멕틴(ivermectin)인데, 실제로 이 약의 치료 효율은 퍼메스린보다 훨씬 떨어진다. 게다가 피부 부작용도 있어서 아주 좋은 약인 것만은 아닌 바, 목수정의 말처럼 '좋은 약이 있는데 허가하지 않는' 게 아니라, 과거 무분별하게 약을 남발한 나머지 머릿니로 하여금 약제에 대한 저항력을 갖게 만들었다는 게 보다 과학적인 답변이다. 머릿니를 질식시켜 죽이는 디메티콘(dimethicon) 등 새로운 약이 계속 나오고 있지만, 이건 또 얼마나 오래 효과를 볼지 모르겠다. 아무리 그래도 린단을 사용하는 건 말리고 싶다. 시중에 있는 약이 잘 안 들으면 번거롭더라도 참빗으로 머리를 빗겨 주자. 가족이란 머릿니를 잡아 주는 관계이니 말이다.

머릿니

- **위험도** | ★★
- **형태 및 크기** | 길이 3mm, 여섯 개의 다리를 가지고 있고 암컷이 수컷보다 더 크다.
- **수명** | 30일
- **감염원** | 머리를 맞댈 경우나 빗, 모자, 수건 등을 같이 쓸 경우, 이불이나 침대를 같이 쓸 경우 등
- **특징** | 사람의 머리 피부에 붙어살면서 피를 빨아 먹는다. 그래서 변 색깔도 검붉다. 머릿니와 몸니는 종이 다르지만 두 종을 같이 붙여 놓으면 서로 짝짓기와 알 낳기가 가능해서 완전히 다른 종이라고 하기는 힘들다. 날거나 뛰지 못하지만 머리카락을 붙잡고 빠르게 이동할 수 있고, 빛을 싫어한다. 대부분의 기생충이 소식을 하는데, 머릿니의 유충은 피를 너무 많이 먹다가 장이 터져서 죽는 경우가 많다.
- **감염 증상** | 가려움증. 가려워서 긁다 보면 상처가 생겨 그 틈으로 세균이 들어갈 수도 있고 머리카락이 빠질 수도 있다.
- **진단 방법** | 육안
- **독특한 기생충으로 선정한 이유** | 기생충이면 몸 안에 들어와 살지, 왜 머리에 붙어서 이 난리인가? 게다가 대부분의 기생충은 적당한 양을 섭취하며 날씬한 몸매를 유지하는데, 머릿니는 너무 많이 먹다가 장이 터져서 죽는 경우가 많으니 그야말로 별종이다.

6 유극악구충

피부를 기어 다니는 기생충에 대한 공포

2001년 겨울, 미얀마의 양곤에 사는 한국인 60명이 한국 식당에서 생선회를 먹었다. 회를 먹은 것까진 좋았지만, 그중 63퍼센트에 달하는 38명이 무서운 증상을 보였다. 벌레가 지나갈 때처럼 피부가 선 모양으로 붉게 부풀었는데, 더 무서운 것은 그 선이 조금씩 움직인다는 사실이었다. 가장 흔히 침범된 부위는 등이고, 그 다음이 배였다. 그 밖에 옆구리, 가슴, 목, 팔, 다리 등에 나타난 사람도 있었다. 침범된 부위의 증상은 때론 아프고 때로는 가려운 것이었지만, 그보다 피부에 뭔가가 기어 다니고 있다는 데 대한 공포감이 훨씬 더 컸다. 심지어 증상이 없는 22명도 그 광경을 보면서 공포에 질렸고, 그중 몇몇은 신경과민과 불면증 등을 호소하기도 했다. 도대체

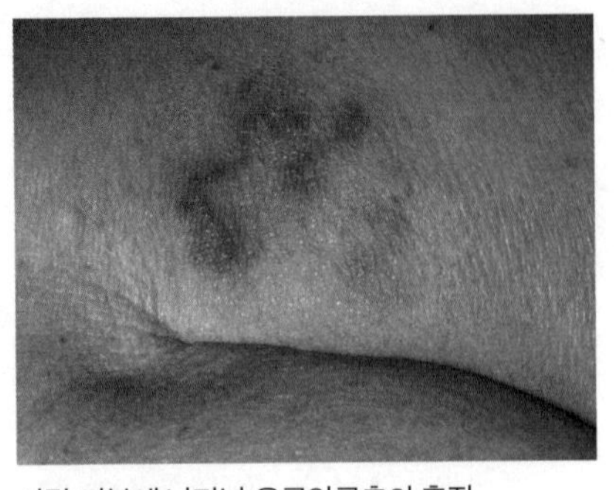
사람 피부에 나타난 유극악구충의 흔적

이게 뭘까. 혹시 기생충이 아닐까 싶어 그중 두 명에게서 피부의 붉은 부분을 떼어 내 현미경으로 관찰했지만, 기생충은 보이지 않았다. 현미경에서 관찰된 것은 염증과 더불어 벌레가 지나간 흔적으로 추측되는 피부 내 터널이었다. 환자들의 피를 검사한 뒤에야 진단이 나왔다. 이 환자들은 모두 유극악구충(Gnathostoma spinigerum)에 대한 항체가 높아져 있었다.

미얀마의 기생충

유극악구충 얘기를 하기 전에 잠깐 미얀마의 환경 이야기를 해 본다. 미얀마는 인도차이나반도와 인도 사이에 있는 나라로, 면적으로 따지면 우리나라보다 일곱 배가량 크고, 인구는 비슷하다. 원래 이름은 버마였는데 군사 정권이 들어서면서 미얀마로 이름을 바꿨다. 이 나라의 기생충 감염률은 아주 높은데, 한 논문을 보면 다음과 같은 자랑을 하고 있다. "2003년, 학생들의 기생충 감염률이 무려 69.7퍼센트나 됐어요. 그래서 우리 정부가 한국처럼 국가 차원의 기생충 박멸 사업을 시행한 결과, 놀라지 마세요. 사업을 시작한

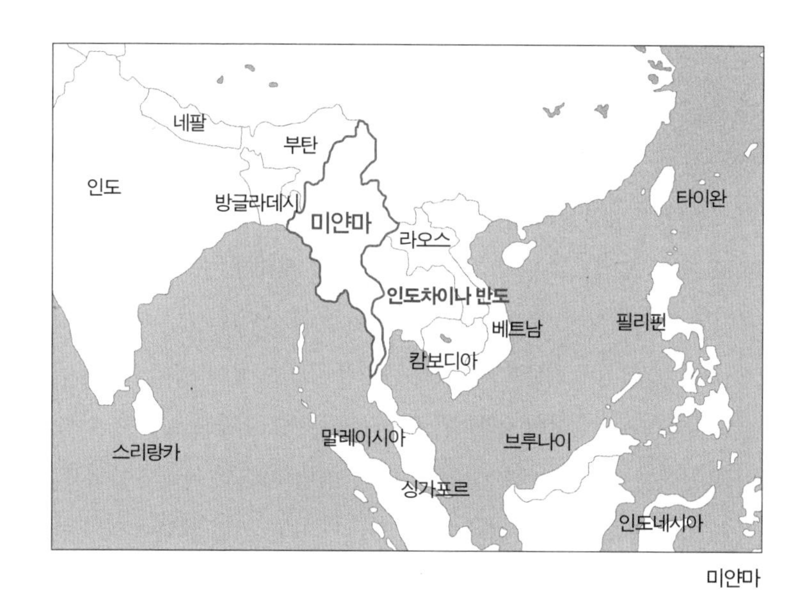

미얀마

지 7년 만에 기생충 감염률이 21퍼센트로 낮아졌어요. 짝짝짝."

미얀마 정부가 기생충을 줄인 비결은 지속적인 대변 검사를 통해 감염자를 찾아내고, 약으로 치료한 데 있었다. 그 방법을 쓰면 회충, 편충, 십이지장충처럼 우리 소화기관에 사는 기생충을 줄일 수 있긴 하다. 하지만 미얀마에서 조심해야 할 것은 생선회를 통한 기생충 감염이다. 위의 기생충들이 기껏해야 밥풀이나 빼앗아 먹는 데 반해 생선회를 먹고 걸리는 기생충 중에는 사람의 피부는 물론이고 뇌나 눈 등을 침범하는 것들이 꽤 많이 있으니 말이다. 우리나라 생선회는 괜찮고 미얀마 생선회는 기생충이 많단 말인가? 그렇다. 이유인즉슨 우리나라는 공업화와 그로 인한 오염 때문에 기생충이 크게 줄어든 반면, 미얀마는 원래의 환경을 보존하고 있어서다. 예를 들어 보자. 기생충 중 사람에게 심한 증상을 일으키는 기생충인 폐디스토마는 생활사의 영위를 위해 다슬기와 가재, 민물게 등을 필요로 한다. 오염으로부터 자유로웠던 조선 시대에는 가재, 게는 물론이고 다슬기도 아주 흔해 폐디스토마가 지금보다 훨씬 성행했다. 가끔씩 발견되는 조선 시대 미라 중 3분의 2 이상이 폐디스토마에 감염돼 있다는 사실이 이를 입증한다. 하지만 오염으로 인해 다슬기를 찾아보기 어려워진 지금은 1년에 10명 이내의 폐디스토마 환자가 발생한다. 이게 아쉽다는 얘기가 아니라, 너무 환경이 깨끗한 나라에 갈 때는 회 같은 날음식을 조심해야 한다는 거다.

한 가지 이유를 더 얘기한다면, 개발이 덜 된 나라에는 야생 동물이 비교적 많다는 것이다. 야생 동물은 거의 대부분이 기생충을 가지고 있는데, 그 동물의 변이 물로 흘러들어 가 물고기를 감염시킬 수 있다. 사람의 기생충이 오랜 시간 사람과 동고동락하면서 상호간에 적응이 된 반면, 생소 그 자체인 야생 동물의 기생충은 사람에게 감염됐을 때 심한 증상을 야기한다. 다음은 뉴스의 한 구절이다. "미얀마는 세계에서도 가장 다양한 생물 종이 분포돼 있는 마지막 보존 지역으로 분류되고 있다." 이런 곳에서 회를 먹으면 어떻게 될까? 야생 동물의 기생충이 물고기를 통해 사람에게 가고, 그러다 보면 위에서 언급한 사건이 일어날 확률이 높다. 미얀마 정부가 박멸을 위해 노력하는 건 어디까지나 사람의 기생충이지, 야생 동물까지 챙길 여력은 없다. 좀 뜬금없지만 다음과 같은 결론이 도출된다.
"회는 가급적이면 적당히 오염된 한국에서 먹자."

유극악구충의 삶

1835년 영국 동물원에서 어린 호랑이 한 마리가 대동맥이 터져 죽었는데, 부검을 하다 보니 그 호랑이의 위벽에 둘둘 말린, 해마처럼 생긴 기생충들이 있었다. 이게 세계 최초로 유극악구충이 발견된 순간이었다. 인체에서 유극악구충이 발견된 건 그로부터 60년이 지난 1889년, 태국의 한 여인에게서였다. 나중에 밝혀졌지만 이 기생충의 종숙주는 고양이과(科)나 개과의 동물이었고, 사람은 종숙주가 아닌 탓에 발견이 힘들었던 것 같다. 성충 대신 유충만 있는 경우 그게 뭔지 알아내긴 힘드니 말이다. 이 기생충증이 '양자강의 부종', '상하이 류마티즘', '이동성 피하지방조직염' 등으로 불렸던 것도 이해 못 할 건 아니다.

유극악구충은 도대체 어떻게 붙여진 이름일까? 오래전 이런 기사를 읽었다. "유극악구충은 그 이름에서 보는 것처럼 아주 악성이므로 사람에게 감염되면 아주 위험하다." 잘못된 기사였다. 유극악구충이 사람에게 위험한 건 맞지만, 그 이름은 '악하다'는 데서 온 게 아니니 말이다. '악(顎)'은 '턱'을 뜻하는 말이고, '극(棘)'은 '가시'

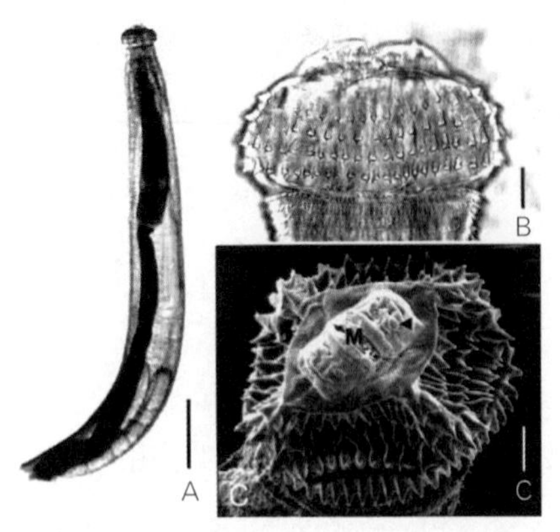

유극악구충의 제3기 유충. A: 유충 전체, B와 C: 머리 부위와 두극을 주사전자현미경으로 본 모습

를 뜻한다. '턱에 가시가 있는 기생충', 이게 바로 유극악구충의 의미이다. 실제로 유극악구충은 입 근처에 둥글게 튀어나온 턱 비슷한 구조물이 있고, 거기에 가시가 네 줄로 촘촘히 배열돼 있어 장관을 이룬다.

기생충에서 중요한 건 이들의 삶, 즉 생활사이니, 이걸 좀 살펴보자. 유극악구충에 걸린 호랑이가 변을 보면 그 변은 빗물 등에 의해 하천으로 가고, 변 속에 있던 알은 물속에서 부화한다. 부화된 유충은 물벼룩에게 먹힌 뒤 그 안에서 발육하고, 먹이사슬에 의해 물고기로 간 뒤, 근육에서 감염력을 가진 유충이 된다. 이걸 호랑이나 고양이가 먹으면 일단 위(stomach, 胃)로 가니까 거기서 어른으로 자라면 될 것 같지만, 기생충의 삶이 그렇게 녹녹하진 않다. 위벽을 뚫고 밖으로 나간 뒤 3개월가량 몸 이곳저곳을

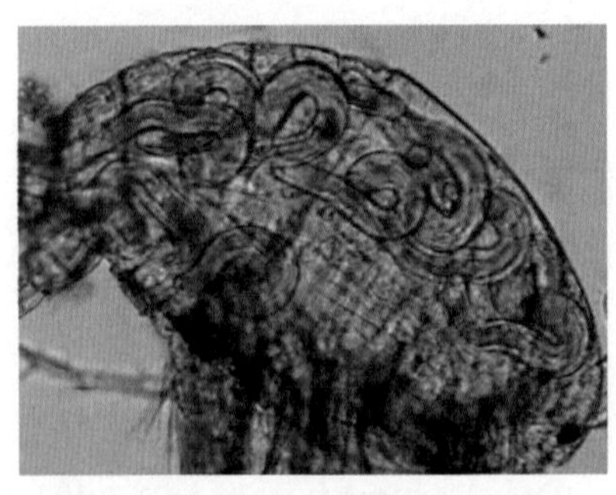
물벼룩 안에서 자란 유극악구충의 2기 유충

견학한 뒤 다시 위로 돌아온 유충은 거기서 어른으로 자란다. 자신이 평생 살 곳이 어떤 곳인지 미리 살펴보는 태도는 매우 훌륭하고, 기생충이 오랜 기간을 버티며 살아남을 수 있었던 데는 이런 탐구 정신이 중요한 역할을 했으리라.

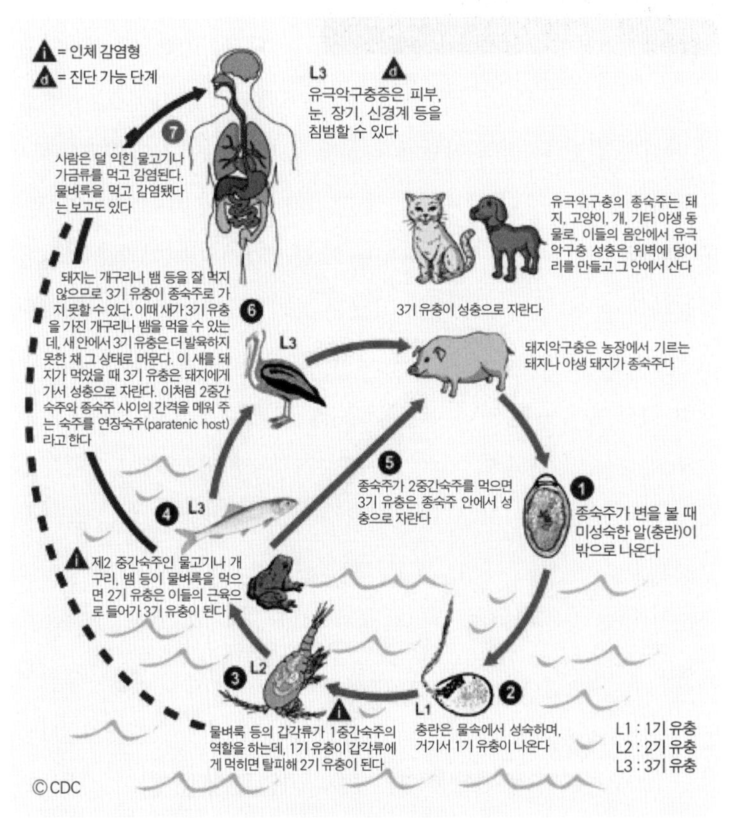

유극악구충의 생활사

유극악구충의 주 감염원인 메기

사람은 어떻게 유극악구충에 감염될까? 3기 유충을 가진 물고기를 회로 먹었을 때다. 연구팀은 미얀마에서 감염된 사람들에게 어떤 물고기 회를 먹었는지 물어봤고, 그중 가장 많이 언급된 메기를 잡아 와 감염 여부를 확인했다. 메기 6마리 중 2마리에서 유극악구충의 유충이 나온 덕분에 메기가 이 모든 사태의 주범임이 확인됐다. 물고기가 가장 흔하지만, 꼭 물고기가 아니더라도 감염은 가능하다. 예를 들어 농장에서 기르는 오리가 물고기를 잡아먹었다고 해 보자. 그 물고기에 있던 유극악구충 유충은 오리한테 가는데, 오리 역시 종숙주가 아닌지라 3기 유충 상태로 머물러 있다. 그 오리를 사람이 덜 익혀 먹으면 감염될 수 있는데, 이것 역시 유행지에서 자주 일어나는 일이다. 날생선이 주된 감염 경로다 보니 유극악구충은 아시아, 그중에서도 태국이 유행지다. 그 밖에 중국과 일본 그리고 몇몇 동남아시아 국가들에서도 감염자가 꾸준히 보고된다. 요즘은 남미에서 감염자가 꽤 자주 보고되고 있는데, 이건 세비체(ceviche)라는 날생선살 샐러드가 유행하는 탓이라고 한다. 1992년부터 1995년 사이에 300건이 넘는 환자가 발생했을 정도니, 태국의 아성을 위협할 수도 있겠다.

한국은 어떨까? 물벼룩, 물고기 그리고 종숙주인 개나 고양이가 모두 있고, 심지어 유극악구충의 성충과 유충이 모두 발견됐음에도 불구하고, 우리나라에선 단 한 건의 유극악구충 환자도 나온 적이 없다. 다음 기사를 보자.

유극악구충 성충

> 중국산 수입 미꾸리에서 지금까지 국내에서는 발견되지 않던, 인체에 치명적인 기생충이 감염돼 있는 사실이 밝혀져 주목되고 있다. 서울대의대와 인제의대의 기생충학 교실 공동 연구팀이 30일 학계에 보고한 바에 따르면 지난 3월 부산시 남포동의 자갈치시장에서 구입한 중국산 미꾸리에서 6마리의 유극악구충(有棘顎口蟲)의 유충이 발견됐다. (1992. 10. 31. 연합뉴스)

이 기사는 중국산 미꾸리, 즉 미꾸라지로 인해 국내 감염자가 생길 수도 있음을 경고하고 있다. 하지만 우리나라에서는 미꾸라지를 추어탕이나 튀김으로 먹으면 모를까, 날로 먹는 경우는 드물다. 그렇다고 안심해도 될까? 감염자를 위한 모든 조건들이 다 갖춰져 있는데 말이다. 조금 이따 이야기하겠지만, 이 우려는 결국 현실로 드러난다.

유극악구충증의 증상

사람은 유극악구충의 종숙주가 아니다. 즉 유극악구충은 사람에게 들어오면 그냥 유충 상태로 머문다. '길을 잃은 유충의 위험한 질주', 유극악구충이 인체에서 치명적인 이유는 바로 그 때문이다. 가장 흔한 증상은 미얀마 교민들처럼 피부가 선 모양으로 부푸는 것으로, 회를 먹고 난 뒤 1~4주 후에 일어난다. 보기에 징그러워서 그렇지 사실 이게 낫다. 드물긴 하지만 유극악구충이 뇌를 침범해 뇌염이나 뇌출혈 등을 일으킬 수도 있으니까. 통계에 의하면 전체의 7퍼센트 정도가 뇌를 침범했다니 결코 적은 비율은 아니다. 뇌뿐이 아니다. 다음을 보자.

> 15세 소년이 2주 전부터 오른쪽 눈이 침침해서 병원에 왔다. 이 소년은 8개월 전에 베트남으로 여행을 간 적이 있었는데, 거기서 멧돼지 육회와 바닷가재를 먹었다고 했다.

여기서 문제가 되는 건 눈이 침침한데 2주간을 병원에 안 가고 참았다는 점이다. 눈이 침침한 원인은 여러 가지가 있지만, 망막박리 같은 경우엔 시간이 오래 지날수록 시력 회복이 어렵다. 되도록 빨리 병원에 가자. 다시 그 소년 얘기로 돌아가서, 병원에선 여러 가지 검사를 했고 오른쪽 눈의 망막 부근에 벌레가 기어간 것처럼 선이 쭉 그어져 있는 걸 발견했다. 여러 정황상 기생충을 의심했지만 아

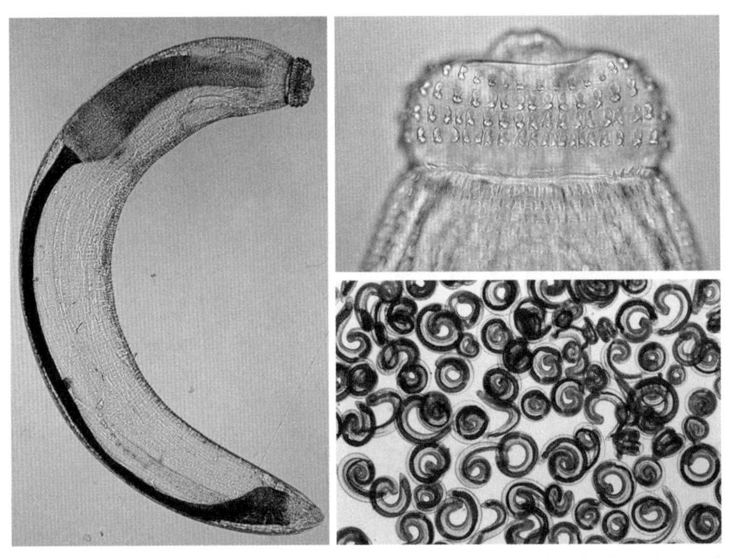

유극악구충의 한 종류인 돼지악구충(Gnathostoma hispidum, 강극악구충). 왼쪽은 전체 모습이고 오른쪽 위에 있는 사진은 머리 부분으로, 네 줄로 가시가 배열돼 있는 유극악구충의 특징이 보인다

무리 뒤져도 나오는 건 없었다. 그럼에도 의사는 알벤다졸, 즉 회충약을 고용량으로 소년에게 투여했는데, 이 처방이 효과를 발휘했는지 소년의 시력은 정상으로 돌아왔다. 그로부터 2년 뒤 다시 눈 검사를 한 결과 시력은 정상인데 기어간 흔적은 여전했다. 병원 측은 웨스턴 블롯(western blot)이라는, 좀 더 정교한 방법으로 진단을 시도했고, 결국 그 선이 유극악구충이 기어간 흔적이라는 걸 밝혀낸다. 다시 말하지만 의사가 고용량의 회충약을 준 게 소년의 눈을 구했으니, 가히 명의라고 할 만하다. 참고로 눈으로 간 사례는 2013년까지 26례 발견됐고, 그중엔 유극악구충을 직접 꺼낸 경우도 있다.

그 밖에 가슴, 성기 등 다른 곳으로 간 경우도 보고된 바 있다.

다음은 서울 근교에서 일하는 32세 여성의 이야기다. 2011년 8월, 그녀는 코와 입 사이에 직경 1센티미터가량의 덩어리가 있는 것을 발견한다. 아프기도 했고 가끔은 가려웠는데, 그 덩어리의 위치가 조금씩 변한 게 특이했다. 움직이는 덩어리 하면 기생충 아닌가? 혈액을 뽑아 기생충에 대한 항체 검사를 했지만, 결과는 음성이었다. 왜 그랬을까. 유극악구충에 대한 항체 검사는 그 항목에서 빠져 있어서였다. 원인은 몰라도 눈에 뻔히 보이는 거니 떼어 내 버리면 그만이다. 이런저런 사정으로 1년쯤 뒤 수술을 했고, 뗀 조직을 현미경으로 관찰했다. 거기서 관찰된 건 유극악구충의 유충이었다. 진단을 했으면 뭘 먹고 걸렸는지 찾아야 하는데, 이게 문제였다. 그녀는 평소 회를 먹지 않았고, 스테이크도 완전히 익혀 먹는 사람이었다. 외국에 다녀온 적이 있긴 한데, 중국에 2주간 놀러갔다 온 게 전부였고, 그나마도 얼굴에 그 덩어리가 생긴 뒤의 일이었다. 국내에서 감염된 첫 번째 사례인 건 틀림없는 사실지만, 감염원을 밝히는 데 실패한 사례가 되었다.

미얀마 사태, 그 후

유극악구충은 인체에서 유충 상태로 머물며, 유충은 성충에 비해 치료가 잘 되지 않는다. 따라서 회충약을 최소한 3주가량 쓰는 게

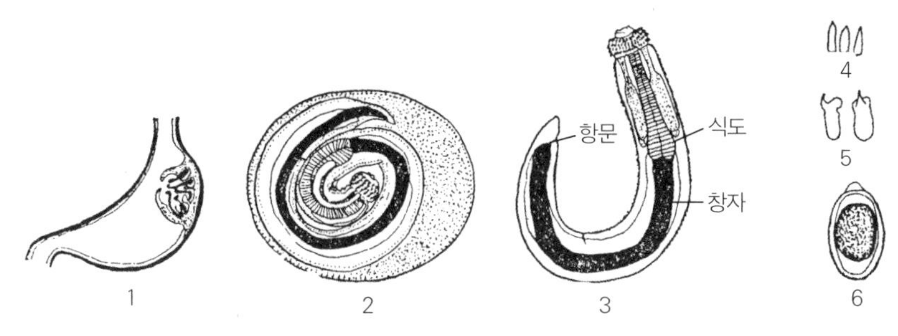

유극악구충. 1. 충체에 의해 형성된 위(胃)의 병변(육식 동물 종숙주), 2. 피포 제1기 유충(물속), 3. 제3기 유충(제2중간숙주에서 2기 유충이 3기 유충이 됨), 4. 두극, 5. 각피극, 6. 충란

좋다. 그렇게 해도 유충은 좀 독한지라 간혹 재발되기도 한다. 미얀마 교민들은 회충약을 먹고, 노벨의학상 수상의 견인차인 아이버멕틴까지 써서 치료했음에도 불구하고 두세 달 후 다섯 명이나 증상이 재발했다. 이분들이 증상 발현 후 날것을 전혀 먹지 않았음을 고려하면 재감염이라기보다는 재발이라고 보는 게 맞다. 앞으로도 오랫동안 이분들은 회를 멀리할 것 같고, 앞에서 언급된 15세 소년도 날음식이라면 학을 떼지 않을까?

기생충에 감염됐다는 걸 알게 되면 환자들은 큰 충격을 겪게 마련이고, 원인이 되는 식당에 책임을 묻는 경우도 꽤 있다. 예를 들어 보자. 2013년 회사 회식 차원에서 자라 요리를 코스로 먹은 여섯 명이 선모충이라는, 근육에 침범하는 기생충에 감염된 적이 있었다. 이분들은 심한 근육통으로 한 달 넘게 병원 신세를 져야 했고, 그 동안 회사 사장님이 혼자 일을 도맡아 하며 회사를 유지했다. 원인이 자라회로 밝혀지자 이분들은 그 식당을 상대로 손해배상을 청구했다. 식당 주인의 따님이 내게 이메일을 보내왔다. "이게 진짜 우리 책임인가요?" 그들이 먹은 자라가 중국에서 수입된 거라면, 그때 이미 감염돼 있었을 테니 수입업자에게 책임을 물을 수도 있겠다. 그게 아니고 우리나라에 들어온 뒤 먹이로부터 감염됐다면 자라 먹이를 담당하는 이의 책임이다. 하지만 현실적으로 그걸 알아내기가 어려운지라 따님한테 이렇다 할 답변을 못해 드렸다. 나중에 그 자라 식당은 붕어매운탕 식당으로 업종을 바꿨다. 날것 때문에 그리 됐으니 팔팔 끓이는 걸 선택한 게 당연해 보인다. 미얀마에서도 마찬가지였다. 직접 담당한 게 아니라서 자세한 건 알지 못하지만, 문제가 된 한국식당은 그 사태 이후 문을 닫았다.

식 재료 관리를 잘못한다든지, 가짜 참기름을 쓴다든지 하는 악덕 업주들은 얼마든지 있고, 그렇게 해도 별 일이 없는 게 이 세상이다. 그런데 그 자라 식당이나 미얀마 식당의 주인들은 잘못한 게 없다. 선모충의 유충은 눈에 보이지 않고, 유극악구충 유충은 길이가 3밀리미터에 불과하다. 그분들은 그저 재수가 없었을 뿐이다. 기생충은 착하며, 사람에게 큰 피해를 끼치지 않는다고 말할 때마다 가끔 자라 식당 따님을 생각한다. 부디 붕어매운탕 식당이 잘됐기를 빈다.

유극악구충

- **위험도** | ★★★★
- **형태 및 크기** | 유충: 3mm, 성충 수컷: 1~2.5cm, 암컷: 1~3cm
- **수명** | 알려지지 않았다.
- **감염원** | 생선회
- **특징** | 입 근처에 둥글게 튀어나온 턱 비슷한 구조물이 있고, 거기에 가시가 네 줄로 촘촘히 배열되어 있다. 사람이 종숙주가 아니기 때문에 인체에서는 그냥 유충 상태로 머물게 되는데, 이 유충이 갈 바를 알지 못하고 돌아다니기 때문에 사람이 감염되면 위험하다.
- **감염 증상** | 생선회를 먹고 난 뒤 1~4주 후 피부가 선 모양으로 부푼다.
- **진단 방법** | 혈액 검사, 항체 검사
- **독특한 기생충으로 선정한 이유** | 내 몸에 뭔가가 있어! 피부에서 움직이는 물체가 느껴져……. 이상한 기분을 느끼게 만드는 독특한 기생충.

7
질편모충

성적 접촉을 통해 전파되는 기생충

외도의 증거, 질편모충

십 년도 더 된 일이다. 평소 연락이 뜸했던 고교 동창에게서 전화가 왔다. 자신이 다른 여자와 외도를 했는데, 그 후 그녀가 몸이 안 좋아 병원에 갔더니 의사가 질편모충(Trichomonas vaginalis)에 감염됐다고 말했다고 한다. 질편모충은 성적 접촉을 통해 전파되며, 그녀는 자기에게 기생충을 옮긴 범인이 내 동창이라고 생각한 모양이었다. 이 기생충이 여성에게선 나름의 증상을 일으키지만, 남자는 걸려도 모르는 수가 많으니 그럴 확률도 높았다.

"어쩌겠냐, 그냥 병원 가서 치료해야지. 그거 금방 치료되니 걱정 마."

그런데 동창의 고민은 다른 데 있었다. 만일 자신이 질편모충에 감염됐다면 자신과 잠자리를 했던 아내도 치료를 해야 하는데, 그걸 어떻게 이야기하느냐는 것이었다. 질편모충이 성병인 만큼, 자신이 질편모충에 걸렸다는 건 또 다른 여자와 외도했다는 걸 자백하는 것이기 때문이다.

"그래서 말인데, 아내 모르게 약을 먹일 수 있을까?"

할 짓은 다 하면서 가정을 지키겠다는 동창의 태도를 훌륭하다고 해야 하는지 헷갈렸다. 그래도 날 믿고 고민 상담을 해 온 만큼 방법을 강구해 봤지만, 뾰족한 수는 떠오르지 않았다. "밥에다 몰래 섞는 건 어떨까?"가 내 딴에 생각해 낸 가장 좋은 방법이었다. 그 후 그가 연락을 더 하지 않아서 뒷얘기는 알 수 없지만, 여기서 동창과 날 고민하게 했던 질편모충에 대해 알아보자.

질편모충의 외모

질편모충은 질에 사는 원충으로, 길이가 10~20마이크로미터 정도다. 단세포이면서 핵막이 있어 세균이나 바이러스보단 훨씬 더 진화한 생명체다. 염색체도 6개나 있는데, 사람의 염색체가 46개인 걸 생각하면 쉽게 무시할 수 있는 녀석은 아니다. 먼저 외모부터 얘기해 보자. 질편모충은 타원형으로 된 몸에 다섯 개의 편모를 지녔다. 앞쪽에 네 개, 뒤쪽에 크고 튼튼한 게 하나 있어, 편모를 흔들며 움직이는 모습은 그 음습한 행동에 걸맞지 않게 귀엽다. 질편모충

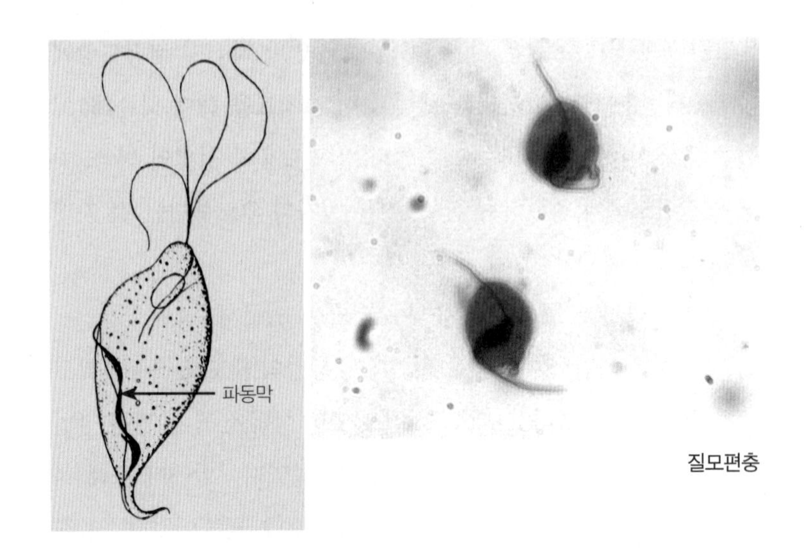

질모편충

의 가장 큰 매력은 몸 왼쪽에 파동막이 있다는 점이다. 굳이 따지자면 망토 비슷한 건데, 이건 슈퍼맨의 망토와는 차원이 다르다. 슈퍼맨의 망토는 나는 데 별 도움이 안 되지만 그게 있어야 날고 있다는 걸 관객들이 알 수 있으니까 할 수 없이 입힌 것인 반면, 질편모충의 망토는 물고기의 지느러미 같은 역할을 해 혈액이나 점액 등 끈끈한 곳에서 움직일 때 도움을 준다. 실제로 질편모충의 활동 장소가 매우 끈끈한 곳인 만큼, 이 파동막은 진화적으로 획득한, 매우 유용한 도구일 것이다.

같은 원충류인 람블편모충은 상황이 불리해질 때면 포낭, 즉 주머니 형태로 변해 훗날을 도모한다. 포낭은 기생충 입장에선 꼭 필

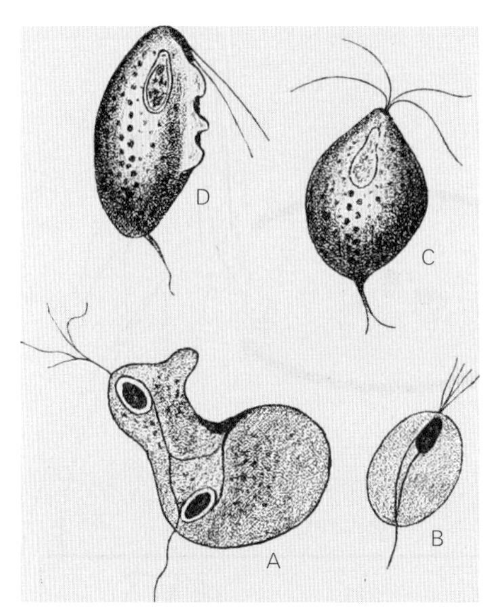

A: 두 개로 분열하는 질편모충, B: 막 생겨난 질편모충, C: 어느 정도 자란 질편모충, D: 완전히 자란 질편모충(오른쪽에 파동막이 달려 있는 게 보인다). 질편모충은 전체적으로 타원형이며, 크기는 10~20㎛ 정도로 작다. 충체 앞쪽에 핵이 위치해 있고, 앞쪽에 네 개, 뒤쪽에 한 개의 굵은 편모가 있다. 원래 앞쪽에 편모가 한 개 더 있었는데, 그게 충체 몸통과 얇은 막으로 연결되는 바람에 파동막으로 변했다

요한 단계다. 적당한 숙주를 만날 때까지 물속에서 오래 숨어 있을 수도 있고, 사람에게 들어올 때 산이 분비되는 위를 통과하려면 아무래도 주머니를 쓰고 있는 게 유리하다. 그 덕분에 람블편모충은 기생충이 줄어드는 이 시대에도 어느 정도의 개체 수를 유지하며 선전하고 있다. 그런데 질편모충은 포낭이 없고 오직 영양형, 즉 병을 일으키는 형태로만 존재한다. 주머니가 거추장스러웠던 건지는 모르겠지만, 그 바람에 질편모충은 외부 환경에서 오래 버티지 못하니 성교처럼 사람 간의 긴밀한 접촉이 있어야만 전파가 가능하다. 뾰족한 치료 약도 없었고 위생 관념도 희박했던 과거엔 이게 큰 문제가 안 됐을지 몰라도, 경제 발전과 더불어 확 달라진 지금의 환

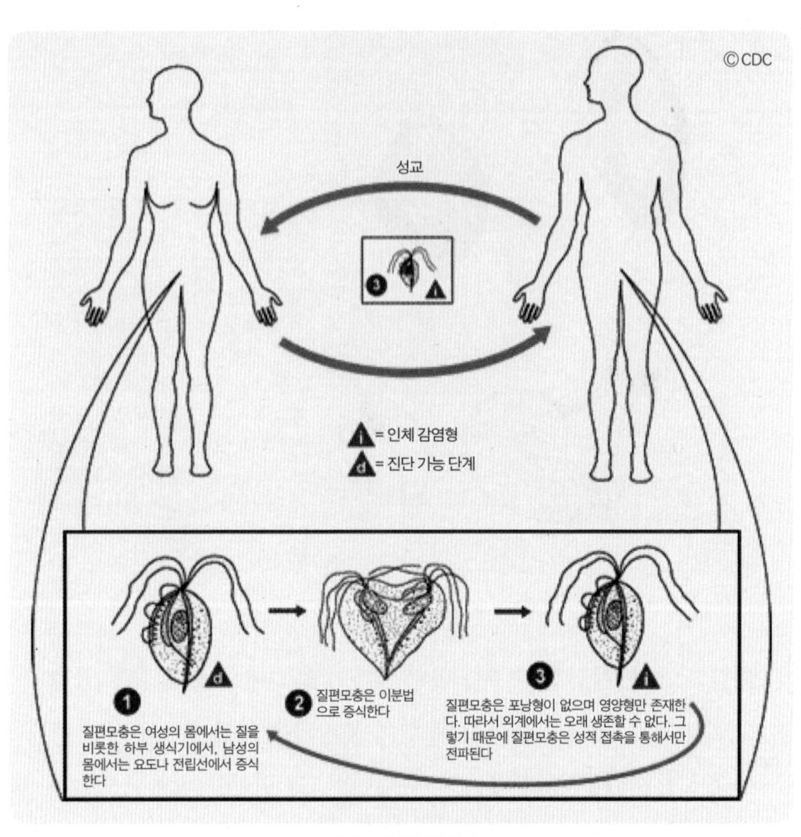

질편모충의 생활사

경은 질편모충에겐 생존의 위기다. 람블편모충과 달리 사람만을 숙주로 삼는데다 콘돔 사용 증가로 인해 전파될 기회가 차단되면 멸종하는 수밖에 없다. 유전자 조사 결과 질편모충은 람블편모충과 같은 조상으로부터 떨어져 나왔다는데, 어쩌면 지금 질편모충은 포낭 개발을 등한시한 걸 후회하고 있을지도 모른다. 아주 드물지만 다른 방법으로 전파하는 게 가능하긴 하다. 질편모충은 몸 밖이라 해도 환경만 괜찮으면 세 시간 정도 버틸 수 있으니, 감염자가 입었던 속옷을 입는다든지, 같은 욕조에 몸을 담근다든지 하면 걸릴 수도 있다. 하지만 이건 이론상으로 그렇다는 것일 뿐, 감염자들이 늘 진실을 말하는 건 아니다. 성병에 걸린 남성들이 늘 하는 변명이 "목욕탕에서 걸렸다"거나 "사우나에서 수건을 같이 쓰다 걸렸다"가 아니던가?

질편모충의 병변

회충처럼 눈에 보이는 기생충은 인간의 친구지만, 원충류는 인간을 친구라고 생각한 적이 한 번도 없다. 그들은 세균이나 바이러스처럼 인체 감염 시 대부분 증상을 일으키기 때문이다. 물론 이유는 있다. 크기가 작을수록 쪽수로 밀어붙이기 마련이다. 회충은 몸 안에서 숫자가 늘어나지 못하는 반면, 원충류는 인체 감염 후 분열을 통해 숫자를 늘려 나가니, 이들이 증상을 일으키는 건 어찌 보면 당연하다. 그래도 질편모충은 비교적 착한 기생충이다. 아메바처럼 조직을 파고들어 가는 일도 없고, 그저 질상피세포와 적혈구 그리고 근처에 있는 세균 등을 먹으면서 조용히 사는 게 그들의 목표다. 그래서 감염자 대부분은 질편모충이 있어도 별 증상을 호소하지 않는다. 하지만 이걸 보고 기특하다고 머리를 쓰다듬어선 안 된다. 증상을 일으키지 않는 건 다 전파를 잘 하기 위한 그들의 전략이니까.

생각해 보라. 감염되고 난 뒤 그곳이 쓰리고 아파 죽겠다면, 아무리 멋진 이성이 옆에 있어도 잠자리를 피하게 된다. 하지만 증상이 거의 없다시피 하면 상대가 굳이 멋지지 않아도 어떻게 한번 해 보려고 노력하고, 그 결과 새로운 사람에게 전파가 이루어질 수 있다.

물론 세월 앞에 장사 없다고, 당장 증상이 없다 해도 감염이 오래 지속되면 증상이 나타날 수밖에 없다. 질편모충은 여성에게선 질 점막에, 남성에게선 요도나 전립선에 사는데, 남성보다 여성에게서 증상이 심하다. 여성의 몸에서는 수개월에서 수년까지 살 수 있지만, 남성의 몸에서는 열흘쯤 지나면 못 견디고 나가 버리기 때문이다. 여성에게서 나타나는 증상을 살펴보자. 질에 염증이 있으니 질 분비물이 많아지는데, 색깔이 황녹색에다 냄새도 아주 좋지 않다. 소변 볼 때 통증을 느끼기도 하고, 가려움증을 호소하는 경우도 있다. 2차적으로 세균 감염이 생기기도 한다. 원래 질은 pH[11] 4.5 정도로 산성을 나타내는데, 그 덕분에 세균으로부터 어느 정도 자유로울 수 있다. 그런데 질편모충이 계속적인 염증을 일으키면 pH가 5 이상으로 올라가고, 기회를 엿보던 세균들이 들어와 자리를 잡게 된다. 간혹 자궁경부 안쪽으로 들어가기도 하는데, 이때는 염증으로 인해 자궁경부가 딸기처럼 보일 수도 있다. 여성이 이렇게 고통받는데 남성은 별다른 증상이 없으니, 이게 다 기생충이 살기 힘든 전립선 덕분

---

11 수용액의 수소 이온 농도를 나타내는 지표. 중성 수용액의 pH는 7이고, 산성 용액의 pH는 7보다 작으며, 염기성 용액의 pH는 7보다 크다.

이다. 남성들은 질편모충에 시달리지 않는다고 자신과 상관 없는 일로 생각하지 말고 여성들에게 미안한 마음을 가져야 한다. 질편모충의 전파에 남성들이 훨씬 더 큰 책임이 있으니 말이다.

질편모충의 후유증

질편모충은 다음과 같은 후유증을 안길 수 있다.

1) 아이에 대한 영향

질은 아기가 태어나는 통로로, 자궁경부와 연결되어 있다. 따라서 질의 염증은 곧 아기에게도 영향을 미치는데, 산모가 질편모충에 감염됐을 경우 아이가 좀 일찍 태어난다거나, 저체중이거나, 아니면 양막[12]이 일찍 파열될 수도 있다. 심지어 아이의 지능에도 영향을 미친다는 연구 결과까지 있다.

2) 에이즈에 더 잘 걸린다

질편모충 자체는 별 문제가 아니라고 생각할 수 있지만, 공포의 병인 에이즈에 더 잘 걸리게 된다면 얘기가 달라진다. 그렇다면 이 주장은 사실일까? 그렇다. 일단 질편모충으로 인해 염증이 생기면 에이즈 바이러스가 질 점막에 달라붙기 쉬워진다. 게다가 질편모충

12 태아를 둘러싼 반투명의 얇은 막. 막 속에는 양수가 들어 있다.

이 질 점막에 뚫은 구멍은 에이즈 바이러스의 침입을 훨씬 용이하게 만든다. 그 구멍으로 에이즈 바이러스가 들어가면 에이즈에 걸리는 거다. 어느 연구에 따르면 에이즈의 20퍼센트 정도가 질편모충 감염이 아니었다면 생기지 않았을 거라고 하니, 그냥 넘길 일은 아니다.

3) 종양

그래도 질편모충에 대해 두려워하지 않는다면, 암 얘기를 할 수밖에 없다. 자궁경부암은 인유두종바이러스(Human papilloma virus, HPV)로 인해 생기는데, 질편모충이 있으면 HPV 감염에 훨씬 더 잘 걸리게 된다. 실제로 질편모충 감염자는 비감염자에 비해 자궁경부에 종양이 생길 확률이 1.9배나 높단다. 혹시 질편모충이 남성의 전립선암을 증가시키지는 않을까? 다시 말하지만 전립선은 기생충이 살 만한 곳이 아니며, 남성의 전립선암 빈도는 올라가지 않았다.

질편모충의 빈도

좀 사는 나라들에선 많이 줄어들었지만, 질편모충은 아직도 바이러스를 제외하곤 가장 흔한 성병이다. 그 이름처럼 남성보다 여성이 더 잘 걸려서, 전 세계적으로 여성이 8.1퍼센트, 남성이 1.0퍼센트의 감염률을 보인다. 세계보건기구는 2008년 2억7천만 명 정도가 질편모충에 걸려 있으며, 그 대부분이 못사는 나라라고 발표한

바 있다. 미국, 유럽 등은 감염률이 1퍼센트 미만인 반면 아프리카는 평균 10퍼센트를 넘는데, 같은 미국 내에서도 아프리카계 흑인 여성은 백인 여성에 비해 열 배 이상 높다. 위생에 신경 쓸 수 있는 경제력이 질편모충 감염 여부를 결정짓는다는 얘기다.

우리나라도 한창 못살 때는 질편모충이 만연했지만, 1990년부터 서서히 없어지기 시작해 지금은 선진국 수준의 감염률을 유지하고 있다. 예컨대 1990년대 초반만 하더라도 기생충학 실습을 할 때 학생들에게 살아 움직이는 질편모충을 보여 주는 게 어렵지 않았다. 산부인과에 "질편모충 있으면 좀 주세요."라고 부탁하면 환자에게서 얻은 샘플을 건네받을 수 있었으니까. 하지만 2016년 발표된 자료를 보자. 대구 지역의 산부인과에서 질 분비물을 채취한 621명을 조사한 결과 불과 19명(3%)에게서 질편모충이 나왔다. 이걸 보고 "선진국 수준이 아니잖아!"라고 하실 분을 위해 말씀드리자면, 일반인 전체에서 1퍼센트인 것과 의심되는 환자 중 3퍼센트인 건 차원이 다른 얘기다. 즉 그 3퍼센트가 우리나라 여성들의 평균 감염률이 아니라는 얘기다. 이렇게 질편모충이 줄어든 탓에 지금 학생들은 죽은 채로 염색된 질편모충을 보면서 상상해야 한다. "편모가 네 개 있으니까 저게 뒤쪽이겠지? 아니야, 아래쪽에 있는 게 더 크니까 반대로 헤엄을 치나?" 비록 산교육을 하진 못할지라도, 질편모충 감염이 없는 편이 훨씬 더 낫지만 말이다.

진단과 치료

질편모충의 진단은 그리 쉬운 게 아니다. 활발히 움직이는 질편모충을 보는 게 뭐가 어렵냐 싶겠지만, 질편모충이 있는 부위를 정확히 따서 봐야 하는데 그게 쉽지 않다. 그래서 질 분비물을 현미경으로 보는 방법은 전문가라 할지라도 50~70퍼센트의 정확성밖에 보이지 못한다. 요즘은 PCR이라고, 극소량의 DNA를 증폭해서 진단하는 방법이 선호된다. 질편모충이 있으면 질 분비물 내에 자신의 흔적을 남겨 놓기 때문에 이 방법은 거의 100퍼센트 정확하다고 볼 수 있다. 실제로 위에서 말한 대구 지역 산부인과 조사에서 현미경으로 관찰해 찾아낸 질편모충 감염자는 단 4명으로, PCR로 진단한 19명과 비교하면 거의 다섯 배가 차이 난다. 비용상의 문제 때문에 PCR이 보편화되지 않은 걸 감안하면, 우리나라 감염률은 보이는 게 다가 아닌 것 같다.

다음으로 치료법을 살펴보자. 지난 40년간 질편모충의 치료 약은 메트로니다졸(metronidazole)이었다. 임신이나 수유 때는 약 쓰는 걸 조심해야겠지만, 그래도 수십 년간 저항성 한 번 발현하지 않고 묵묵히 메트로니다졸에 죽어 준 질편모충에게 감사할 일이다. 약이 잘 듣긴 하지만 질편모충은 안 걸리는 게 훨씬 더 좋다. 그러니 남자들이여, "감이 떨어진다" 같은 소리 하지 말고 콘돔을 쓰자. 질편모충의 편모는 콘돔을 뚫을 수 없으니까.

질편모충

- **위험도** | ★★
- **형태 및 크기** | 10~20μm
- **수명** | 여성의 몸에선 수개월~수년까지 사는데, 남성의 몸에선 열흘 정도면 못 버티고 나간다.
- **감염원** | 성적 접촉
- **특징** | 몸 왼쪽에 파동막이 있는데, 이것이 물고기의 지느러미 같은 역할을 해 혈액이나 점액 등 끈끈한 곳에서 움직일 때 도움을 준다. 사람만을 숙주로 삼는다. 바이러스를 제외하곤 가장 흔한 성병이다. 몸 밖이라 해도 환경만 괜찮으면 세 시간 정도 버틸 수 있기 때문에 감염자의 속옷을 입거나 같은 목욕탕을 사용하면 감염될 수도 있다.
- **감염 증상** | 여성은 질 염증이 생겨 분비물이 많아지는데, 그 분비물은 황녹색을 띠고 안 좋은 냄새가 난다. 가려움증이나 소변볼 때 통증이 있을 수 있으며, 2차적 세균 감염이 발생하기도 한다. 반면 남성은 별다른 증상이 없다.
- **진단 방법** | 질 분비물 검사
- **독특한 기생충으로 선정한 이유** | 전파 방식이 너무 부끄러워서 말을 못하겠다. 요상한 전파 방식이 선정 이유다.

8
포충

세상에서 가장 느린 기생충

우즈벡에서 온 환자

25세 남자가 대구 동산병원에 왔다. 이 환자가 좀 특별했던 이유는 그가 3년 전 우즈벡에서 온 외국인 노동자였기 때문이었다. 조금만 아파도 바로 병원을 찾는 우리나라 사람들과 달리 외국인 노동자들은 웬만큼 아프기 전에는 병원에 가지 않는다. 그런 그가 큰 병원을 찾을 정도라면 많이 아프다고 봐야 한다. 실제로 그는 예사 병으로 온 게 아니었다. 오른쪽 윗배에서 시작된 통증은 날이 갈수록 심해졌다. 무려 20일간을 참던 그는 결국 안 되겠다 싶어 동네 병원을 찾았고, 거기서 CT를 찍은 결과 간에서 주머니가 발견돼 큰 병원에 온 거였다. 간에 있는 주머니는 지름이 10센티가량 됐다.

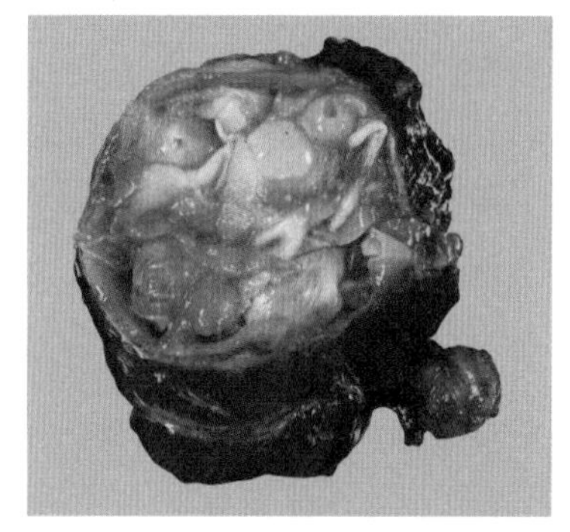
포충이 간에 만든 주머니

일단 생각할 수 있는 게 암이었기에 병원 측에선 암이 있을 때 혈액에 나타나는 '암 표지자(tumor marker)'를 검사했다. 다 정상이었다. 물론 암 표지자가 상승하지 않는다고 해서 암의 가능성을 무조건 배제할 수는 없었지만, 암이라면 크기가 저 정도까지 자라기 전에 뭔가 사달이 났을 터였다. 게다가 나이가 스물다섯밖에 안 된 청년에게서 저리도 큰 암이? 희귀한 질환을 잘 진단하느냐에 따라 명의와 보통 의사가 갈리기도 한다. 즉 보통 의사가 생각하지 못하는 진단명을 생각해 낸다면, 그 사람을 명의라고 불러도 무방할 것 같다. 동산병원 의사가 그랬다. "이 정도 크기라면 혹시 포충(hydatid)이 아닐까?" 의사의 머릿속에서 찰나에 든 생각은 환자의 운명을 좌우한다. 암 진단을 받고 방사선 치료를 받은 몇몇 기생충 환자들을 떠올려 보면, 이 환자는 운이 좀 따른 편이었다. 포충 감염 여부를 확인하기 위해 채취된 환자의 혈액이 서울의과학연구소(Seoul Medical Science Institute)로 보내졌다. 그 결과를 말하기 전에 우선 포충에 대해 알아보자.

포충

포충(包蟲)은 주머니 안에 둘러싸인 벌레라는 뜻으로, 단방조충(Echinococcus granulosus)이라는 기생충의 유충을 지칭한다. 유충인데 자기 이름이 붙은 건 인체에서 유충 상태로 사람의 몸에 병을 일으키기 때문이다. 포충의 성충인 단방조충은 개나 늑대 등의 육식동물을 종숙주로 하는 촌충의 일종이다. 촌충이라고 하면 몇 미터쯤 되는 긴 벌레를 연상하겠지만, 단방조충은 크기가 2~7밀리미터에 불과한 아주 작은 기생충이다. 그럼에도 이 벌레가 촌충으로 분류되는 이유는 네 개의 마디로 되어 있기 때문인데, 아무튼 단방조충은 주로 개의 몸 안에서 기생하면서 대변으로 알을 내보낸다. 개는 아무 데서나 변을 보기 때문에 그 알들은 이곳저곳에 분포하고, 한

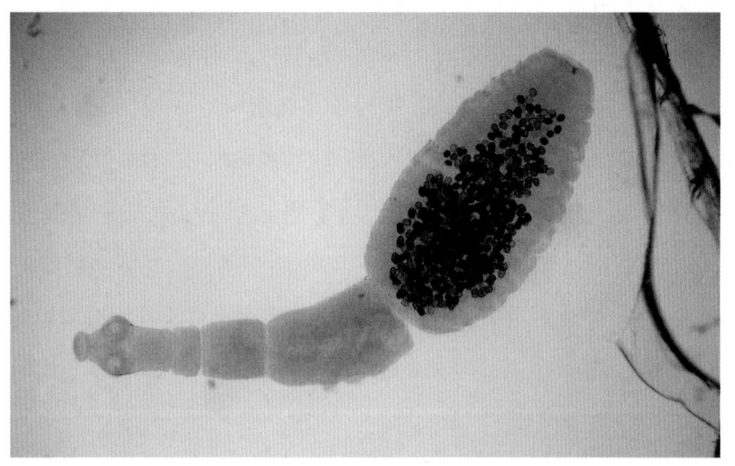

단방조충

가로이 풀을 뜯던 염소나 양, 돼지, 소 등이 식사 도중 그 알을 삼키면 알이 깨지면서 포충이 나온다. 포충의 특징은 무지하게 느리다는 점이다. 신장, 뇌, 비장 등 여러 장기로 다 갈 수 있지만 주로 가는 곳은 간(65%)이나 폐(25%)로, 일단 자리를 잡으면 정말이지 세월아 네월아 하면서 시간을 보낸다. 물론 아무 것도 안 하는 건 아니다. 조그만 주머니를 만들고 그 안에 들어앉아 있으면서 주머니의 크기를 늘리고, 그것도 성에 안 차 새끼주머니를 만드는 게 바로 포충이 하는 일의 전부다. 위에서 언급한 환자의 경우처럼 주머니의 크기가 10센티에 이르기도 하고, 위치에 따라서는 20센티 넘게 자랄 수도

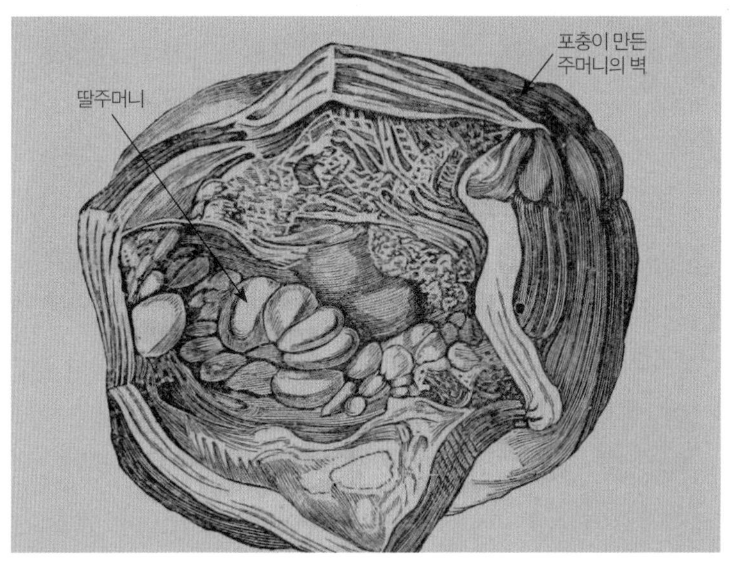

포충이 중간숙주 안에서 만드는 주머니. 두꺼운 벽으로 만들어진 주머니 안에 수많은 딸주머니(daughter cyst)가 만들어져 있다

있다. 즉 증상이 생겨서 환자가 "내 안에 뭔가 있다"고 알아채는 순간까지 포충은 주머니 크기를 늘리는데, 1년에 1~2센티씩 천천히 자라다 보니 증상이 나타나기까지 5~10년이 걸리는 게 보통이다.

사람의 경우 어느 정도 크기가 되면 증상이 생겨 병원에 가지만, 양이나 소는 당최 말을 하지 못하는 동물들이기 때문에 나날이 자라는 주머니 때문에 속이 안 좋아도 아무 말도 하지 못한 채 평생

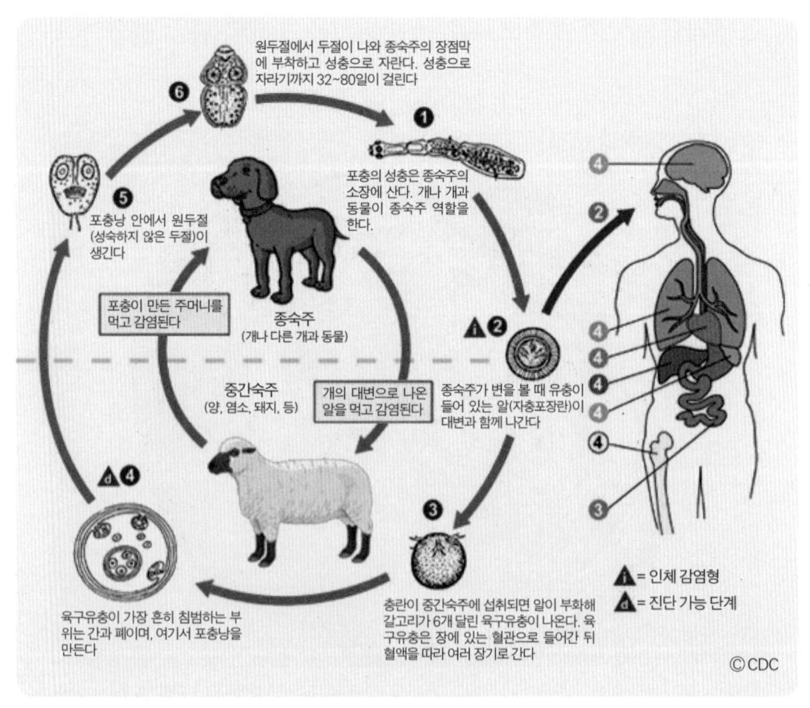

포충의 생활사

포충을 갖고 산다. 포충의 유행지 여부를 결정하는 건 바로 이 대목이다. 양이나 소를 외부와 차단된 곳에서 도축하는 대신 마당이나 길바닥에서 도축하면 동네 개들이 남은 가축의 시체를 먹게 되는데, 이때 간이나 폐에 있던 포충의 주머니를 개가 섭취하게 되고, 개 안에서 그 주머니가 터지면서 안에 있던 원두절(protoscolex)이라는, 장차 포충의 머리가 될 것들이 나와 장벽에 붙는다. 그리고 그 머리들 하나하나가 다 성충으로 자라서 알을 낳는다. 사람 감염은 어떤 경로로든 이 알을 삼켜서 이루어진다. 개와 긴밀한 접촉을 하다 개똥으로 나간 알을 섭취하는 게 가장 흔한 경로지만, 알이 들어 있는 물을 마시는 것도 포충에 걸리는 한 방법이다. 목축이 성행하는 중

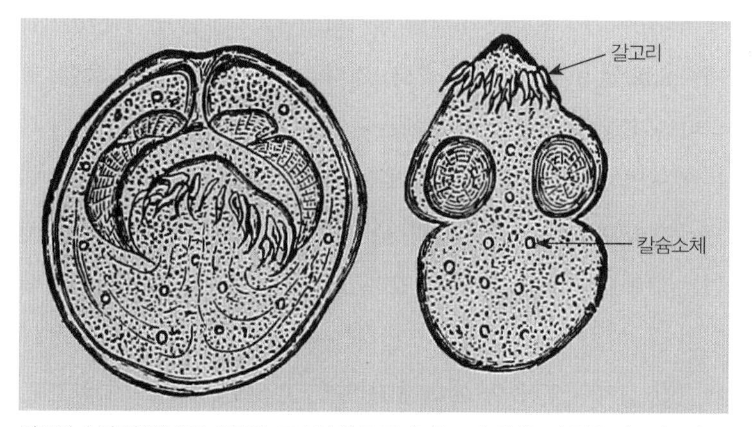

원두절 초기 단계(좌)와 원두절. 포충이 만든 주머니(cyst) 안에는 수많은 원두절들이 들어 있다. 이 원두절은 종숙주인 개한테 가면 장벽에 머리를 박고 성충으로 자라는데, 이 단계를 두절(scolex)이라고 하고, 중간숙주 안에 있을 때는 원두절이라고 한다. 원두절은 왼쪽 그림처럼 머리를 집어넣고 있는 형태로 생성됐다가 오른쪽 그림처럼 머리를 내놓고 진정한 원두절이 된다. 원두절에는 수십 개의 갈고리가 있다

동이나 남미, 중앙아시아에서 유행하며, 위에서 말한 환자의 고향인 우즈벡은 그중에서도 유명한 포충 유행지다. 남자들이 우르르 우즈벡에 가면 '미녀를 보러 가는 게 아닌가' 의심하겠지만, 그들이 기생충학자라면 그런 의심은 거두시라. 위험을 무릅쓰고 포충 연구를 위해 가는 것일 테니 말이다.

중동 외화벌이의 그늘

2012년까지 우리나라에서 발견된 포충 환자는 총 32례, 그중 우즈베키스탄에서 온 노동자 7명과 몽골에서 온 1명을 제외한 한국인 감염자는 24명이다. 그들에 대해 알아보기 전에 1970년대, 1980년대에 어떤 일이 있었는지 잠깐 얘기하겠다. 그 시절 우리나라는 절대적으로 달러가 부족했다. 가진 거라곤 사람밖에 없었던 그때, 우리나라가 할 수 있는 건 외국에 노동자를 보내 외화를 벌어 오게 하는 것이었다. 간호사들이 독일에 가서 치매 노인들을 돌본 것도, 베트남에 우리나라 군인들이 파견된 것도 그 일환이었는데, 그중 백미는 중동으로 간 근로자들이었다. 오일달러 덕분에 중동 국가들에 건설 붐이 일어나자 수십만에 달하는 우리나라 노동자들이 중동에 파견된 것이다. 다음은 한 노동자의 수기다. "섭씨 40도가 넘는다. 눈을 뜰 수가 없을 만큼 모래바람이 몰아친다. 밥을 먹으면 모래가 씹힌다. 전깃불도 없어 횃불을 밝혀 자정까지 일했다." 한국 경제가 발전할 수 있었던 것도 그들이 벌어 온 달러 덕분이니, 이분들에게 깊이 감사드리자.

그런데 이들이 일했던 중동 지역은 하필이면 포충의 유행지였고, 포충이 워낙 느린 기생충이라 일을 마치고 우리나라에 돌아온 뒤 발병하는 분들이 있었다. 1983년부터 1993년까지, 11년 사이에 감염자가 집중적으로 나온 것도 그 때문이다. 대부분이 중동에서 돌아온 지 1년~10년 사이에 증상이 생겼지만, 돌아온 지 30년이 지난 66세 때 증상이 나타난 분도 계시다. 다 나라를 위해 애쓰다 병에 걸린 거니 국가에서 도와 드리면 좋겠지만, 한 논문을 보니 이런 구절이 쓰여 있다. "수술을 권했지만 경제 사정을 이유로 거부하고 자의 퇴원했다. 이후의 경과 관찰은 불가능했다." 느리긴 하지만 끝없이 자라는 포충의 속성을 생각하면 그 후 무슨 일이 생기지 않았을까 걱정되는데, 이런 점에 대한 국가의 배려가 아쉽다.

우리나라에도 포충이 있을까? 소와 양을 키우고 종숙주인 개도 있으니 포충이 있을 가능성은 있다. 실제로 우리나라에서 처음으로 발견된 환자는 제주도에 사는, 외국 여행 경험이 없는 27세 여성이었다. 이거 하나만 가지고 우리나라에 포충이 있다고 단정 지을 수는 없겠지만, 그 후 증례 하나가 더 나왔다. "환자는 친구 소유의 개 사육 농장을 주 1회 정도로 7~8년간 방문했으며, 개의 분뇨를 거름으로 사용한 유기농 야채를 종종 섭취해 왔다고 한다." 소나 양을 도축할 때 차단된 시설에서 하기 때문에 환자가 발생하지 않아서 그렇지, 우리나라에도 포충이 존재하긴 하는 것 같다. 일단은 그 농장에 가서 개의 대변을 검사해 볼 필요가 있겠다.

포충의 증상과 진단 그리고 치료

어느 기관에 포충이 생기느냐에 따라 증상이 각기 다르다. 간에 생기면 오른쪽 배가 아프고 소화가 잘 안될 수 있고, 증상이 전혀 없어서 모르다가 건강 검진할 때 주머니가 생긴 것이 발견된 경우도 있다. 폐에 생기면 가슴이 아프거나 객담에 피가 섞여 나오는 등의 증상이 생길 수 있다. 그 밖에 눈에 포충이 생긴 환자는 한쪽 눈이 밖으로 돌출돼 병원에 왔고, 갑자기 기절해서 병원에 온 사람도 있었다. 우리나라 환자는 아니지만 3개월간 딸꾹질을 하던 18세 소녀는 폐에 무려 29센티짜리 포충 주머니가 있었고, 주머니가 30센티 넘게 자란 경우도 여럿 보고된 바 있다. 크기가 크면 대개 증상이 있게 마련이지만, 30센티짜리 포충 주머니를 간에서 키우던 남자는 그냥 건강 검진을 위해 병원에 왔다가 주머니가 발견되기도 했다.

몸속에 주머니가 있는 걸 발견하면 진단할 수 있지만, 주머니가 있다고 해서 다 포충은 아니다. 환자에게 중동이나 우즈벡에 간 적이 있느냐, 거기서 개와 접촉했느냐 등을 물어봄으로써 포충 감염 여부를 대략은 알 수 있다. 하지만 가장 확실한 진단은 주머니를 찔러 보는 거다. 포충의 주머니는 포충이 분비한 액체로 가득 차 있고,

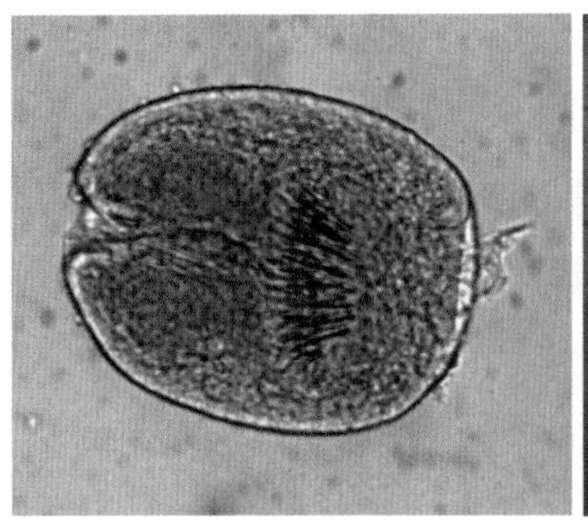
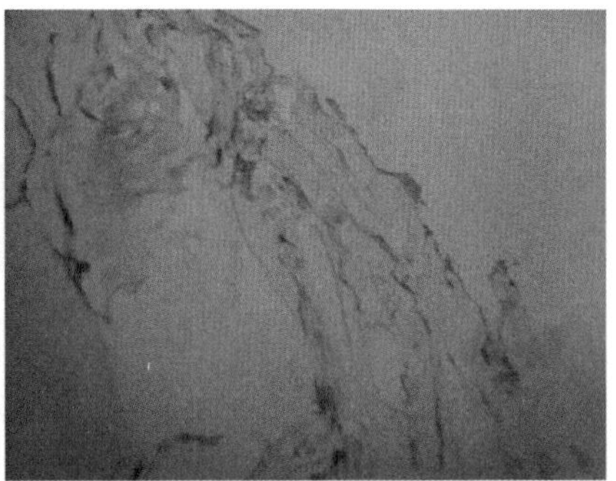

포충의 원두절(좌)과 포충이 만든 벽

그 액체 안에는 장차 포충 성충의 머리가 될 원두절과 거기서 떨어져 나온 갈고리들이 둥둥 떠다니니, 그 액체를 뽑아 현미경으로 원두절이나 갈고리 같은 것들을 확인하면 100퍼센트 포충인 거다. 그런데 문제가 있다. 그렇게 주머니를 찌르면 그 안에 있던 액체가 밖으로 새어 나오게 되는데, 그 단백질들이 우리 몸에 알레르기 반응을 일으켜 사람을 기절시키거나 심지어 죽일 수도 있다. 앞에서 증상을 얘기할 때 "갑자기 기절해서 병원에 온 사람도 있었다"고 했는데 그것 역시 알레르기 반응의 일종이었고, 유행지에서는 주머니가 새서 죽는 환자가 제법 많다. 간에 포충을 키우고 있던 어떤 이는 기침을 격렬하게 하다가 주머니가 터져서 저 세상으로 가셨다니, 기침도 너무 세게 하면 안 될 것 같다.

주머니 안의 액체를 뽑는 대신 차선책으로 할 수 있는 진단법은 혈액에서 포충에 대한 항체가 있는지를 검사하는 방법이다. 여기서 양성이면 포충이라고 의심할 수 있지만, 일부 환자는 음성이 나올 수도 있으니 100퍼센트 믿지는 말자. 맨 앞에서 언급한 25세 우즈벡 환자도 혈액 검사 결과는 음성이었지만, 유행지에서 왔다는 점을 참작해 포충 진단을 내릴 수 있었다. 누구나 생각하겠지만 포충의 치료는 수술로 주머니를 제거하는 게 가장 좋다. 크기가 1센티 이하의 작은 주머니일 때는 회충약을 쓰기도 하며, 환자가 수술을 거부하거나 수술을 받을 만한 몸 상태가 아닐 때는 주머니에 바늘을 집어넣어 그 안에 있는 액체를 몽땅 빼내기도 한다. 알레르기 반응이 걱정되지만 그렇다고 해서 아무 것도 안 할 수는 없으니까.

외국인 노동자와 기생충

64세 여성 환자가 두 달 전부터 왼쪽 옆구리가 아파 병원에 왔다. 백혈구가 증가한 것을 제외하면 다른 검사에서 별 이상이 없었기에 혹시나 싶어 CT를 찍었더니 왼쪽 신장에 6센티가 넘는 커다란 주머니가 보였다. 나이를 감안하면 이 환자의 증세를 신장암으로 진단하는 건 지극히 자연스러웠다. 의료진은 환자의 왼쪽 신장을 몽땅 들어냈다. 하지만 고려하지 않은 게 있었다. 이 환자가 우즈벡 출신이라는 점이다. 신장을 떼어낸 후 병리조직 검사를 한 의료진은 망연자실했다. 당연히 신장암이란 결과가 나올 것으로 생각했지만, 병리과의 의견은 '신장에 생긴 포충 주머니로 인해 옆구리가 아팠다'는 것이었다. 그때 비로소 의료진은 환자가 우즈벡 출신이라는 것을 상기했다. 포충의 주머니가 터져서 응급실에 오는 환자만 해도 1년에 3천 명은 된다는 세계 제일의 유행지 우즈벡. 나중에 의료진이 쓴 논문을 보면 이런 내용이 나온다.

포충인 것을 진작 알았더라면 신장을 다 떼어 내지 않는 건데, 흑흑. 그냥 복강경으로 주머니만 떼어 내도 충분했는데, 엉엉. 크기로 봐서 약물치료를 하는 것도 고려해 볼만 했어. 흑흑. 물론 포충이 드물긴 하지만, 우즈벡에서 왔다는데 한번쯤 포충의 가능성을 생각했어야 했어. 난 정말 바보야!

한 구절 한 구절이 가슴에 사무친다. 우즈벡을 비롯해서 포충의 유행지에서 온 사람이라면, 한번쯤 포충을 생각하자. 신장이 두 개 있었으니 망정이지, 큰일날 뻔 했지 않은가.

1970~1980년대에 외국으로 노동자를 '보내던' 우리나라는 그 이후 이루어진 급속한 경제 발전 덕분에 외국인 노동자를 '받아들이는' 나라가 됐다. 2013년 우리나라에 거주하는 외국인의 수는 모두 145만 명, 그중에는 기생충이 만연하는 나라에서 온 분들도 있을 것이다. 대부분의 기생충은 2주 내에 증상을 일으키지만, 포충의 경우 증상을 나타내기까지 수 년 정도가 걸리므로 자신이 포충을 갖고 있는지도 모른 채 우리나라에 오는 노동자도 있으리라. 한국에 온 포충 감염자가 개나 늑대에게 잡아먹히지 않는 한 우리나라에 포충이 전파될 확률은 없지만, 다음과 같은 점에서 유행 지역 노동자들을 대상으로 초음파 검사 정도는 해 주면 어떨까 싶다. 그들

은 많은 노력을 기울여 우리나라에 왔고, 현재 한국 경제에서 중요한 역할을 담당하고 있다. 게다가 증상이 있어도 웬만하면 참고 병원에 안 간다는 점, 주머니 크기가 작은 경우에는 약물치료도 가능하다는 점 등으로 볼 때 포충 감염 여부를 체크해 주는 게 좋지 않을까 싶다. 아무리 느리게 자란다 해도 일찍 발견하면 더 좋은 건 어느 병이나 다 마찬가지니까.

포충

- **위험도** | ★★★
- **형태 및 크기** | 주머니 형태를 만드는데, 이 주머니가 계속 자란다.
- **수명** | 수십 년. 수술로 제거하지 않으면 죽지 않는다.
- **감염원** | 개의 분뇨, 물
- **특징** | 아주 느리다. 주머니 크기를 1년에 1~2cm씩 늘리기 때문에 인체에서 증상이 나타나기까지 5~10년쯤 걸린다. 단방조충의 유충으로, 유충 상태로 인체에서 병을 일으킨다. 종숙주가 '개'이기 때문에 인체에서는 유충 상태로만 존재한다.
- **감염 증상** | 간: 오른쪽 배가 아프고 소화가 잘 안 된다, 폐: 가슴이 아프거나 객담에 피가 섞여 나온다, 눈: 눈이 밖으로 돌출된다.
- **진단 방법** | 초음파 검사, 혈액 검사(포충에 대한 항체 검사) 등
- **독특한 기생충에 선정한 이유** | 세상에서 가장 느린 기생충이다. 인체에 감염된 지 10년쯤 지나야 증상을 일으키는 기생충이 있다면 믿겠는가?

동물 기생충 연구의 활성화 필요

연가시와 인터뷰

2012년, 〈연가시〉라는 영화가 개봉했다. 연가시는 곤충의 몸속에 살지만 짝짓기는 물속에서 하는지라 곤충으로 하여금 물로 뛰어들게 만든다(『기생충 열전』 참조). 영화는 사람에게 감염되는 변종 연가시가 만들어져, 사람들이 물로 뛰어들어 죽는다는 걸 전제로 하여 스토리를 전개해 나간다. 연가시에 감염된 사람들이 물가를 향해 좀비처럼 걷는 모습은 꽤 공포스러웠다. 영화가 흥행하자 기자들은 이 생소한 기생충에 대한 기사를 쓰고 싶어 했다. 기생충학자 중엔 내가 인지도가 제일 높다 보니 인터뷰를 내가 도맡아 했는데, 그 시절 연가시에 관한 기사에는 죄다 "서민 교수는 연가시가 어쩌고저쩌고……라고 했습니다" 라는 멘트가 달려 있었다. 그런데 아쉬웠던 건 내가 연가시 전

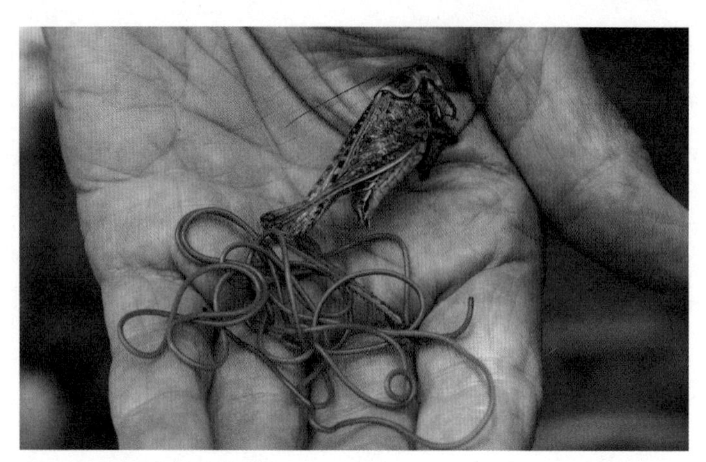

종숙주의 항문을 빠져나온 연가시

문가가 아니라는 사실이다. 연가시에 대해 아는 거라곤 영화를 보고 얻은 지식이 전부일 뿐인데 인터뷰를 했으니, 헛소리를 얼마나 많이 했겠는가?

기자 | 그런데 연가시는 어떻게 곤충을 물가로 끌고 들어갈까요?
나 | …… 그건 아직 밝혀지지 않았습니다.
기자 | 영화에서처럼 연가시가 사람을 조종할 가능성도 있습니까?
나 | 그거야 연가시 하기에 달렸죠.
기자 | ……

그래도 나에게 양심이라는 게 있다 보니 연가시에 대해 논문을 찾아가며 공부하기 시작했고, 인터뷰는 점점 전문가다워졌다.

특히 마지막 세 번의 인터뷰는 누가 봐도 연가시의 대가 같았다.

기자 | 연가시는 어떻게 곤충을 물가로 끌고 들어갑니까?

나 | 아, 연가시는 곤충에게 갈증을 유발하는 신경전달물질을 만들어 분비합니다. 그래서 곤충이 물가로 가는 거죠.

기자 | 연가시는 어떻게 그런 생각을 했을까요?

나 | 아마 시행착오를 굉장히 많이 했을 겁니다. 그러다가 겨우 방법을 찾은 게 바로 그거였겠지요.

기자 | 그런데 연가시는 왜 꼭 물가에서만 짝짓기를 합니까? 육지에서 하도록 적응하는 게 더 좋았잖아요?

나 | 허허허(전문가스러운 웃음), 연가시는 원래 물가에서 자유롭게 살던 애들이에요. 얘네들이 물이 지겹다 보니 육지로 나와 기생충이 된 건데, 그래도 생식 습관만은 바꾸기가 어렵지요.

기자 | (존경한다는 표정으로) 오늘 인터뷰 감사합니다.

그래 봤자 내 지식은 직접 실험을 해서 얻은 게 아닌 논문을 통해 얻은, 일종의 죽은 지식이었다. 그거라도 없는 것보단 낫겠지만, 정말 연가시를 연구한 사람이 들려주는 생생한 지식이 인터뷰를 통해 나갔다면 더 많은 사람들에게 학문적 호기심을 불러일으켰을 것이다. 안타깝게도 우리나라엔 이 흥미로운 연가시를 연구한 사람이 한 명도 없었다. 연가시는 우리나라에서도 쉽게 볼 수 있는 기생충인데 말이다.

한술 더 뜨는 개미선충

연가시가 대단하긴 해도, 자연계에는 상상을 초월하는 기생충들이 더 있다. 개미선충(Myrmeconema neotropicum)을 보자. 이 기생충은 개미의 배 안에 있는 자신의 알을 숙주인 새한테 전달하기 위해 놀라운 잔꾀를 부린다. 어떤 건지 개미선충을 처음 발견한 야노비악(Steve Yanoviak) 교수의 이야기를 들어보자.

“2005년, 파나마에 갔을 때의 일입니다. 전 거기서 활강개미(sliding ant)라고, 나무에서 떨어질 때 어느 정도 비행을 할 수 있는 개미에 대해 연구하려고 했지요. 그런데 그 개미의 군집에 배의 색이 빨간 개미가 있는 겁니다. 이 개미를 관찰한 다른 연구자들은 그게 다른 종의 개미인데, 활강개미에게 붙어산다고 주장했었죠. 그게 아니면 돌연변이 같은 거라든지요.”

개미선충에 감염된 개미들

처음엔 야노비악도 이들의 주장에 동조했지만, 이내 그게 아니라는 것을 알아챘다.

"그런데 그[개미] 배를 갈라 보니 기생충이 있고, 수백 개의 알들이 그 기생충 주위에 있는 겁니다. 전 그래서 이 기생충이 과일을 좋아하는 숙주에게 전파되기 위해 이런 짓을 했다고 생각했지요."

그의 생각이 맞았다. 개미선충은 어떻게든 알을 밖으로 내보내고 싶어 했지만, 복강에 있는 알이 외계로 나갈 방법은 없었다. 그래서 개미선충은 개미의 배를 딸기처럼 바꾼 것이다. 어떻게? 배 껍질을 얇게 갉아먹으면 껍질이 얇아지고, 원래 검은색이던 개미의 배가 햇빛을 받으면 불그스름하게 바뀐다. 딸기를 좋아하는 새가 개미를 먹으면 어미 기생충은 죽지만, 그 알들은 개미 배를 탈출해 새똥과 함께 외계로 나간다. 새똥을 주식으로 삼는 활강개미는 새똥을 먹다가 거기 들어 있는 개미선충의 알까지 같이 먹게 되고, 알에서 깨어난 개미선충은 개미의 배 안에서 어른으로 자라 다시금 알을 낳는다. 이 놀라운 세계는 야노비악이 직접 파나마의 바로콜로라도 섬에 가지 않았다면 밝혀지지 않았으리라. 야노비악은 현장을 뛰는 연구자고, 자신의 실험실 홈페이지에 올린 사진으로 보건대 그 사실을 굉장히 자랑스러워하는 것 같다.

흥미로운 기생충을 하나만 더 예로 든다. 유하플로키스 캘리포니엔시스(Euhaplorchis californiensis)라는 기생충이 있다(이하 유하플). 캘리포니아 남쪽 습지에 사는 이 기생충은 소위 말하는 디스토마로, 고둥(horn snail)이라는 패류가 제1 중간숙주, 킬리피쉬(killifhsi)라는 송사리과의 물고기가 제2 중간숙주, 갈매기를 비롯한 새가 종숙주다. 짝짓기와 알 낳기는 종숙주에서 이루어지니, 킬리피쉬에 있는 유충은 어떻게 해서든지 새한테 가려고 할 것이다. 사람이 생선회를 먹고 디스토마에 걸리는 것처럼, 물고기에 있는 디스토마 유충은 대개 근육에 분포한다. 하지만 유하플은 좀 다른 행태를 보인다. 고둥에서 나온 유충이 킬리피쉬에 들어가면 근육 대신 킬리피쉬의 뇌로 가서 주머니를 만들고 그 안에 숨어 있는다. 킬리피쉬는 크기가 5~9센티 정도로 작고, 갈매기는 물고기의 근육이고 뭐고 가리지 않고 한 입에 삼켜 버리니, 뇌에 있다고 해서 종숙주한테 갈 때 손해 볼 건 없다. 하지만 유충이 보기엔 근육으로 가는 게 훨씬 유리한 것이, 물고기한테 먹혔다가 장벽을 뚫고 나오면 바로 옆에 근육이 있는데, 뭐 하러 저 멀리 있는 뇌까지 간단 말인가? 뇌까지 가는 데 진입 장벽도 만만치 않다는 점을 고려하면 이해가 가지 않는 행태다. 그럼에도 유하플이 뇌로 가는 데는 이유가 있다. 유하플에 감염된 물고기와 그렇지 않은 물고기를 가져와서 행동을 관찰해 봤더니 감염된 물고기의 행동에는 이상한 점이 많았다. 물 표면에 머무는 횟수가 훨씬 많았고, 몸을 뒤틀거나 흔드는 횟수가 늘어났고, 과시하는 동작을 한다든지 갑작스러운 움직임을 보이는 등 새의 눈에 띌 만한 행동을 훨씬 더 자주 했다. 이러다 보면 새한테 잡아먹힐 확률이 훨씬 더 높아지니, 유충으로서는 뇌로 가는 것이 해 볼 만한 도전이 아니겠는가? 우주의 행성을 연구하고, 멸종한 공룡을 연구하는 것도 나름 의미 있는 일이지만, 그래도 몇 명 정도는 기생충을 연구해 주길 바라는 이유가 여기에 있다. 기생충은 마치 양파처럼 까면 깔수록 더 신비로운 뭔가가 나오기 때문이다.

기생충학의 위기

"개인적으로 아쉬운 점은 기생충학과가 의과대학에 먼저 생겼다는 거다."(『기생충 열전』, 43쪽)

인간에게선 기생충이 크게 줄어들었지만, 야생 동물은 아직도 기생충의 보고라 할 만큼 높은 감염률을 보이고 있다. 어느 학자가 박사 학위 주제를 개구리의 기생충으로 정했는데, 300종이 넘는 기생충이 발견됐단다. 그중 어느 하나가 우리가 몰랐던 신비한 세계의 문을 열어 줄 수도 있지만, 아쉽게도 우리나라에서 동물 기생충을 연구하는 사람은 그리 많지 않다. 왜 그럴까. 『기생충 열전』에서 말한 대로 우리나라의 기생충학은 1954년 서울의대에 기생충학교실이 생기면서 시작됐다. 의대는 인간의 병을 고칠 목적으로 설립된 기관이다 보니 기생충학도 사람에게 기생하며 병을 일으키는 기생충에 집중해야 했다. 게다가 그 당시는 전 국민 감염률이 거의 90퍼센트에 육박할 때였으니, 기생충학의 역할은 오직 기생충 박멸이었다. 인체에 감염되는 기생충이 거의 없어진 지금도 의대에서 연구하는 기생충은 톡소포자충, 간디스토마, 폐디스토마 등 인간에게 기생하는 것들이 주를 이룬다. 간혹 동물 기생충 연구자들이 학회에 가입하기도 했지만, 소외를 견디지 못하고 떠나곤 했다. 지금 학회에 남아 있는 50명이 좀 안되는 교수들은 수의대 소속인 몇 분을 제외하면 죄다 의대 소속이다.

의대 중심의 기생충학회가 문제가 된 건 대학에서 교수를 뽑을 때 의사 자격증을 요구하는 경우가 많았기 때문이다. 기생충 연구뿐 아니라 의대생들을 가르치려면 아무래도 의사 면허가 있는 게 유리했지만, 이건 석·박사 과정에서 트레이닝만 잘 받는다면 얼마든지 만회될 수 있는 부분이다. 오히려 연구 면에서는 의대 출신이 아닌 교수들이 훨씬 더 뛰어난 경우가 많으니, 꼭 의대 출신만을 고집할 필요는 없었다. 하지만 '의대 교수 = 의사면허증 소지자'란 편견 때문에 출중한 연구 능력을 가졌음에도 불구하고 교수로 임용되지 못한 채 학계를 떠난 사람이 너무도 많다. 간디스토마와 담도암 연구에서 혁혁한 업적을 남겼던 L모 선생님이 대표적이다. 그래도 1990년대까지는 그럭저럭 학회가 유지될 수 있었던 건, 나를 비롯해서 좀 특이한 의대 졸업생들이 시시때때로 기생충학의 문을 두드렸기 때문이었다.

1997년 외환 위기는 수많은 기업을 무너뜨리며 사회에 충격을 줬는데, 사람들의 정신세계에 미친 영향은 그보다 훨씬 컸다. 비교적 안전지대에 있다고 생각했던 의대생들도 여기서 자유롭지 못해, 개업을 해서 돈을 버는 게 그들의 목표가 됐다. 기초 의학 전체가 다 휘청거렸지만, 가장 타격을 받은 건 숫자가 제일 적은 기생충학이었다. 외환 위기 이후 20년이 지나도록 의대를 졸업하고 기생충학을 택한 사람은 대구가톨릭대학에 재직 중인 송현욱 교수가 유일하다. 대학 입장에서 봤을 때도 돈을 벌어다 주는 임상과 대신 기생충학 교수를 뽑는 건 남는 장사가 아니다. 게다가 사람 기생충도 다 없어진 판에 말이다. 기생충학 교수 밑에서 트레이닝을 받는 비의대 출신들이 없는 건 아니지만, 이들도 자신들의 냉정한 현실을 깨닫고 나름대로 살길을 모색한다. 옛날처럼 박사를 받고 난 뒤에도 계속 교수 자리를 기다리며 학회에 나오는 사람은 이제 드물어졌고, 석사만 받으면 일자리를 알아보는 게 합리적인 선택으로 여겨지고 있다. 내 밑에서 수련을 받고 싶다고 연락을 해 오는 사람들이 간혹 있지만, 그들의 요청을 수락하는 건 쉽지 않다. 그들의 진로를 책임져 주지 못하는데 당장 필요하다고 일만 시키는 게 마음이 편치 않아서다. 좀 더 어린 친구들, 그러니까 고등학교 학생들이 기생충학을 하고 싶다고 말하면 난 이렇게 대답한다. "의대를 나오는 게 유리합니다." 그러면 그 학생들은 멍한 표정을 짓는다. 의대를 가려면 상위 0.5퍼센트 안에 들어야 하는데,

그걸 도대체 말이라고 하느냐는 질책이 표정에 담겨 있다. 새로운 피가 수혈되지 않는 조직은 결국 망하기 마련, 기생충학은 점점 몰락의 길을 걷고 있다. 의대 졸업생이 들어오지 않으니 기존 교수가 퇴임해도 새로운 교수를 충원할 수가 없는 것이다. 대부분의 교수가 50대에 접어들었으니 앞으로 십 년만 지나면 학회가 절반으로 쪼그라들지 않을까.

기생충학과가 의대 대신 자연대에 먼저 생겼다면 어땠을까 잠시 상상해 본다. 야생 동물의 기생충이 인간 기생충보다 훨씬 많으니, 동물 기생충을 연구하는 교수의 숫자가 적어도 300명은 된다고 해 보자. 그들이 중심이 된 학회에 의대 기생충학과 교수들이 참여하고, 학회의 한 부분으로서 활동한다. 동물 기생충이라고 해서 늘 동물에서만 문제가 되는 건 아니고, 선모충처럼 가끔 인간을 침범하기도 하니, 서로 간의 교류도 빈번히 이루어진다. 이랬다면 일부분인 의대 중심의 분과가 침체된다고 해서 지금처럼 마음이 어둡진 않을 것 같다. 하지만 첫 단추를 잘못 끼웠다고 옷을 입지 말란 법은 없다. 기생충학이 아주 중요하진 않더라도 그래도 필요한 학문이며, 최소한 명맥은 유지해야 한다고 생각한다면, 지금이라도 머리를 맞대고 해법을 찾아보자. 학자들은 물론이고 이 책을 읽는 모든 이들이 지혜를 짜낸다면 길은 생기기 마련이다.

III
나쁜 기생충

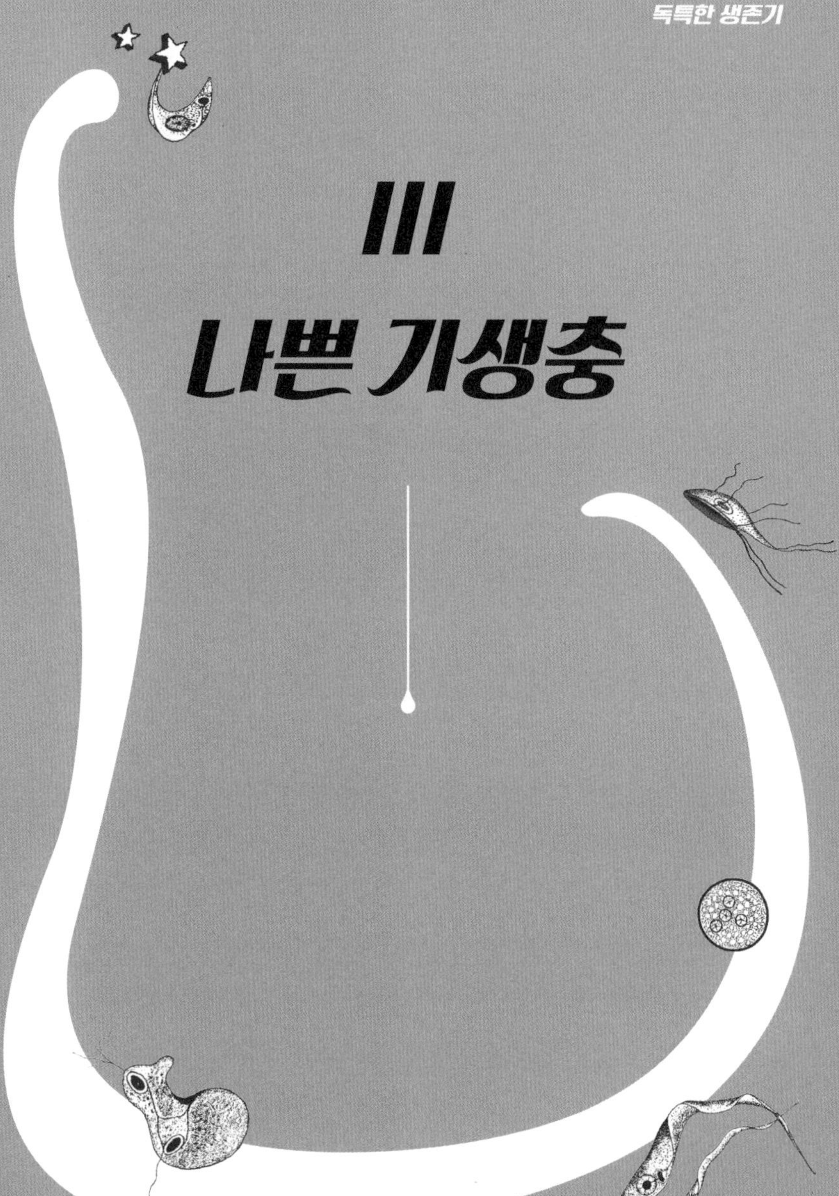

1
파울러자유아메바

뇌를 먹는 아메바의 정체

수영만 해도 전염되는 기생충?

"미국의 9세 소녀가 뇌 먹는 아메바로 인해 사망했다는 소식이 전해져 충격을 주고 있다."

2년 전 인터넷에 뜬 기사다. 할리 유스트라는 이름의 이 소녀는 호수에서 수영을 한 뒤 뇌수막염에 걸려 사망했는데, 그 원인이 파울러자유아메바(Naegleria fowleri)라는 기생충이란다. 이게 기사거리가 되는 것은 다음과 같은 이유다. 첫째, 그래도 선진국으로 알고 있는 미국에서 기생충으로 인해 사람이 죽다니. 그것도 9세 여자아이가. 둘째, 기생충은 날것을 먹는 등의 행위로 걸린다고 생각했는데 수영을 하다 걸리다니! 기사 자체는 충격적이지만, 사실 이런 기사는 매년 여름마다 올라오곤 했다. 시간이 되시면 작년 기사를 한번 찾아보시라. 사망자 나이와 이름만 제외하면 기사가 거의 똑같다는 걸 알 수 있을 것이다. "올 여름에 수영 못하겠네?"라는 댓글이 달리는 것도 늘 반복되는 패턴이다. 그래도 자유생활아메바인 파울러자유아메바는 우리나라에서 비교적 생소한 기생충이니, 이에 대해 알아보자.

파울러자유아메바란?

아메바 하면 이질아메바(Entamoeba histolytica)와 대장아메바(Entamoeba coli)가 유명하다. 이들 아메바는 물속에 살면서 사람이 물을

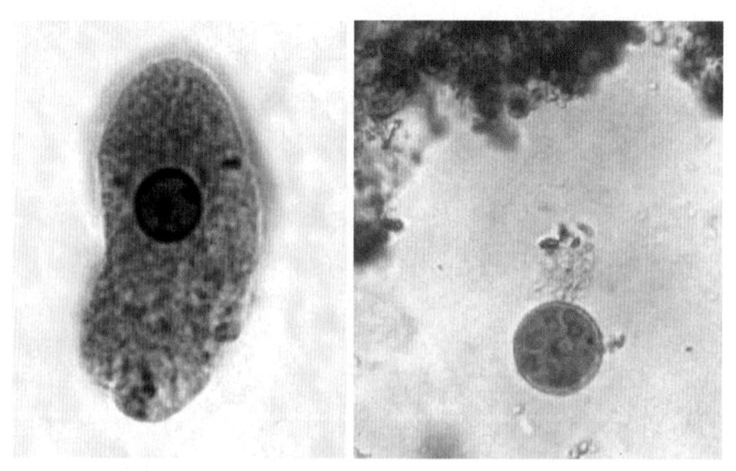

이질아메바 영양형(좌)과 대장아메바 포낭형

마실 때 감염되어 인체에서 증식하면서 병을 일으킨다. 즉 생활사를 완성하기 위해 사람의 몸을 필요로 한다는 얘기다. 이와 반대로 자유생활아메바는 사람에게 굳이 들어가지 않아도 생활사를 영위할 수 있는데, 파울러자유아메바가 그 대표적인 예다. 파울러자유아메바는 대기 온도가 30도 이상이 되면 활발히 증식한다. 온도가 높고 먹을 게 많으면 영양형이라고 하는, 인체에서 병을 일으키는 형태로 있는다. 하지만 온도가 낮아지면 주머니를 뒤집어쓴 형태가 되어 오랜 기간 버티는데, 이를 포낭형이라고 한다. 영양형은 크기가 7~20마이크로미터로, 사람의 뇌에서 주로 발견되는 형태다. 포낭형은 9마이크로미터로, 주머니가 두 겹으로 돼 있다. 환경이 좋아지는 경우 포낭형은 잽싸게 영양형으로 바뀌어 수영하는 사람을 노린다. 여름에 환자가 발생하는 이유도 이 때문이다.

파울러자유아메바가 인간의 병원체로 처음 보고된 것은 1965년

파울러자유아메바

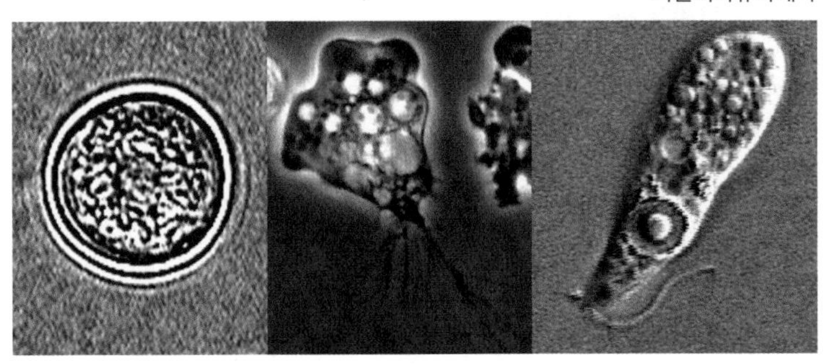

포낭형 영양형 편모형

이었다. 9세 아이를 시작으로 호주에서 네 명이 뇌수막염으로 죽었는데, 부검 결과 뇌에서 기묘한 형태의 아메바가 관찰된 것이다. 환자들의 병리 소견을 본 파울러(M. Fowler)와 카터(RF Carter)는 크게 놀랐다. “아니 이게 뭐지? 지금까지 사람의 조직을 침범하는 아메바는 이질아메바밖에 없었는데, 이건 아주 다르게 생겼잖아! 크기도 두 배나 더 크고 말이야.” 파울러와 카터가 어떤 관계인지는 모르겠지만, 그 아메바는 파울러의 이름을 따서 ‘파울러자유아메바’라는 이름이 붙었다. 그때만 해도 이 아메바가 어떤 경로로 사람에게 침투하는지 몰랐지만, 그로부터 1년 뒤 플로리다에서 세 명의 사망자가 더 발생하면서 감염 경로가 밝혀졌다. 사망자들은 예외 없이 감염 1주 이내에 수영을 했다! 사망자들이 수영을 했던 저수지를 조사했더니 파울러자유아메바를 어렵지 않게 찾을 수 있었다. 그 뒤 파울러자유아메바 찾기가 유행처럼 번졌는데, 일본과 태국, 체코, 이탈리아 등등 거의 모든 나라에서 이 아메바가 나왔고, 저수지나 호수, 강가, 온천 이외에도 수영장과 젖은 토양 등도 이 아메바의 서식처라는 게 알려졌다.

궁금증이 생긴다. 이 아메바가 전 세계적으로 분포한다면, 호주나 미국 같은 잘사는 나라들에서만 환자가 나오는 이유가 뭘까? 파울러자유아메바는 인체에 감염되면 뇌수막염을 일으키는데, 진단을 위해서는 뇌척수액이나 뇌조직에서 파울러자유아메바를 찾아야 한다. 그런데 좀 못사는 나라들에서는 세균에 의한 뇌수막염이 워낙 흔하고, 그로 인해 죽는 사람들도 많다 보니 뇌수막염으로 누가 죽어도 "죽었구나"라고 할 뿐 원인을 끝까지 추적하려고 하지 않는다. 반면 좀 사는 나라들에서는 뇌수막염으로 죽는 일이 드물어 정확한 진단을 위해 애를 쓴다. 선진국에서 주로 감염자가 보고되는 이유는 거기에 있다. 두 번째 궁금증. 우리나라에도 이 아메바가 있을까? 당연히 있다. 그러면 우리나라에도 환자가 있을까? 글을 끝까지 읽게 하기 위해 이에 대한 답은 나중으로 미루고, 우선 이 아메바가 어떻게 병을 일으키는지 알아보기로 하자.

코를 통해 침투해 뇌로 가다

기회감염성 병원체라는 게 있다. 건강한 사람에게는 얼씬도 못하지만, 몸이 좀 약해지면 우르르 들어와 병을 일으키는 병원체를 그렇게 부른다. 강자에 약하고 약자에 강하다니, 비겁하다고 욕하고 싶겠지만, 대부분의 병원체는 그런 속성이 있다. 사람 몸에 들어가긴 해야 하는데, 들어가려면 각종 방어막을 뚫어야 하는 게 부담스럽다. 그런데 그런 방어막이 해제된 사람이 있다면 얼씨구나 좋다고 들어가지 않겠는가? 그런데 이 파울러자유아메바는 그런 기회주의적인 병원체가 아니다. 하나같이 건강한 사람들에게만 병을 일으키니까. 그도 그럴 것이, 강이나 저수지에서 수영을 하려면 어느 정도 건강해야 한다. 물론 환자들 중에 아이들이 꽤 있다는 건 비난받아 마땅하지만, 어른과 아이를 가려서 침투하라는 건 기생충에게 너무 무리한 요구인 듯하다.

대부분의 기생충이 숙주와 평화롭게 공존한다. 그런데 이 아메바는 왜 사람을 죽일까? 그건 이렇게 생각할 수 있다. 번식을 위해 숙주를 필요로 하는 대부분의 기생충과 달리 파울러자유아메바는 숙주가 없어도 나름대로 잘 살 수 있다. 특히 더운 여름은 그들이 마음껏 증식해 숫자를 불릴 기회이다. 그런데 거기 수영하러 온 인간들은 이 아메바가 보기엔 자기 서식처를 어지럽히는 침입자일 수 있다. 사람을 죽이기까지 하는 건 그런 이유인 듯하다.

대부분의 기생충이 입을 통해 감염되는 반면, 파울러자유아메바는 수영하는 사람의 코를 통해 감염된다. 특히 물에 다이빙을 한다든지 할 때 들어가는 경우가 흔하다고 하니, 저수지에서 수영할 때는 물에 조용히 들어가는 게 좋겠다. 코로 들어간 아메바는 위[上]쪽으로 올라가며, 후각신경이 뇌와 연결되는 구멍을 통해 뇌로 들어간다. 아메바가 본격적으로 증식하며 활동을 시작하면 환자는 심한 두통과 발열, 구토 등이 생기고, 수막뇌염의 특징인 목이 뻣뻣한 증상도 호소하게 된다. 파울러자유아메바가 후각 신경을 침범하므로 이상한 냄새가 난다고 느낀다든지, 코피가 난다든지 하는 증상이 있기도 한데, 아메바에 의한 뇌수막염과 세균에 의한 뇌수막염을 구별하는 건 그리 쉬운 일이 아니다. 그 후의 경과는 복시[13]가 생

---

13 한 개의 물체가 둘로 보이거나 그림자가 생겨 이중으로 보이는 현상

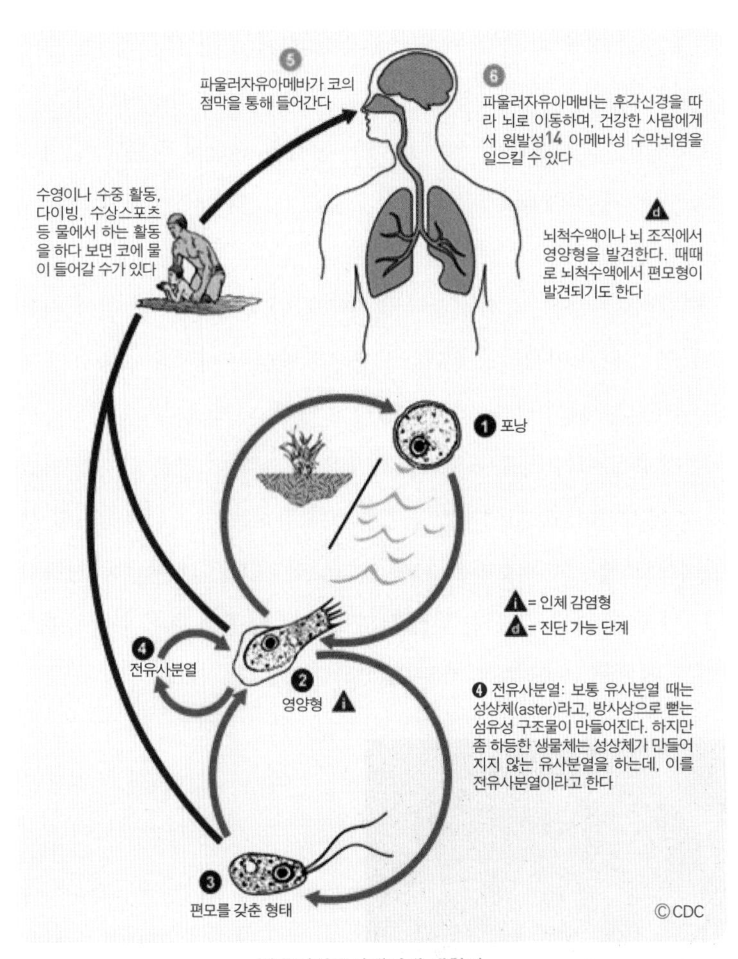

파울러자유아메바의 생활사

기고 발작을 하거나 의식이 없어지는 등 다른 뇌수막염과 크게 다르

14 다른 원인에 의해서 질병이 생긴 게 아니라, 그 자체가 질병인 성질

지 않다. 수영을 하고 난 뒤 5~8일 정도 지나서 증상이 생기는 경우가 많지만, 경우에 따라서는 수영 후 24시간 뒤에 뇌수막염이 생기기도 한다. 일단 증상이 생기고 나면 진행이 굉장히 빠른데, 얼마나 빠른지 다음 사례를 살펴보자.

이탈리아에 사는 9세 소년이 병원에 왔다. 하루 전부터 열이 나고 오른쪽 머리가 아팠다고 한다. 그 소년은 증상이 시작되기 10일 전에 집 근처 강에서 수영을 한 적이 있다고 했다. 뇌가 좀 부은 것 같아서 뇌부종을 없애는 치료를 시작했지만 몇 시간 뒤 소년은 갑자기 의식이 없어져 버렸고, 그에게 인공호흡기가 장착됐다. 스테로이드와 항생제에도 불구하고 소년은 계속 혼수상태였고, 결국 증상이 시작된 지 6일 만에 죽고 말았다. 부검 결과 뇌에는 염증과 출혈이 가득했으며, 그 안에서 파울러아메바를 발견할 수 있었다.

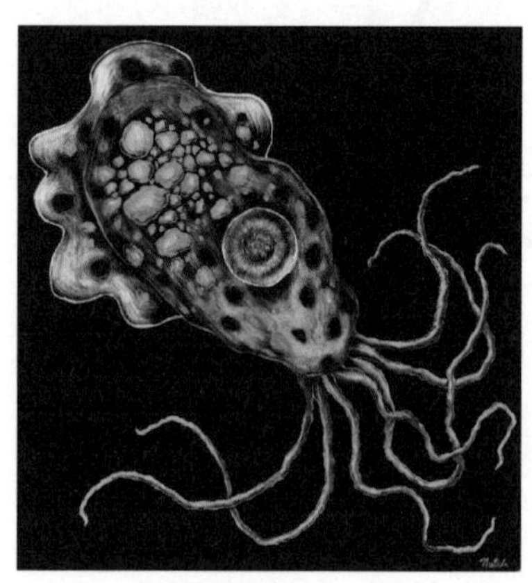
파울러자유아메바 영양형

여기서 보듯 환자 대부분은 증상이 생긴 지 일주일 이내에 사망에 이르고, 지금까지 통계에 따르면 치사율이 95퍼센트 이상이다. 그런데 이게 꼭 수영을 통해서만 감염되는 건 아니다. 대만에 살던 75세 노인은 온천을 한 뒤 뇌수막염 증상이 있어서 병원에 갔는데, 뇌척수액을 뽑아서 검사해 보니 파울러자유아메바가 득실대고 있었단다. 그래도 살아생전 진단이 됐기에 제대로 된 치료 약이 투여됐지만, 환자는 치료가 시작된 지 25일 만에 죽고 말았다. 뒤늦게 대만 보건국이 환자가 몸을 담갔던 온천물을 조사했더니 파울러자유아메바가 헤엄치고 있었다고 한다.

수돗물도 믿지 말자

수영을 조심하면서 동시에 온천도 조심하면 이 아메바에 감염되지 않을 수 있을까? 다음 사례를 보면 꼭 그런 것도 아닌 듯하다. 2011년 6월 초, 미국에서 28세 남자가 심한 두통과 더불어 목이 빳빳해져 병원에 왔다. 다음 날에는 의식이 없어져 좀 더 큰 병원의 응급실로 이송됐는데, 뇌척수액 검사를 통해 파울러자유아메바에 의한 뇌수막염으로 진단됐다. 그리고 환자는 병원에 온 지 닷새 만에 죽었다. 이 환자가 다른 환자와 달랐던 것은 그때가 6월 초였고, 수영이나 온천을 한 적이 없다는 점이었다. 대체 어디서 파울러자유아메바에 감염됐을까? 보건 당국이 조사에 나선 결과 이 환자는 만성 축농증을 앓고 있었는데, '네티팟(neti pot)'이라는, 비염 환자들이 코를 청소하는 기구로 부비동[15]을 소독했다고 했다. 그는 수돗물에 소금을 넣은 용액을 네티팟에 담아 소독했는데, 보건당국은 이 과정에서 파울러자유아메바가 감염된 것으로 추측했고, 실제로 네티팟을 비롯해서 집 안 곳곳에서 파울러자유아메바를 발견할 수 있었다. 네티팟을 사용할 때 물을 체온과 비슷하게 덥히는데, 그 온도는 파울러자유아메바가 가장 좋아하는 온도라는 것을 명심하자.

이번 사례만 있었다면 이건 아주 예외적인 경우라고 할 수 있겠지만, 비슷한 환자가 한 명 더 나왔다. 같은 해 9월, 51세 여자가 고열과 구토에 정신까지 오락가락해져서 병원에 왔다. 목이 빳빳한 걸로 보아 뇌수막염을 의심했는데, 뇌척수액검사(CSF)를 비롯해서 각종 검사를 다 해 봤지만 병원체는 검출되지 않았다. 그로부터 닷새 뒤 환자는 죽었고, 뇌 조직 소견에서 내려진 결과는 파울러자유아메바로 인한 뇌수막염이었다. 그녀의 가족은 "최근 2주간 물에서 수영을 한다든지 하는 일은 없었다"고 증언했다. 그렇다면 어디서 감염됐을까? 이 환자 역시 부비동에 염증이 있어서 네티팟을 가지고 코 청소를 했다고 한다. 욕실과 주방, 샤워실 꼭지 등에서 파울러자유아메바가 발견된 것은 당연한 일이었다. 특이하게도 이 두 환자 모두 루이지애나 주에 살고 있었다니, 그곳 수돗물에 무슨 문제가 있지 않을까 싶었지만, 조사 결과 수돗물에서 파울러자유아메바는 검출되지 않았다. 염소 소독을 하고 필터를 한 수돗물은 대개 아메바로부터 안전하다고 알려져 왔지만, 루이지애나의 사례가 충격

---

15 비강과 연결되며 점막으로 덮여 있는 두개골 속의 빈 공간으로, 상악동(위턱굴), 전두동(이마굴), 사골동(벌집굴), 접형동(나비굴) 등이 있다. 부비동은 호흡 시 공기를 데워 주고 소리를 낼 때 공명시켜 주는 역할을 한다.

적이었던 것은 그곳 수돗물은 염소 소독을 한 상태였기 때문이다. 그 후로는 다행히 환자가 발생하지 않고 있긴 하지만, 우리나라에도 네티팟을 쓰는 사람이 점점 늘어나고 있다는 점에서 이에 대한 대처가 필요할 것 같다. 수돗물 대신 증류수를 사용하면 이 아메바에 의한 감염을 최소화할 수 있다고 한다.

치료는 불가능할까?

사실 치료보다 더 시급한 것은 진단이지만, 파울러자유아메바에 의한 뇌수막염이 워낙 드물고, 또 진행이 빨라 진단을 내리는 게 쉽지 않다. 뇌수막염 증상을 보이는 환자가 증상 2주를 전후해서 수영이나 온천을 한 적이 있다면 의심하고, 약을 써야 한다. 완벽하게 치료하는 약은 없지만, 암포테리신 B(amphotericin B)라고, 무좀 등에도 쓰는 곰팡이 약이 제법 효과가 있다. 1962년부터 2013년까지 미국에서 이 아메바에 감염된 사람은 모두 132명이고 그중 생존자는 세 명에 불과했다. 운 좋게 살아난 9세 소녀는 캘리포니아의 온천에서 수영을 하다가 감염된 사례인데, 정맥과 척수강(척수가 지나는 통로) 내로 암포테리신 B를 주사한 결과 살 수 있었고, 또 다른 생존자도 암포테리신 B로 치료한 끝에 좋은 결과를 봤다. 2013년에 나온 세 번째 생존자는 케일리(Kali Hardig)라는 12세 소녀로, 저수지나 강, 호수도 아닌, 아칸소 주의 워터파크에서 이 아메바에 감염됐다. 이 소녀는 유방암이나 열대성 기생충에 쓰곤 했던 밀테포신

파울러자유아메바

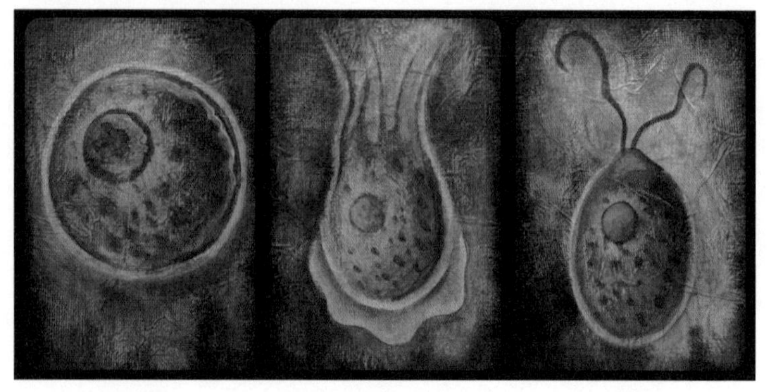

포낭형　　　영양형　　　편모형

(miltefosine)이란 약으로 치료를 받았는데, 미국 식약청의 승인을 받지 않은 이 약이 케일리의 목숨을 구했다. 암포테리신 B와 더불어 밀테포신도 기억해 놓자.

자유생활아메바의 명암

글을 맺기 전에 이 글의 도입부에서 제기된 물음에 답할 시간이 된 것 같다. 우리나라에도 자유생활아메바에 감염된 환자가 있느냐는 질문 말이다. 기록에 의하면 자유생활아메바로 인해 뇌수막염에 걸려 사망한 환자가 두 명 있지만, 이 환자들은 파울러자유아메바에 의한 게 아닌, 가시아메바(Acanthamoeba sp.)에 의한 감염이었다. 가시아메바는 파울러자유아메바와 달리 건강한 사람이 아닌, 면역

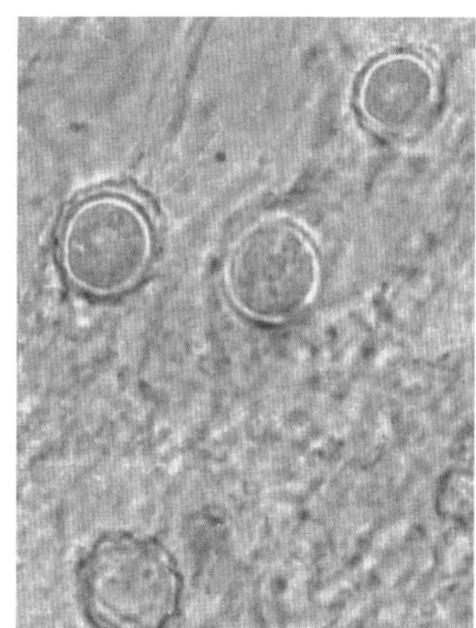
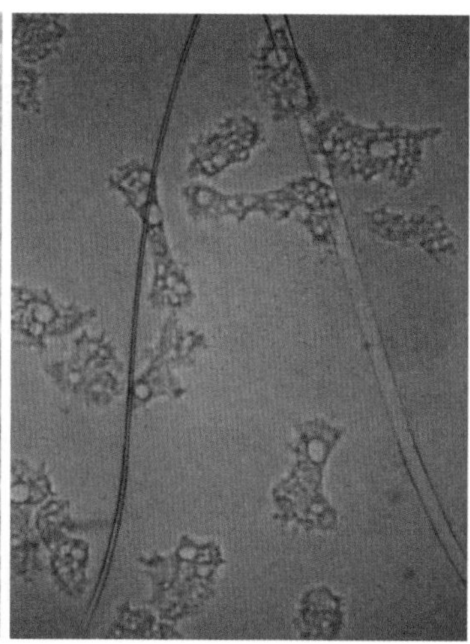

가시아메바 포낭형(좌)과 영양형

이 약화된 사람을 주로 감염시킨다. 또한 금방 사람을 죽이는 파울러자유아메바와 달리 가시아메바는 병의 진행이 서서히 일어난다는 특징이 있고, 뇌보다는 눈을 좋아해 각막염을 주로 일으킨다. 치료가 쉽지 않은 것은 마찬가지지만, 그래도 파울러자유아메바에 비할 바는 아니다. 물론 우리나라에도 파울러자유아메바가 없는 것은 아니다. 그런데 왜 우리나라에서는 이 아메바에 의한 치명적 뇌수막염 환자가 단 한 번도 발생하지 않았을까? 20년 넘게 자유생활아메바를 연구한 동아대 공현희 교수는 그 이유를 이렇게 설명한다.

"우리나라에서 파울러자유아메바에 의한 뇌수막염 환자가 거의 발생하지 않는 이유는 미국과 달리 수영을 할 수 있는 민물이 별로 없어서가 아닐까 싶네요."

그렇다. 우리나라라고 해서 개울에서 수영하는 아이들이 없는 것은 아니지만, 다이빙을 할 만한 깊이의 개울은 드물지 않은가?

우리나라가 비교적 안전하다고 다는 아니다. 파울러자유아메바에 감염되기 쉬운 장소는 대부분 관광객이 많이 찾는 곳이니 말이다. 미국의 옐로스톤(Yellow Stone)과 그랜드티턴 국립공원을 비롯한 많은 스파나 온천에서 파울러자유아메바가 검출됐다고 한다. 우리나라 사람들이 많이 찾는 태국만 해도 온천 68곳 중 35.3퍼센트에서 파울러자유아메바가 나왔다. 그러니 이 아메바에 감염되지 않으려면 아예 물에 들어가지 말아야겠지만, 이게 불가능하다면 적어도 코에 물이 들어가는 것을 최소화시키는 게 필요하다. 물에 다이빙하는 걸 피하고, 미심쩍은 곳에서 수영이나 수상스키를 탈 때는 코마개를 하는 것도 고려해야 한다. 대부분의 감염이 26도 이상의 물에서 일어나니, 따뜻한 물에 들어갈 때는 각별한 주의가 요구된다. 물론 그보다 더 중요한 건 물에 빠지지 않는 것이다. 파울러자유아메바로 인한 사망은 지금까지 190례에 불과하지만, 물에 빠져 죽는 사람은 해마다 35만 명에 달하며, 미국은 4,000명, 우리나라도 해마다 150명의 익사자가 발생하고 있다고 한다. '자나 깨나 물 조심', 물놀이를 가기 전 우리가 늘 숙지해야 하는 구호다.

파울러자유아메바

- **위험도** | ★★★★★
- **형태 및 크기** | 영양형은 7~20㎛, 포낭형은 9㎛
- **수명** | 수명을 알기도 전에 사람이 먼저 죽는다.
- **감염원** | 저수지, 호수, 강, 온천, 수영장, 젖은 토양. 주로 수영하면서 감염된다.
- **특징** | 자유생활아메바라서 딱히 인간의 몸을 필요로 하지 않는다. 그래서 숙주와 공존해야 할 필요성도 느끼지 못한다. 건강한 사람들에게만 병을 일으킨다(수영하려면 어느 정도는 건강해야 한다). 대부분의 기생충이 입을 통해 전염되는 반면, 이들은 수영하는 사람의 코를 통해 감염된다.
- **감염 증상** | 심한 두통과 발열, 구토, 목이 뻣뻣해진다. 이상한 냄새가 난다고 느끼거나 코피가 나는 경우도 있다. 심해지면 복시가 생기고 발작을 하거나 의식이 없어지는 등 뇌수막염의 증상과 비슷한 증상이 나타난다.
- **진단 방법** | 뇌척수액 검사
- **나쁜 기생충으로 선정한 이유** | 치사율 95%, '내 공간을 침범한 자는 누구든 용서하지 않겠다'는 그들.

2
간모세선충

연쇄 살인범 간모세선충에게도 희망은 있다?

아이의 간을 비대하게 만든 원흉은?

1990년, 14개월 된 여자아이가 해열제를 써도 열이 떨어지지 않아서 부모의 손에 이끌려 병원에 왔다. 혈액 검사 결과 백혈구가 높아져 있었는데, 이는 염증이 있음을 나타낸다. 특이한 점은 호산구가 높아졌다는 것으로, 이는 기생충 감염 가능성을 시사했다. 여아의 CT를 찍은 의사들은 아마 혼비백산했을 것이다. 비대해진 간과 비장이 아랫배까지 내려와 있었기 때문이다. 간이 커질 수 있는 질환은 한두 개가 아니지만, 이렇게까지 간이 커지는 건 무척 드문 일이다. 의사는 진단을 위해 간 조직 일부를 떼어 내 현미경으로 관찰

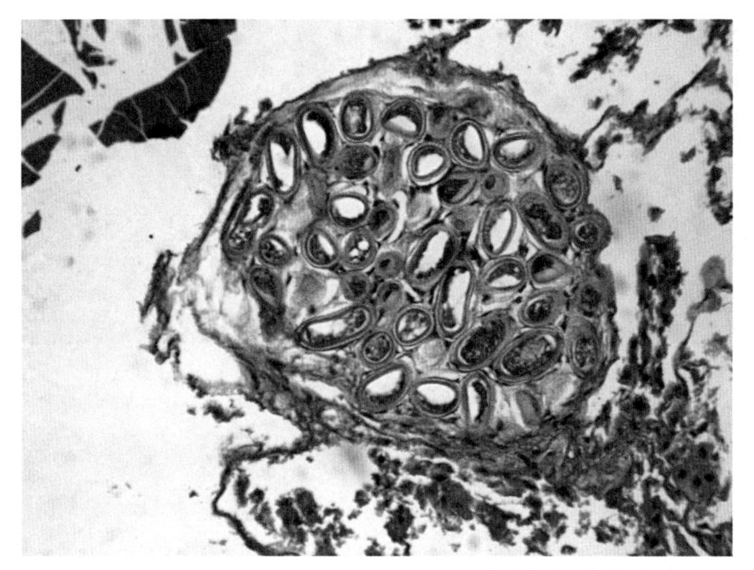

간 안에 간모세선충이 낳은 알들

했다. 간 안에 수많은 알이 보였다. 이 알들이 아이의 간을 망가뜨린 주범이었던 것이다. 현미경을 좀 더 보다 보니 이 알을 낳은 진짜 원흉이 관찰됐다. 그 원흉인 기생충의 이름은 바로 간모세선충(Capillaria hepatica)이다.

간모세선충은 어떻게 살인을 저지르나

『기생충 열전』을 읽으신 분이라면 장모세선충을 기억하실지도 모르겠다. 생긴 것은 쉰 콩나물처럼 볼품없지만, 엄청난 설사를 유발하는 기생충 말이다. 체중이 80킬로그램을 넘던 환자가 50킬로그

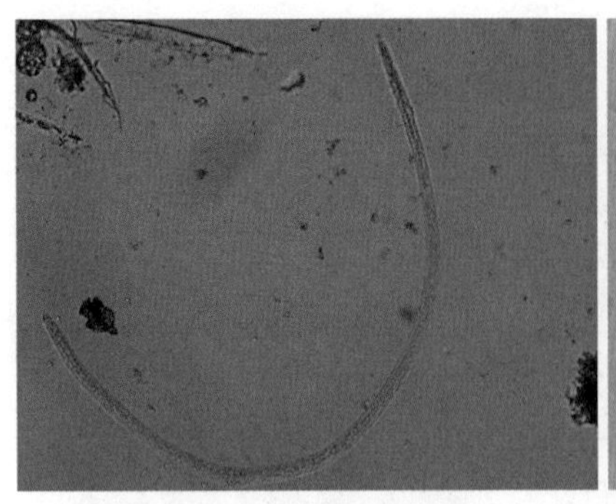
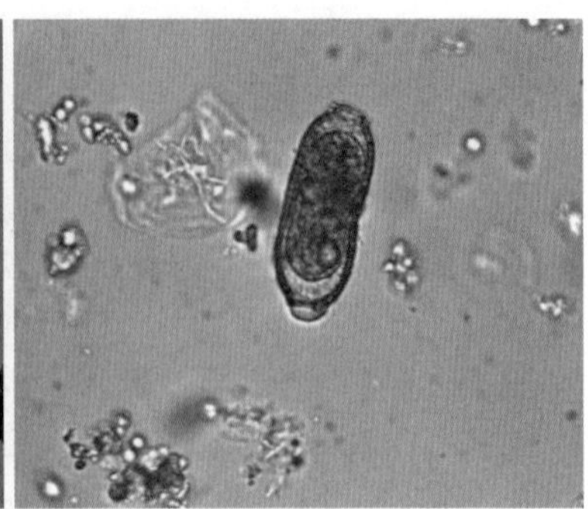
장모세선충(좌)과 장모세선충의 알

램 이하로 떨어질 정도라니 말 다했다. 배를 갈라서라도 진단을 하지 않았다면 환자는 살지 못했을 것이다. 그렇다면 장모세선충의 친척뻘인 간모세선충은 어떤 증상을 일으킬까? 피는 못 속인다고, 간모세선충 역시 인체에서 아주 심한 증상을 일으킨다. 사람을 죽이는 몇 안 되는 기생충 중 하나가 바로 간모세선충이다. 길이 5~7센티 남짓한 이 조그만 기생충이 어떻게 해서 사람을 그렇게 못살게 굴 수 있을까? 결론을 미리 말씀드리자면, 이 기생충이 특별히 악해서 그런 건 아니다. 삶의 목적이 자손 번식인 기생충의 특성상 알 낳기에 몰두하다 보니 그리 된 것뿐이다. 의도가 어떻든 간에 사람을 죽게 만든다는 건 변명의 여지가 없지만, 그래도 이들의 삶을 들여다보면 조금은 이해해 줄 수 있는 구석이 있을지도 모르겠다.

사람은 간모세선충의 알을 섭취해서 감염된다. 흙장난을 하다 손에 알이 묻고, 그 알을 무심코 섭취하는 것이 가장 흔한 감염 경로

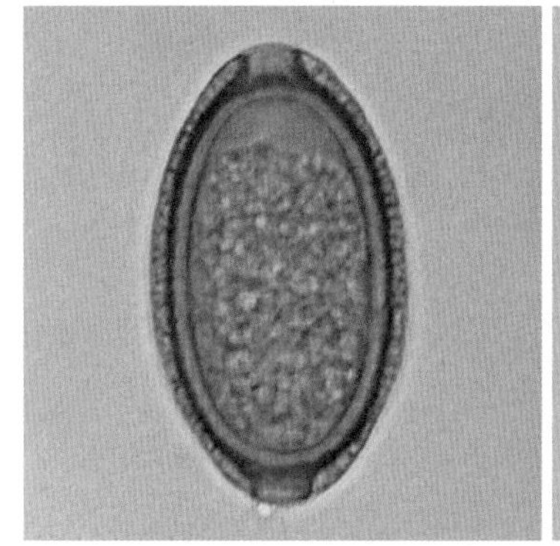 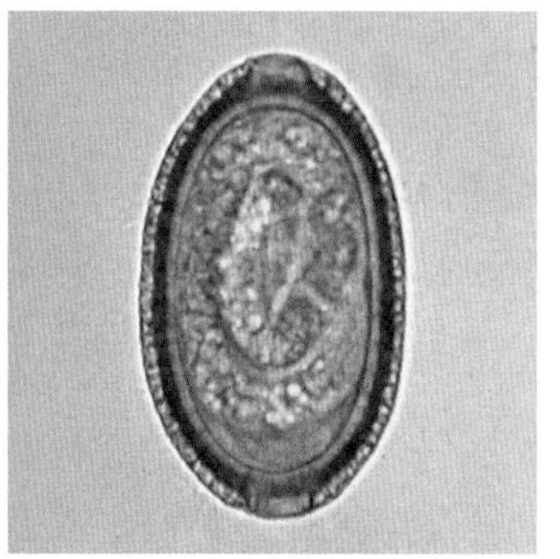

간모세선충의 알

인데, 환자들 중 아이가 많은 것도 다 그 때문이다. 사람에게 들어온 알들은 위를 통과해 작은창자에서 부화해 유충이 된다. 사람이 밥을 먹으면 영양분이 작은창자의 혈관을 따라 간으로 보내지는데, 우리 몸은 간모세선충의 유충도 영양분으로 생각하고 간으로 보내버린다. 이야기는 여기서부터 시작된다. 평화롭던 간에 간모세선충 유충 한 쌍이 상륙했다고 치자. 간에도 쿠퍼세포(Kupffer cell) 같은 외적을 방어하는 세포들이 있다. 그들은 밥값을 하느라 유충한테 달려들어 보지만, 크기로 보나 싸움 실력으로 보나 상대가 안 된다. 결국 면역계는 불안한 눈으로 그 유충들을 관찰하며, 더 이상 나쁜 짓을 하지 않기만을 바란다. 유충들은 자라서 어른이 되며, 암수 간의 짝짓기도 이루어진다. "이것들이 내 집에서!"라며 면역계는 격분하지만 힘에서 밀리니 어쩔 수 없다.

성공적으로 짝짓기를 마친 뒤 암컷은 알을 낳기 시작하는데, 이게 바로 문제의 근원이다. 알의 크기는 대략 50마이크로미터 정도로, 15센티에 달하는 타조 알에 비할 바는 아니겠지만, 우리 몸의 방어 체계가 상대하기에는 벅찬 크기다. 알이 달랑 한 개라면 어떻게든 해 볼 수 있겠지만 그 개수가 많아진다면 얘기가 달라진다. 이제부터 일어나는 일은 쿠퍼세포의 일기를 통해 보다 생생하게 전해 드리겠다.

쿠퍼의 일기

첫째 날 | 간모세선충 암컷의 배가 남산만 하게 불렀다. 왠지 불안하긴 하지만, 낳는 족족 먹어 치워 버릴 거다. 어디, 한번 천천히 들어와 봐라.

둘째 날 | 암컷이 드디어 알을 낳기 시작했다. 알의 크기가 대략 50마이크로미터나 된다. 나보다 두 배 이상 큰데, 저걸 언제 다 먹어 치우냐.

셋째 날 | 동료들과 힘을 합쳐 알 한 개를 먹어 치우는 동안 하루가 그냥 지나 버렸다. 대충 봐도 400개 이상은 낳은 것 같은데, 이대로는 안 되겠다. 무슨 특단의 조치가 있어야겠다. 으, 또다시 알이 무더기로 쏟아진다. 신이여, 쿠퍼세포를 도우소서.

넷째 날 | 동료들과 상의해 본 결과 이것들을 다 먹어 치우는 건 불가능하다는 결론에 이르렀다. 그 대신 섬유질로 이 알들을 둘러싸 버리기로 했다. 간모세선충의 알들이여, 너희들은 이제 끝이다.

다섯째 날 | 섬유질로 그동안 낳은 알들을 다 둘러쌌다. 그런데 저

녀석들이 그 옆에다 또 알을 낳기 시작한다. 흥, 마음껏 낳아 봐라. 다 둘러싸 버리겠다!

십칠 일째 | 헉헉, 너무 힘들다. 저 녀석이 낳는 알 때문에 간이 절반 가까이 섬유질로 변해 버렸다. 우리가 녀석의 계략에 속아 넘어가 멀쩡한 간세포들을 망가뜨리는 게 아닌가 걱정된다. 으으, 녀석이 또 알을 낳는다. 중공군의 인해전술이 이런 거였을까?

이십사 일째 | 대부분의 간이 섬유질로 변했다. 남은 간세포들이 우리한테 욕을 한다. 기생충보다 더 나쁘다고. 억울하다. 더 열심히 알들을 포획해서 우리가 살아 있다는 걸 보여 줘야지. 알들아, 덤벼라!

이십팔 일째 | 좋은 소식과 나쁜 소식이 있다. 좋은 소식은 저 기생충들의 살날이 얼마 남지 않았다는 거고, 나쁜 소식은 이제 간에서 멀쩡한 곳을 찾기 어려워졌다는 것이다. 이걸 사람들은 간경화라고 한다지. 가만, 그럼 난 이제 어떻게 되는 거야?

물론 암컷 한 마리가 간 전체를 섬유질로 바꿔 버릴 수는 없다. 우리나라에서 감염된 아이가 죽지 않았던 것은 마릿수가 많지 않았기 때문이다. 하지만 간모세선충의 수가 제법 많다면, 예를 들어 몇 십 마리 정도 된다면, 심각한 간경화가 일어나는 건 필연적이다. 한 연구자가 간모세선충에 감염돼 죽은 쥐의 간에 뿌려진 알을 세어 봤더니 93만 8천 개나 됐다고 한다. 인체 감염자의 60퍼센트가량이 사망한 것도 이해가 안 가는 건 아니다. 그렇다면 연쇄살인범이 돼 버린 간모세선충은 이 사태에 대해서 어떤 할 말이 있을까?

육성으로 듣는 간모세선충의 변명

기생충의 목적은 자손의 번식을 눈으로 확인하는 것인데, 그런 점에서 난 실패한 기생충이다. 내 알들이 새 삶을 얻기 위해서는 바깥으로 나가 흙 속에서 3주 이상 발육하는 과정이 필요하다. 충분히 발육한 뒤 사람이든 쥐든 적합한 숙주에게 먹혀야 한다는 얘기다. 그런데 내 알들을 어떻게 흙 속으로 보낼 수 있을까? 작은창자에 사는 대부분의 기생충들은 자기가 낳은 알을 숙주의 대변에 섞어서 외계로 내보낸다. 이웃에 사는 간디스토마도 마찬가지다. 간디스토마는 간의 담도(쓸개즙이 이동하는 통로)에 기생하며, 담도는 십이지장과 연결돼 있어서 알을 낳는 족족 그 알들이 담즙과 함께 작은창자로 갔다가 결국 대변으로 배출된다. 하지만 나는 담도 대신 간세포들의 틈바구니에서 산다. 이곳은 사방에 출구라고는 없다. 내가 아무리 알을 낳아 봤자 그 알들은 간을 벗어나지 못한 채 미성숙한 상태로 머문다. 알들아, 미안하구나. 내가 터를 잘못 잡았다.

하지만 알들아, 포기하지 마라. 내가 너희들을 꼭 내보내 줄 테니까. 그러기 위해서 난 숙주를 죽일 것이다. 숙주가 죽어서 땅에 묻히면, 그리고 숙주의 몸이 분해되면, 간에 갇혀 있던 너희(알)들도 흙 속으로 들어가 발육할 수 있을 거야. 요즘은 화장하는 게 대세라서 좀 불안하긴 하지만 말이야. 기생충은 원래 숙주, 특히 종숙주를 죽이지 않지만, 어쩌겠니? 내 자식들이 살고 봐야지. 숙주를 없애기 위해 난 알을 아주 많이 낳을 거야. 간경화 정도는 생겨 줘야 숙주가 죽을 것 아니겠니? 쉬지 않고 알을 계속 낳다 보면 내 수명이 줄어들 테지만, 그렇다고 미안해하지 마라, 알들아. 어미가 자식을 위해 희생하는 건 기생충의 입장에서 보면 당연한 거야. 기생충의 목적은 자손 번식이니까. 계속 이렇게 살다 보면 조만간 우리의 시대가 열리지 않겠니? 자, 이제 숙주가 죽어 가고 있다. 어서 밝은 세상으로 나갈 준비를 하렴.

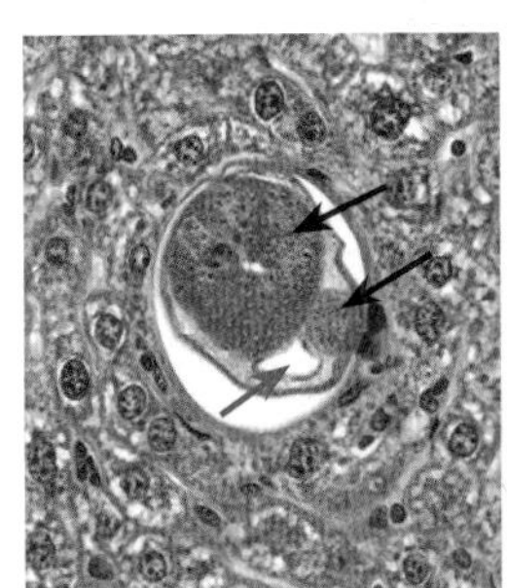

간에 있는 간모세선충의 단면. 파란색 화살표는 간모세선충의 작은창자고, 검은색 화살표는 고환이다

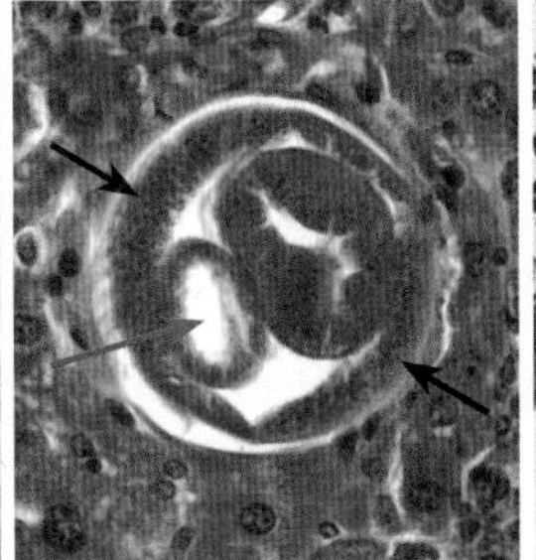

역시 간에 있는 간모세선충의 단면이다. 파란색 화살표는 간모세선충의 작은창자고 검은색 화살표는 바실루스 띠(bacillary band)라고 하는, 편충과 선모충, 간모세선충 및 장모세선충에만 있는 배설 담당 기관이다

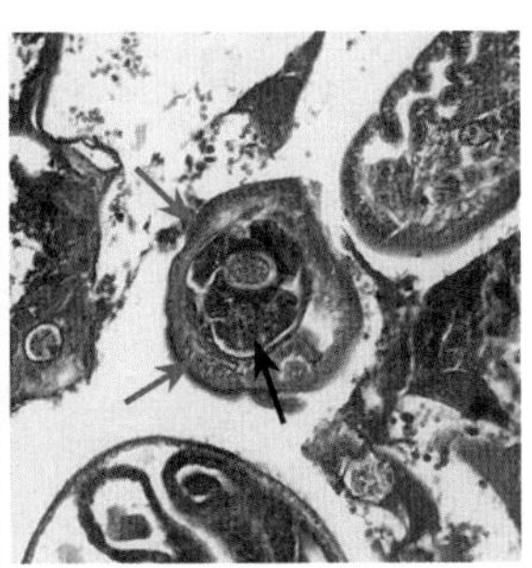

간모세선충이 간에 있는 건 이 사진도 마찬가지다. 검은색 화살표는 편충과 간모세선충, 선모충에만 있는 염주세포(stichocyte)다. 이들의 식도는 염주 알 모양의 세포로 연결돼 있는데, 그 전체 식도를 스티코솜(stichosome)이라고 하며 하나하나의 식도 세포를 염주세포라고 한다. 파란색 화살표는 가운데 사진에서 설명한 바실루스 띠다

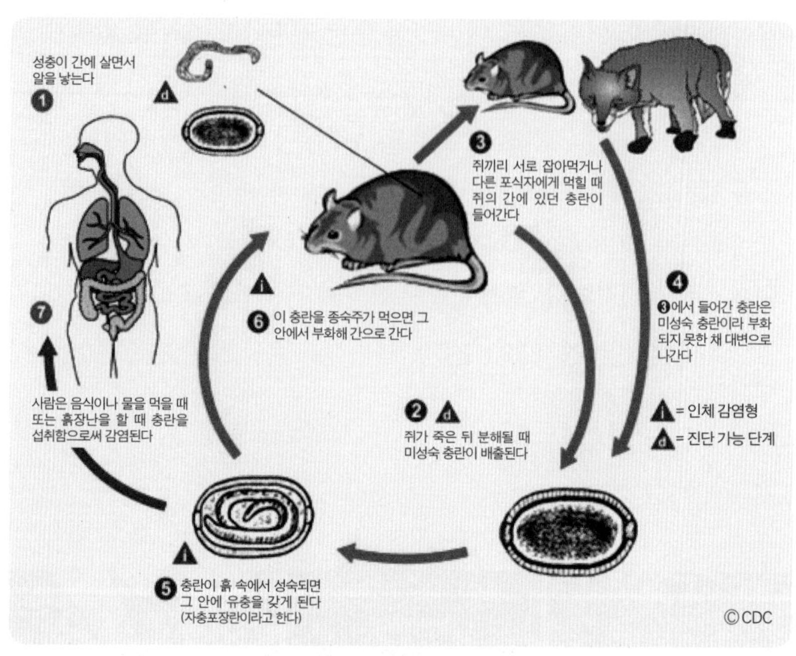

간모세선충의 생활사

간모세선충의 경과

기생충학자인 내가 봐도 굉장히 궁색한 변명이다. 간모세선충은 숙주와의 공존이라는 기생충 정신을 짓밟은 나쁜 기생충이고, 박멸되는 게 맞다. 이들이 일으키는 증상을 보자. 알이 간에서 염증을 일으켜 1) 열이 나고 2) 간이 커지고 3) 염증이 있을 때 동원되는 백혈구 수치가 증가되며, 특히 호산구가 높아진다. 그 밖에 소화에 문제가 생길 수도 있고, 체중 감소와 식욕 감퇴 등의 증상이 추가로 따라온다.

이를 진단하려면 어떻게 해야 할까? 간모세선충의 알은 외계로 나가지 못하니 대변 검사는 하나마나다. CT를 찍어서 간이 커졌는지를 알아보는 게 우선이지만, 위의 여자아이에게 했던 것처럼 간 생검[16]을 통해 간모세선충의 알이 있는지 확인하면 확실한 진단을 내릴 수 있다. 생검 후 현미경을 보면 간모세선충의 알들이 가운데 위치하고 여기에 호산구를 비롯한 백혈구들이 그 주위를 빙 둘러싸고 있는데, 이를 전문 용어로 육아종(granuloma)이라고 한다. 좀 더 시간이 지나면 육아종 주변을 섬유질이 둘러쌈으로써 알의 독성이 더 이상 퍼지지 않게 만든다. 하지만 간생검은 100퍼센트 확실한 방법은 아니다. 마리 수가 적어 간의 일부에서만 알을 낳는 경우 간 생검으로 발견이 안 될 수도 있기 때문이다. 그래서 간모세선충에 대한 항체를 발견하는, 소위 혈청학적 방법[17]으로 진단하기도 한다.

아무리 무서운 기생충이라도 치료는 회충약으로 하면 된다. 다만 간까지 약이 잘 도달하지 못할 수도 있으니 20일 이상 약을 써야 한다. 아까 그 여아 얘기를 해 보자. 약국에서 파는 회충약과 더불어

---

16 간 조직의 생검. 진단의 목적으로, 살아 있는 사람으로부터 조직의 일부를 채취하는 것을 생검 또는 시험 채취라고 한다.

17 혈액에 다른 생물의 단백질(항원), 즉 특정 바이러스의 순화액(주로 외피단백질)을 여러 번 주사하면 동물의 면역 체계가 이에 반응하여, 혈액 내에서 이에 반응하는 특이한 항체를 형성하게 되며, 항체가 형성된 동물의 피에서 적혈구를 분리·제거해 정제하면 특이한 항체를 포함하는 항혈청을 얻을 수 있다. 이 항혈청으로 실험·조작이 간단한 한천내확산법으로부터 면역전자현미경법, 효소항체결합법 등 여러 가지 혈청학적 방법을 이용해 특정 항원(바이러스)을 진단하게 된다.

기생충을 죽이는 성분이 있는 황(S)을 붙여 효과를 더 좋게 만든 약, 이 두 가지를 무려 27일 동안 고용량으로 사용했다. 그리고 염증을 좀 줄여 볼 심산으로 스테로이드 제제를 썼다. 의료진의 노력 덕분에 그 여아는 살아날 수 있었는데, 그때가 14개월이 됐을 때였으니 지금은 어엿한 숙녀가 됐으리라. 2011년 발표된 자료에 의하면 그때까지 보고된 간모세선충 환자 72명 중 살아난 사람은 39퍼센트인 28명에 불과하다. 이 정도면 거의 말라리아급 아닌가 싶기도 한데, 그래도 희망적인 것은 대상을 1990년 이후로 좁혀 본다면 죽은 뒤 간모세선충임이 확인된 54세 멕시코 여성을 제외하면 나머지 21명이 모두 살아났다는 점이다. 진단만 제대로 내리고 약을 쓰면 얼마든지 나을 수 있다는 얘기다. 간모세선충을 미워하는 건 당연하지만 이것에 대해 지나친 공포감을 가질 필요는 없어 보인다.

| 부록 |

위 감염 spurious infection

글을 마무리하기 전에 다음에 대해 생각해 보자. 철수라는 친구가 건강 검진 차 시행한 대변 검사에서 간모세선충의 알이 나왔다. 그는 간모세선충에 걸린 것일까? 철수에게 물었다. 최근 며칠간 뭐 이상한 거 먹지 않았느냐고. 철수는 눈물을 떨구며 말한다. 건강 검진을 받기 전 너무 겁이 나서 친구가 잡은 멧돼지의 간을 먹었다고 말이다. 알고 보니 그 멧돼지는 간모세선충에 걸린 멧돼지였다. 인체에서 그러는 것처럼 멧돼지의 간도 간모세선충의 알 때문에 난리가 났는데, 그 간이 철수의 몸에서 소화되면서 거기 있던 알들이 철수의 대변으로 나온 것이다. 이 알들은 흙 속에서 어느 정도 발육해야 사람에게 감염될 수 있으니, 철수가 걱정할 필요는 없다. 진짜 감염이 아니라 알만 나온 것이니까. 이걸 학계에선 '위 감염', 즉 가짜 감염이라고 한다. 최근에는 '뉴트리아'라고, 남미에서 들여와 우리 생태계를 파괴하는 동물이 간모세선충에 걸렸다는 사실이 밝혀진 바 있는데, 뉴트리아야, 남미에서 여기까지 와서 고생이 많구나. 조용히 말할 때 조속히 너희 나라로 돌아가지 않으련?

뉴트리아

간모세선충

- **위험도** | ★★★★
- **형태 및 크기** | 모세관처럼 대단히 가늘고 긴 충체. 약 5cm
- **수명** | 암컷은 59일, 수컷은 40일로 알려졌다.
- **감염원** | 흙
- **특징** | 흙 속에서 3주 이상 발육하는 과정이 필요하다. 그래서 아이들이 흙장난 할 때 손에 알이 묻는 경우가 많다.
- **감염 증상** | 간경화. 열이 나고 소화 불량이나 체중 감소, 식욕 감퇴 등의 증상도 생길 수 있다.
- **진단 방법** | 간생검, 혈청학적 방법, 간 CT 촬영
- **나쁜 기생충으로 선정한 이유** | "난 그저 알만 낳았을 뿐이고, 그 알을 처리 못해서 간경화가 일어났을 뿐이에요. 억울해요, 흑흑." 하지만 흙장난 하는 아이들에게 감염된다는 점과 간경화라는 무서운 증상에 이르게 한다는 점은 나쁜 게 맞다. 숙주와의 공존이라는 기생충 정신을 짓밟았으니 변명의 여지가 없다.

3
크루스파동편모충

샤가스씨병의 원인

샤가스씨병: 무관심은 부메랑이 될 수 있다

2012년 6월, 뉴욕타임스는 미국을 비롯해 멕시코, 콜롬비아, 볼리비아 등 중남미 국가들에서 신종 에이즈인 '샤가스씨병(Chagas' disease)' 공포가 확산되고 있다고 보도했다. 현재 남미권에서 미주 신종 에이즈 샤가스씨병에 걸린 사람은 800만 명 정도로 추정되며 미국에서도 이민자를 중심으로 30만 명가량 발견된 것으로 집계됐다. 이 병이 무서운 이유는 "에이즈처럼 잠복기가 길고, 초기에 발견하지 않으면 치료가 불가능하기 때문"이라고 보도했다. 샤가스씨병은 무엇이며, 정말 에이즈에 비교될 만한 병일까? 이에 대해 알아보자.

샤가스가 발견한 것

지금부터 백 년쯤 전, 브라질에 크루스(Oswaldo Cruz)라는 분이 살았다. 리우데자네이루에서 의대를 졸업한 크루스는 미생물학을 더 공부하기 위해 프랑스에 있는 파스퇴르 연구소로 갔다. 크루스는 감탄했다.

"이렇게 멋진 연구소가 있다니! 우리나라에도 이렇게 임상실험이 가능한 연구소가 있으면 좋겠다."

크루스는 상파울루에 흑사병이 도는 바람에 고국의 부름을 받고 귀국해야 했는데, 브라질에 들어온 그가 세운 '흑사병 연구소'는 훗날 '오스왈도 크루스 연구소'가 된다. 그리고 이 연구소는 브라질 의학 연구에 큰 족적을 남긴다. 이 얘기를 하는 이유는 이번 이야기의 주인공인 샤가스(Carlos Chagas)가 이 연구소에서 기생충을 공부했기 때문이다.

"샤가스, 지금 철도 건설 현장에서 말라리아가 돌고 있어. 당장 짐을 꾸리게."

1908년, 크루스는 자신의 첫 제자인 젊은 의사 샤가스를 미나스(Minas Gerais) 주로 보낸다. 샤가스는 말라리아가 진정돼 여유가 생기자 인근 마을에서 할 일이 없을까 찾다가 이상한 말을 듣는다.

"우리 마을엔 이상한 저주가 있어요. 사람들이 갑자기 죽어 버려요. 대부분이 한창때고, 평상시 아픈 데도 없었는데도요."

그 저주를 풀어 보겠다며 이리저리 배회하던 샤가스는 동물의 몸에 매달려 피를 빨던 빈대 한 마리를 잡는다. 그 빈대 입장에서는 재수 옴 붙었다고 할 만한 것이, 보통 사람 같으면 그 빈대를 잡아 죽이는 데 그쳤겠지만, 학문적 열정에 불탔던 샤가스는 빈대를 잡아서 내장을 꺼낸 뒤 현미경으로 관찰한다! 거기서 샤가스는 편모가 달린, 가느다란 기생충 한 마리가 헤엄치고 있는 것을 봤다. 그 기생충이 바로 갑자기 사람을 죽게 만드는 원인이었지만, 자신의 발견이 얼마나 대단한 건지 몰랐던 샤가스는 연구 노트에 이렇게 쓴다.

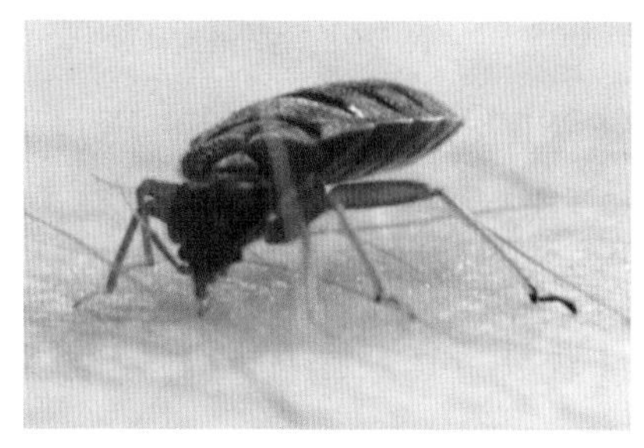
샤가스씨병을 옮기는 빈대

> 빈대 내장에서 편모가 달린 기생충(편모충)을 발견했다. 온화하게 생긴 걸 보니 숙주한테 병을 일으키지는 않을 것 같다.

하지만 그렇게 넘어가기엔 뭔가 찜찜했다. 자료를 보니 원숭이의 혈액에서 비슷한 형태의 편모충이 발견된 적이 있다는 것이다. 그 원숭이가 앓아눕지 않았다는 점으로 미루어 해로운 기생충은 아닌 것 같았지만, 샤가스는 정말 그런지 확인해 보고 싶었다.

"그래, 원숭이한테 한번 주사해 보자. 달리 할 일도 없잖아?"

샤가스는 원숭이를 구하려 했지만, 미나스 주에는 실험에 쓸 만한 원숭이가 없었다. 할 수 없이 샤가스는 그 충체를 오스왈도 크루스 연구소로 보내면서 원숭이에게 감염시켜 달라고 했다. 편모충을 받은 크루스 연구소에서는 당장 원숭이한테 편모충을 감염시켰다. 며칠 후 원숭이는 시름시름 앓았고, 원숭이의 혈액에서는 그 편모충이 수도 없이 관찰됐다. 이건 다른 동물실험에서도 마찬가지였다. 그렇다면 인체에서도 이 기생충이 병을 일으킬 수 있지 않을까? 크루스가 자신의 실험 결과를 전하자 놀란 샤가스는 바로 다음날 연구소로 돌아온다. 편모충을 자세히 관찰한 결과 그 편모충은 기존 문헌에 보고된 원숭이의 편모충과는 전혀 다른, 새로운 편모충이었다.

새로운 기생충을 발견했을 때 이름을 어떻게 짓는지는 발견자에게 그 권한이 있는 법, 그때부터 크루스와 샤가스 사이에 미묘한 신경전이 시작된다.

샤가스의 주장 | 빈대의 내장에서 그 편모충을 세계 최초로 발견한 사람은 저라고요. 선생님은 제가 부탁한 대로 원숭이에게 주사한 거잖아요. 이 편모충에 대한 권리는 저한테 있어요.

크루스의 주장 | 넌 내 제자고, 그 편모충이 병을 일으키는 것인지도 몰랐어. 그 기생충은 당연히 내 이름을 따야 해.

결국 양보한 쪽은 샤가스였고, 그 편모충에는 '크루스파동편모충

(Trypanosoma cruzi)'이라는 이름이 붙었다. 샤가스로서는 아쉬운 일이지만, 너무 속상해 할 필요는 없었다. 훗날 이 편모충이 일으키는 병에 '샤가스씨병'이라는 이름이 붙었으니 말이다.

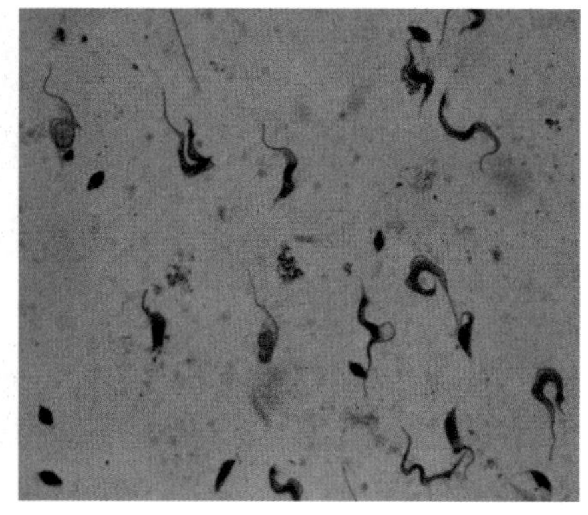
크루스파동편모충

샤가스씨병을 찾아내다

혈액에 사는, 아름다운 편모가 달린 늘씬한 벌레. 『기생충 열전』을 꼼꼼히 읽어 본 분이라면 이렇게 외칠 것 같다.

"혹시 수면병?"

맞다. 체체파리를 통해 사람에게 들어와 수면병을 일으키는 감비아파동편모충과 샤가스씨병을 일으키는 크루스파동편모충은 모양이 아주 비슷하다. 다만 크루스파동편모충은 슈퍼맨의 망토에 해당되는, 편모와 충체 사이의 얇은 막이 좀 더 길다는 게 유일한 차이점이다. 그래서 크루스파동편모충에 걸린 사람도 수면병과 비슷한 증상을 일으키지 않을까 생각할 수 있다.

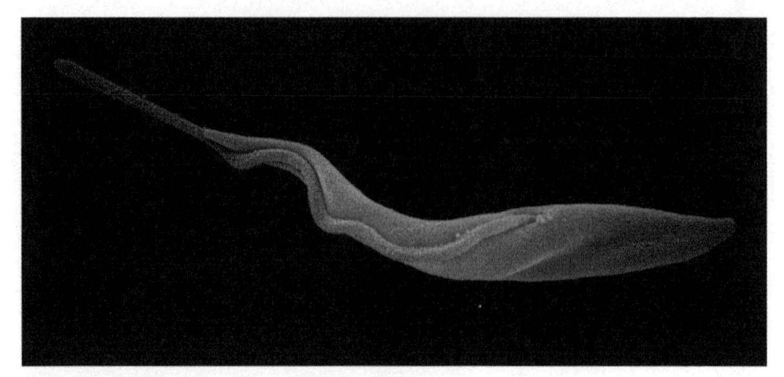

감비아파동편모충

샤가스도 그렇게 생각했다. 이 사실을 확인하는 가장 좋은 방법은 유행지로 가는 것으로, 샤가스는 다시금 미네스 주로 간다. 초가집 비슷한 집들이 많다 보니 빈대가 살기 좋은 환경이었고, 실제로 빈대가 시시때때로 사람을 물곤 했다. 마을을 뒤지던 중 샤가스는 많이 아파 보이는 2세 여자아이를 발견한다. 열이 나고, 눈 주위가 좀 부어 있는 걸로 보아 어디가 아픈 건 확실한데, 원인을 알 수 없었다. 빈대에 물린 적이 있냐고 묻자 여자의 부모는 당연한 소리를 하냐는 듯 샤가스를 쳐다봤다. 그 아이에게 열쇠가 있다고 생각한 샤가스는 여자아이의 피를 뽑아 현미경으로 관찰한다.

'만일 여기서 크루스파동편모충이 나온다면 이 질병을 샤가스씨병이라고 해야지!'

이게 수면병과 비슷한 병이라면 혈액에서 편모충이 관찰돼야 했지만, 샤가스의 기대와 달리 혈액에서는 아무것도 나오지 않았다. 샤가스의 뛰어난 점은 여기서 포기하지 않았다는 것이다. '현미경에서는 아무것도 발견하지 못했지만, 그건 편모충의 숫자가 워낙 적어서 내가 놓친 것일지도 모른다. 이 혈액을 동물에게 주사하면 편모충이 증식할 테고, 그럼 찾는 게 좀 쉬울 것이다.' 과연 그랬다. 아이의 혈액을 햄스터에게 접종한 결과 혈액에서 다수의 편모충을 발견할 수 있었다. 이제 인체에서만 발견하면 되는 거였다. 이를 위해 샤가스는 환자들의 혈액 검사를 수없이 했고, 결국 환자의 혈액에서 크루스파동편모충을 발견한다. 나중에 안 사실이지만 인체에서 크루스파동편모충을 발견하기 힘들었던 건 크루스파동편모충이 인체에 들어오면 조금 증식한 뒤 바로 조직 속으로 숨어 버리기 때문이었다. 그 뒤 샤가스는 크루스파동편모충에 감염된 환자들에 대한 연구를 계속했고, 후세 사람들은 이 편모충에 감염돼 생기는 질병을 '샤가스씨병'이라고 불렀다.

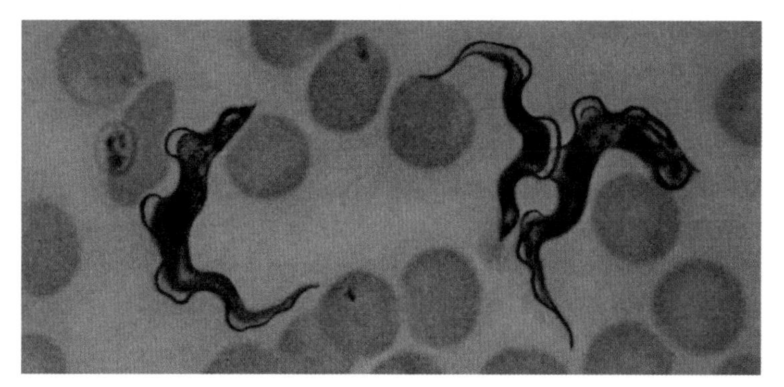

크루스파동편모충

샤가스씨병의 알파와 오메가를 알아낸 샤가스

그렇다면 크루스파동편모충에 걸리면 어떤 증상이 나타날까? 아까 2세 여자아이는 열이 나고 눈 주위가 좀 붓는 정도였지만, 그게 다는 아닐지도 몰랐다. 순간 샤가스는 마을에 떠도는 괴소문을 떠올렸다.

"마을에서 사람이 갑자기 죽고 그래요. 나이든 것도 아니고 30~50세쯤 되는 사람들이 어느 날 갑자기 죽어 버려요."

샤가스는 급사한 사람들의 시체를 부검하기 시작했다. 죽은 사람들 중 상당수의 심장이 아주 비대해져 있었는데, 그 심장에서 놀랍게도 크루스파동편모충이 관찰됐다. 샤가스의 생각처럼 마을을 공포에 떨게 한 그 갑작스러운 죽음은 크루스파동편모충에 감염된 결과였다. 1909년부터 1920년까지 미네스 주와 연구소를 바삐 오간 끝에 샤가스는 샤가스씨병에 관한 거의 모든 것을 알아냈다. 다음은 샤가스씨병에 관해 현재까지 알려진 사실들이다.

1) 샤가스씨병은 빈대를 통해 전파된다. 빈대는 흡혈을 하면서 변을 보는데, 그 변 속에 크루스파동편모충이 들어 있다. 빈대가 흡혈을 하면 가렵기 마련이고, 그러다 보면 피부를 긁게 되는데, 그때 난 상처를 통해 빈대 변 속에 들어 있던 크루스파동편모충이 사람에게 들어간다.

2) 크루스파동편모충이 혈액에 증식하면 2세 여아에게서 나타났

던 증상들, 즉 열이 나고 근육통과 피부에 발진이 생기는 등의 증상이 생긴다.

3) 위 2)의 과정에서 몸의 일부가 붓는 현상이 생기는데, 특히 한쪽 눈꺼풀이 붓는 경우가 많다. 샤가스씨병에 관한 대부분의 사실들은 샤가스가 알아냈지만, 이 한쪽 눈꺼풀이 붓는 증상을 발견한 사람은 로마나(Cecilio Romana)라는 아르헨티나 의사였다. 그는 이 증상에 자기 이름을 붙여서 '로마나 징후(Romana's sign)'라고 불렀다. 물론 모든 환자에게서 로마나 징후가 발견되는 건 아니다.

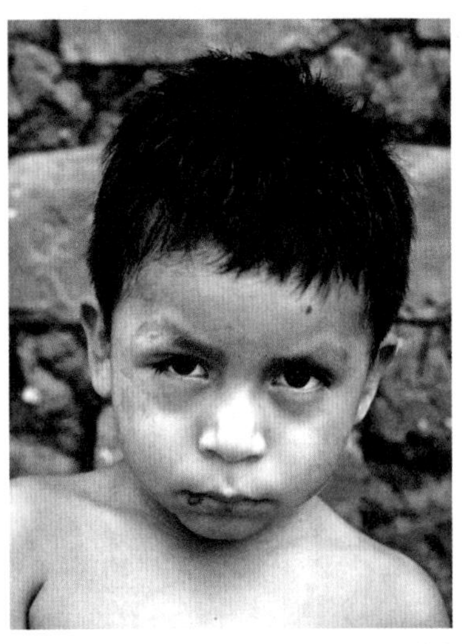

샤가스씨병으로 한쪽 눈꺼풀이 부은 아이

4) 위 2), 3)의 증상은 3~8주 안에 저절로 회복된다. 이 기간을 급성기라고 부르며, 이 기간에는 혈액에서 편모충을 발견할 수 있다. 즉 샤가스씨병을 진단할 수 있는 가장 좋은 시기는 급성기이다. 이 시기에 진단과 치료가 이루어지지 않으면 만성기로 넘어간다. 이게 샤가스씨병의 가장 무서운 부분이다.

5) 소위 만성기로 접어들면 환자의 증상은 사라지며, 혈액에서도 편모충이 관찰되지 않는다. 대부분의 환자들은 '잠깐 몸살을 앓았을 뿐, 이제는 괜찮다'고 생각하지만, 이 시기에도 크루스파동편모

충은 환자의 몸을 공격하고 있다. 가장 흔히 침범되는 장기는 심장으로, 크루스파동편모충은 심장의 근육을 망가뜨린다. 이때 손상되는 것은 근육만이 아니다. 심장이 뛰는 것은 심장에 있는 박동기가 심장에게 뛰라는 전기신호를 보내기 때문이며, 이 신호는 근육에 있는 전선을 통해 심장의 각 부분에 전달된다. 그래서 크루스파동편모충이 근육을 손상시킬 때 이 전선이 망가지기도 한다. 위에서 마을 사람들이 "갑자기 죽는 사람이 많다"고 했다. 이 사람들이 죽는 원인은 바로 이 전기신호가 제대로 전달되지 못해 심장이 갑자기 멈춘 탓이다. 심장이 이 정도까지 손상되려면 적어도 10~20년이 걸리는데, 급사하는 사람들이 대부분 30~50대인 건 바로 이 때문이다.

6) 샤가스씨병으로 죽은 사람들을 부검해 보면 대부분 심장이 커져 있다. 크루스파동편모충으로 인해 염증이 생긴 탓도 있지만, 전기신호가 망가진 곳이 많다 보니 일부 남은 멀쩡한 부분에서 피를 짜내기 위해 무리한 탓에 근육이 비대해지기 때문이다. 여기에 더해 한 가지 특징이 또 있으니, 식도나 큰창자 등 소화기관이 엄청나게 커져 있는 환자가 많다는 점이다. 이렇게 되는 이유는 크루스파동편모충이 큰창자

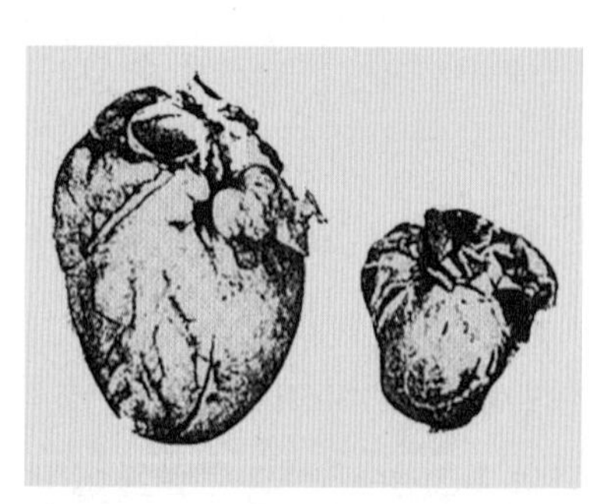
샤가스씨병에 걸려서 삼장이 커진 모습(좌). 오른쪽의 정상 심장에 비해 상당히 크다

의 신경계를 손상시켜 음식물을 아래로 내려 보내는 연동운동에 장애를 주기 때문이다. 한 곳에서 음식물이 잘 안 내려가니 그 윗부분에 음식물이 축적되고, 그걸 무리하게 내려 보내려고 힘을 주다 보니 근육층이 두꺼워진다. 그러니 소화기관이 말도 안 되게 커진 것은 샤가스씨병에 걸렸다는 증거가 될 수 있다. 브라질에서 500년 전으로 추정되는 미라가 발견된 적이 있다. 그 미라를 검사하던 연구팀은 미라의 몸 안에 변이 남아 있는 것을 확인한다. 변이 남아 있는 거야 워낙 흔한 일이지만, 그 변의 굵기는 상상을 초월할만큼 컸다. 그 미라가 발견된 곳이 미네스 주였으니 이 환자는 살아생전 샤가스씨병에 걸렸고, 그로 인해 죽었을 가능성이 높다고 추정했다. 이 가설은 추후 DNA 연구를 통해 사실인 것으로 확인됐다.

3)번의 로마나 징후를 제외하고 나머지 모든 사실들을 알아낸 건 다름아닌 샤가스였다. 병의 발병 원인부터 진단법까지 한 사람이 다 알아내는 건 극히 어려운 일이니, 이 병을 샤가스씨병이라고 부르는 건 당연한 일이다. 라브랑(Charles Laveran)이 말라리아 병원체를 혈액에서 발견했다는 공로로, 로스(Ronald Ross)가 모기를 통해 말라리아가 전파된다는 것을 발견한 공로로 각각 노벨생리의학상을 수상한 걸 보면, 모든 걸 알아 낸 샤가스에게도 노벨상을 줘야 마땅하다. 실제로 1921년 샤가스는 노벨생리의학상 후보에 올랐는데, 여기서 석연치 않은 일이 벌어진다. 그해 생리의학상 부문 노벨상을 아무에게도 주지 않은 것이다. 아인슈타인(Albert Einstein)이 6전

7기 끝에 노벨물리학상을 수상한 게 바로 그 해인 데서 보듯 노벨상 시상이 아예 중단된 것도 아니었는데, 생리의학상 수상자만 선정되지 않았다. 이유는 알 수 없지만, 권위 있는 노벨상 수상위원회가 보기엔 중남미에서만 국소적으로 유행한 질병을 섭렵한 브라질 의사가 탐탁지 않았던 게 아닐까 싶다.

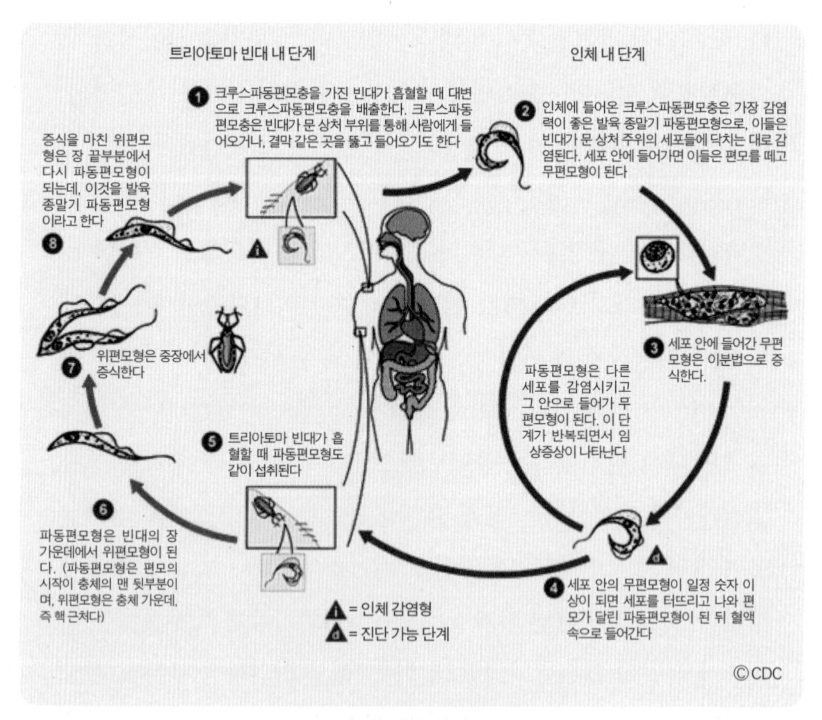

크루스파동편모충의 생활사

샤가스씨병의 치료와 진단

샤가스씨병의 유행지인 라틴 아메리카에서는 아직도 500만~600만 명에 달하는 감염자가 있고, 해마다 수만 명이 갑작스러운 심부전이나 심전도 이상으로 죽어 간다. 이들은 대부분 어릴 적 샤가스씨병에 걸렸지만 그걸 모른 채 살아가다, 갑작스러운 심장마비로 세상을 떠난다. 노인들은 치매에 대한 두려움 때문에 심장마비로 죽는 게 최고의 행운이라고도 말하지만, 샤가스씨병의 희생자들은 대개 한참은 더 살 수 있는 중년이다. 치료 약이 있다면 상황이 좀 나아졌을 텐데, 유감스럽게도 샤가스씨병에 대한 제대로 된 치료제는 아직 나오지 않았다. 여기서 다시 한번 제3세계의 설움이 작용한다. 기생충이 일으키는 질환인 샤가스씨병에 대한 치료제가 없는 건 돈과 장비를 갖춘 부자 나라들이 이 질환에 대해 관심을 갖지 않는다는 얘기다. 제약회사의 설립 목적은 어디까지나 이익을 내는 것이기 때문에 그들은 부자 나라의 흔한 질환을 치료하는 약을 만들고 싶어 한다. 여기에 한 가지가 더 있다면, 제약회사는 감염병처럼 아플 때만 잠깐 먹는 약보다 고혈압이나 콜레스테롤 저하제처럼 평생 동안 먹는 약을 훨씬 더 선호한다는 것이다. 샤가스씨병은 그리 잘사는 나라가 아닌 남미의 풍토병이며, 게다가 감염병이다. 남미 사람들의 열악한 생활 수준을 생각하면 애써 약을 개발해도 수요가 있을 것 같지 않다. 남미 사람들이 백 년 전과 다를 바 없이 샤가스씨병으로 고생하는 데는 이런 속사정이 있다. 하지만 이런 무관심은 곧 부메랑처럼 돌아올 수 있다. 맨 처음에 소개한 기

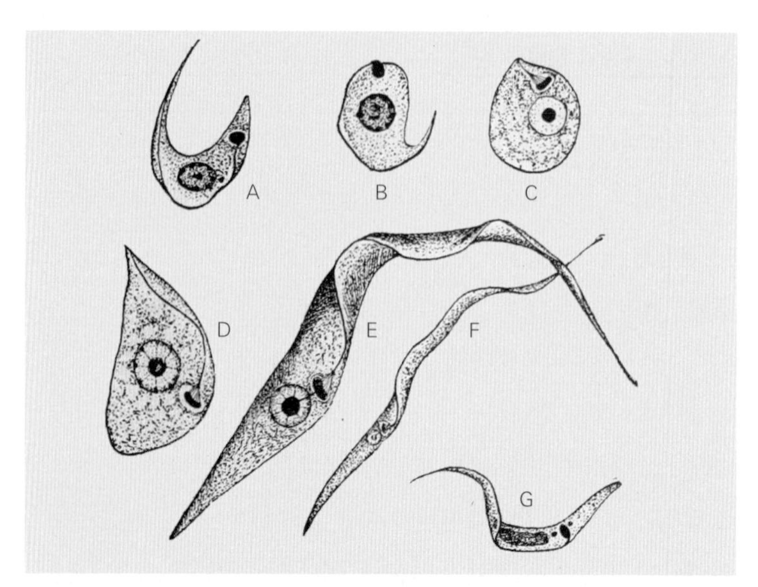

A: 발육을 마친 '발육 종말기 파동편모형(metacyclic trypomastigote)'이 빈대나 노린재가 흡혈할 때 대변을 통해 사람에게 들어온다. B~C: 사람에게 들어온 파동편모형(trypomastigote)은 세포 안으로 들어가 편모를 감춘, 무편모형(amastigote)이 된다. D: 세포를 터뜨리고 나온 무편모형은 파동편모형이 돼 혈액 속으로 들어간다. E~G: 혈액 속에 있던 파동편모형은 빈대나 노린재가 흡혈할 때 딸려 들어가고, 내장에서 위편모형(epimastigote)이 돼 증식한 후 빈대나 노린재의 침샘으로 가서 발육함으로써 발육 종말기 파동편모형이 된다

사에서 보듯 중남미에서 온 이민자들이 늘어나고, 그들 중 일부는 혈액에 크루스파동편모충을 가지고 있다. 이들을 통해 미국인들이 샤가스씨병에 걸릴 위험이 증가하지 않겠는가? 미국에도 빈대가 있으니.

그렇다고 저 기사처럼 이 병의 치료가 아주 불가능한 것은 아니다. 샤가스씨병에 걸리자마자, 최소한 걸리고 난 뒤 수 년 안에 약을

쓴다면 심장이 망가져서 죽는 것을 막을 수 있다. 현재까지 개발된 샤가스씨병의 약은 두 가지로, 니퍼티목스(nifurtimox)와 벤즈니다졸(benznidazole)이다. 전자는 음이온을 발생시켜 크루스파동편모충을 죽이며, 후자는 편모충의 DNA에 결합함으로써 크루스파동편모충이 증식하지 못하게 한다. 보통 이 두 약을 한꺼번에 쓰는데, 급성기에 쓰면 80퍼센트 정도 치유가 가능하다. 반면 일단 심장이 망가지고 난 후에는 약을 써도 치료율이 20퍼센트 이하로 떨어지니, 되도록 일찍 약을 쓰는 게 좋다. 물론 그러기 위해서는 해결돼야 할 과제가 있다. 샤가스씨병에 걸렸는지 안 걸렸는지 알아야지 약을 쓸 게 아닌가?

그래서 진단이 중요하다. 별 증상이 없는 시기라 하더라도 샤가스씨병인지 대번에 알아볼 수 있는 그런 진단법이 필요한 것이다. 문제는 진단을 하는 게 그리 쉽지 않다는 점이다. 회충이나 편충처럼 대변으로 알을 배출하면 대변 검사로 진단을 하겠지만, 크루스파동편모충은 혈액이나 조직에 사는지라 혈액 검사 말고는 방법이 없다. 그나마 감염 초창기에만 혈액에 나와 있고 이후에는 조직에 꼭꼭 숨어 있으니 이에 대한 항체를 검출하는 게 진단의 유일한 방법이다. 이 항체 검사를 매년 할 수 있다면, 그래서 양성으로 나온 사람에게 약을 쓸 수 있다면 샤가스씨병을 5분의 1 이하로 줄일 수 있다(20%는 치료가 안 된다). 여기서 다시 '돈' 문제가 결부된다. 값싸고 쉬운 대변 검사와 달리 혈액 검사는 '돈'이 들고, 숙련된 검사자가 있어야 한다. 거기에 더해 항체 검사는 본체가 아닌, 그림자를 보는 검사다. 샤가스씨병에 걸린 후 항체가가 올라가기까진 몇 주의 시간이 필요하고, 완전히 나았다 해도 항체는 떨어지지 않은 채 오랜 기간 유지된다. 그러니 항체 검사가 음성이라고 해서 안 걸린 것도 아니고, 양성이라고 해서 걸린 것도 아닌 상황이 벌어진다. 보다 빠르고 보다 정확한, 그러면서도 값이 싼 진단법이 개발되지 못 한 것도 샤가스씨병이 여전히 위세를 떨치고 있는 이유다.

하지만 진단과 치료가 어렵다고 방법이 없는 것은 아니다. 샤가스씨병의 매개체가 빈대니, 빈대를 박멸하면 샤가스씨병의 감염률을 줄일 수 있다. 빈대가 살기 좋은 환경, 예를 들면 진흙으로 만든 벽이라든지, 초가집 같은 것들을 현대식으로 바꾸는 것도 한 예고, 세스코(Cesco) 같은 전문방제회사가 유행지를 찾아가 빈대를 없애버린다면 환자 수가 격감할 수 있다. 아쉽게도 이 모든 것들은 다 돈이 든다. 기생충이 가난한 나라에서 유독 기승을 부리는 것도 다 이 때문인데, 회충이나 편충과 달리 샤가스씨병은 사람의 목숨을 빼앗는 몹쓸 기생충 질환인 만큼 중남미 국가들이 어서 경제 발전을 이루어 샤가스씨병을 퇴치하길 빌어 본다.

크루스파동편모충

- **위험도** | ★★★★★
- **형태 및 크기** | 1.5~4.0㎛ 크기의 난원형으로, 큰 핵과 운동핵을 가지고 있다.
- **수명** | 대부분 수개월 안에 죽지만, 일부가 수십 년을 살면서 병을 일으킨다.
- **감염원** | 빈대, 노린재
- **특징** | 크루스파동편모충이 인체에 들어오면 조금 증식한 뒤 바로 조직 속으로 숨어 버려서 잘 발견되지 않는다. 감염자 대부분 어릴 적 샤가스씨병에 걸렸지만 그걸 모른 채 살아가다가 갑작스러운 심장마비로 사망한다.
- **감염 증상** | 열이 나고 근육통이 있고 피부에 발진이 생긴다. 그리고 몸의 일부가 붓는 현상이 생기는데, 특히 한쪽 눈꺼풀이 붓는 경우가 많다.
- **진단 방법** | 초기에는 혈액 검사, 이후에는 항체 검사
- **나쁜 기생충에 선정한 이유** | "처음에 몸살 기운이 있다가 없어지니 다 나은 줄 알았지? 내가 그 동안 논 게 아니야. 오랫동안 널 지켜보며 네 심장을 갉아먹고 있었다고." 조직 속에 숨어서 잘 발견되지 않는다. 보이지 않으면 무서운 법. 무서운 건 곧 우리에게 나쁜 것이다.

4

광동주혈선충

치명적인 달팽이의 유혹

달팽이의 비극

1981년, 배 한 척이 남태평양에 위치한 아메리칸사모아(구 동사모아)의 한 섬에 정박했다. 그 배는 한국에서 온 원양어선으로, 총 24명의 선원이 타고 있었다. 그날 저녁으로 뭘 먹을까 고민하던 선원들은 그 지역 특산물인 달팽이를 보고 흥분했다. 말이 달팽이일 뿐, 그 달팽이는 한 마리가 어른 팔뚝만 했다.

"아니, 저렇게 맛있게 생긴 달팽이가 있다니! 저거 잡아다가 초고추장에 찍어 먹으면 맛있겠다!"

즐거운 만찬이 벌어졌다. 5명은 그냥 먹는 게 찜찜하다면서 완전히 익힌 달팽이를 먹었고, 크기에 압도된 3명은 아예 입에도 대지 않았지만, 나머지 16명은 생달팽이를 초고추장에 찍어 먹었다.

며칠 후, 그중 한 명이 뭔가 몸이 좀 이상하다는 느낌을 받는다.

"갑자기 왜 이러지? 몸 여기저기가 쑤시네? 다리에 힘도 없고."

하루 지나면 괜찮겠지 했지만 증상은 갈수록 악화됐고, 소변을 지리기까지 했다. 몸에 이상이 생긴 사람은 그 한 사람만이 아니었다. 안 되겠다 싶었던 선원들은 현지에 있는 병원에 간다. 선원들을 진찰하던 의사는 정상인이라면 누구나 있어야 하는 무릎반사가 소실된 것에 주목했다.

"이건 보통 증상이 아니군요. 신경학적으로 문제가 있어 보이는데요. 혹시 달팽이 같은 걸 날로 드시거나 하진 않았죠?"

달팽이라는 말에 선원들은 흠칫했다. 며칠 전에 먹었던 그 맛있는 달팽이가 원인이란 말인가? 선원들은 의사에게 물었다.

"그 달팽이에 도대체 뭐가 들어 있었나요? 제발 말해 주세요."

의사는 한숨을 푹 쉬고 입을 열었다.

"여러분이 먹었던 달팽이 속에는 기생충이 들어 있었습니다. 그게 이 지역에서는 흔한 거라 날로 먹는 일이 드문데, 여러분은 다른 곳에서

달팽이에서 나온 광동주혈선충의 유충

오셨으니 모를 수밖에요. 그 기생충의 이름은……"

그들 중 세 명은 의사의 말을 들을 수 없었다. 병원에 오자마자 바로 혼수상태에 빠졌으니까. 두 명은 다행히 의식을 회복했지만, 나머지 한 명은 그만 목숨을 잃고 만다. 달팽이를 먹고 난 지 17일 만의 일이었다.

광동주혈선충의 삶

그 기생충의 이름은 '광동주혈선충(Angiostrongylus cantonensis)'. 이것의 이름을 한 번도 들어보지 못했다고 자책하지 말자. 이 기생충은 우리나라에 존재하지 않으니 말이다. 광동주혈선충은 동남아시아와 서태평양의 섬들이 주요 유행지로, 필리핀과 칼레도니아, 수마트라, 타이완, 타히티 등에서 환자의 대부분이 나온다. 혹시 '광절열두조충'과 헷갈리시는 분들이 없기를 바란다. 광절열두조충은 길이가 5미터에 달하지만 환자들이 "이런 게 내 몸에 있었는데 내가 몰랐다니!"라고 한탄할 정도로 착한 기생충이니 말이다. 이름만 비슷할 뿐 광동주혈선충(이하 광동이)은 나쁜 기생충이어서, "뇌막염으로 의식이

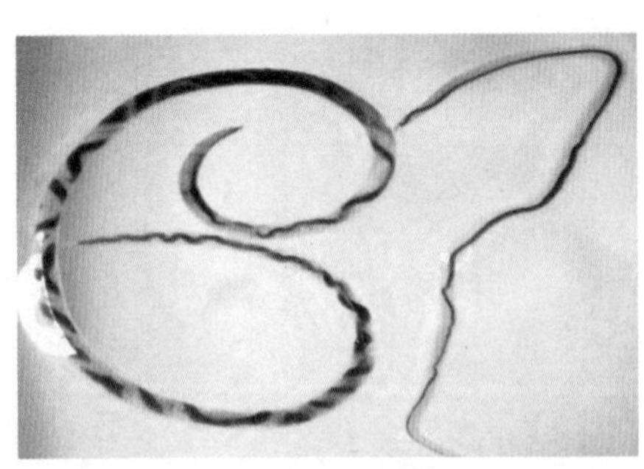

광동주혈선충. 왼쪽은 암컷이고 오른쪽은 수컷이다

없어진 환자가 알고 보니 광동이더래요", "오른쪽 팔이 마비돼 병원에 갔더니 광동이라네요" 같은 증례 보고가 한둘이 아니다. 게다가 이 기생충이 몸 안에 있으면 거의 100퍼센트 증상을 나타낸다. 이쯤 되면 의아해진다. 기생충은 대부분 착하다는데, 광동이는 왜 이런 짓을 하는 걸까? 이유는 광동이가 원래 사람의 기생충이 아니라는 데 있다. 사람 몸 안에서 사는 기생충은 자신은 물론이고 앞으로 사람 몸에 들어와 살 후손들을 위해서라도 자중하는 경향이 있는데, 광동이는 어쩌다 사람 몸에 들어온 기생충이니 사람을 챙겨줘야 할 이유가 없다.

광동이는 쥐의 기생충이다. 쥐에서만 어른으로 자란다는 뜻이다. 그런데 그렇게 한마디로 정리할 만큼 광동이의 삶이 간단하지만은 않다. 광동이의 삶을 좀 자세히 들여다보자. 광동주혈선충의 성충이 사는 곳은 쥐의 폐동맥이다. 혈관 안에 사는 것도 특이한데, 폐동맥에 사는 건 그중에서도 더 특이하다. 마찬가지로 혈관 안에 사는 주혈흡충을 보자. 암수의 금실이 좋아 추앙받고 있는 주혈흡충은 장간막정맥이라고, 작은창자에서 간으로 향하는 혈관에 산다. 혈관이긴 해도 이곳은 유속이 느린데다 영양분을 간으로 보내는 통로인지라 최소한 굶주리진 않는다. 게다가 여기서 알을 낳으면 (그중 일부는 혈액의 흐름에 따라 간으로 갈수도 있지만) 대부분은 중력을 따라 작은창자로 가고, 거기서 대변을 통해 밖으로 나갈 수 있다. 기생충의 존재 이유가 외계로 알을 내보내 훌륭한 어른으로 자라게 하는 것이라는

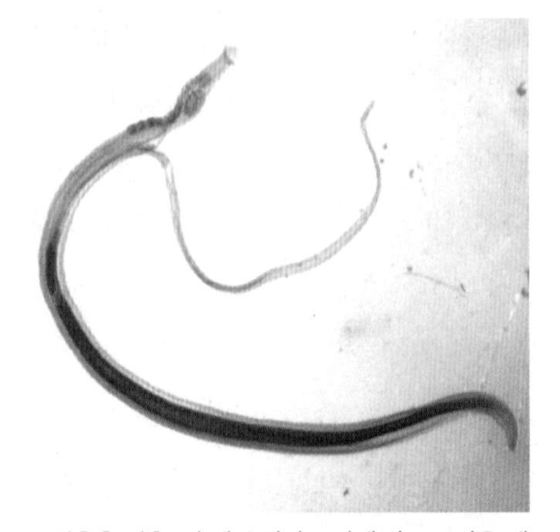

주혈흡충 성충. 긴 게 수컷이고 짧게 밖으로 나온 게 암컷이다. 수컷이 깊은 터널 같은 곳에 암컷을 들어오게 해 평생 함께 살아간다

점에서 주혈흡충이 혈관에 사는 건 아무런 문제가 없다.

하지만 폐동맥은 기생충의 성충이 살기에는 여러 가지로 부적합하다. 다들 알다시피 폐동맥은 심장에서 나온 혈액이 온몸을 돌고 난 후 폐로 들어가는 통로로, 혈액은 이 폐동맥을 통해 폐로 간 뒤 산소를 보충한다. 그러니 폐동맥에 들어앉아 있어 봤자 이산화탄소로 가득 찬 혈액 말고는 별반 먹을 게 없을 터, 아무리 광동이가 식탐이 없다 해도 그런 곳을 기생 부위로 선택한 건 전략적 실책인 듯하다. 식사 이외에도 폐동맥이 좋지 않은 이유는 또 있다. 바로 자손의 번식 측면에서다. 광동이가 자라려면 어린 유충이 달팽이 안으로 들어가야 하는데, 폐동맥에서 태어난 유충이 도대체 무슨 수로 쥐의 몸 밖을 탈출하고, 또 달팽이한테까지 간단 말인가? 결국 광동이의 유충은, 폐에서 발육한 뒤 남은 생애를 작은창자에서 보내는 회충의 유충이 그러하듯, 기도를 타고 올라갔다 식도로 넘어가는 대모험을 감행한다. 길이가 1밀리미터도 안 되는 조그만 유충이 수직으로 솟은 기도를 타고 넘어가는 건 상상만으로도 아찔하다. 다행히 쥐는 기도가 수평으로 있어 암벽 등반에 비유할 건 아니지만, 거기서 다시 식도로 건너가 항문에 이르기까지 긴 모험을 하는 건 막 태어난 유충에겐 고될 수밖에 없다. 결국 광동이의 갓 태어난 유충은 쥐의 대변에 섞인 채 밖으로 나가는 데 성공한다.

"회사가 전쟁터라고? 밖은 지옥이다."

웹툰이 원작인 드라마 〈미생〉에 나오는 이 말은 광동이의 유충에게 딱 해 주고픈 말이다. 쥐의 몸에서 밖으로 나오는 것도 결코 쉽지 않았지만, 그 다음 과정도 힘들기는 마찬가지다. 몸속보다 바깥이 기생충에게 훨씬 더 적대적이니까. 되도록 빠른 시간 안에 중간숙주인 달팽이(아카티아 훌리카, Acathia fulica) 안으로 들어가지 않으면 유충은 살아남지 못한다. 이 유충이 태평양을 낀 나라들에서 유행하는 이유도 이들 나라에 중간 숙주 역할을 하는 달팽이가 풍부하게 서식하기 때문이다. 달팽이 안으로 들어간 유충은 양분을 훔쳐 먹으며 몸을 키운다. 하지만 그곳에서 마냥 있을 수는 없다. 다 자란 유충은 이제 어른이 돼서 알을 낳는, 기생충 본연의 임무를 수행하기 위해 또다시 쥐한테 가야 하니까. 그래도 너무 심난해 하진 말자. 그곳에 사는 쥐들은 달팽이를 즐겨 먹으니, 가만 기다리면 저절로 쥐한테 갈 수 있다. 천신만고 끝에 쥐한테 건너간 이 기생충은 혈관을 타고 쥐의 뇌로 가고, 거기서 좀 더 발육한 뒤 쥐의 폐동맥으로 가 어른이 되고, 그렇게 바라던 짝짓기도 하고 자손도 낳는다. 광동이의 복잡다단한 삶을 정리하면 다음과 같다.

1) 달팽이: 유치원생 → 중·고교생
2) 쥐의 뇌: 고교 졸업 → 20대 중반의 청년
3) 쥐의 폐동맥: 어른이 돼 결혼 및 출산

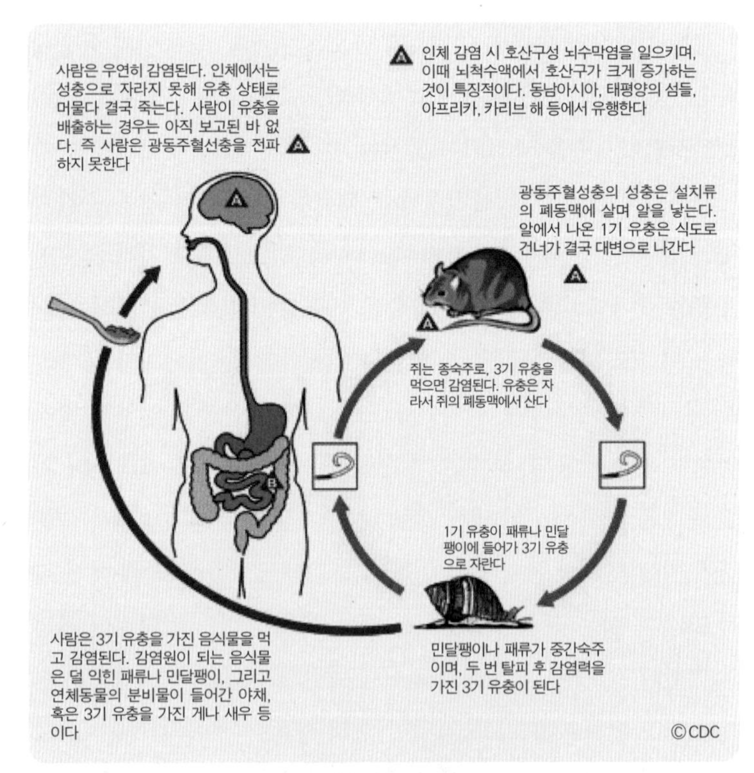

광동주혈선충의 생활사

사람이 광동주혈선충에 감염되면

쥐와 달팽이 사이를 오가는 생활사에 사람이 끼어든다. 쥐가 먹으려던 달팽이를 사람이 먹으면 그 안에 있던 유충도 같이 들어갈 수밖에. 이때부터 일이 꼬이기 시작한다. 사람에게 들어간 광동이는 뭔가 이상하다고 생각한다. "이상하다. 왜 이렇게 낯설지? 여기가 아닌가?" 그래도 일단 들어왔으니 쥐의 몸 안에서 하는 것처럼 뇌로 간다. 20대 중반의 청년으로 자라야 하니 말이다.

"이상하다. 여전히 낯서네?"

쥐는 원래 광동이랑 친한 숙주라 별 문제가 없지만, 사람의 뇌는 광동이를 보고 경악한다.

"아니, 재네들이 어떻게 여기까지 들어왔지? 이것 봐요. 여기는 너희 같은 애들이 함부로 들어오는 곳이 아니에요!"

곧 뇌와 광동이의 치열한 한판 승부가 펼쳐진다. 전쟁, 그렇다. 그것은 전쟁이었다. 전쟁이 일어나면 사망자와 부상자가 생기기 마련. 환자의 뇌는 심한 고통에 몸을 떤다.

"으으으윽…… 머리가 아파. 게다가 대소변 조절도 할 수가 없어! 으으윽, 의식도 없어져 가!"

마릿수가 적다면 그 전쟁이 국지전으로 끝날 수도 있지만, 수가 많을 경우 환자는 심한 뇌수막염으로 고생하고, 심지어 생명을 잃을 수도 있다. 다음은 실제 환자 사례들이다.

1) 하와이에 사는 22세 남자의 병원행

"몸살이 난 것처럼 몸이 쑤시고, 관절도 아파요. 얼마 전부터 두통도 심해졌어요."

아프리카대왕달팽이

환자의 상태는 점점 안 좋아져, 자신이 지금 어디에 있는지, 지금이 몇 시인지도 알지 못하는 상태에 이르렀다. 혈액 검사에서 호산구가 높은 걸 본 의사는 기생충이라고 생각해 회충약을 썼는데, 그 덕분에 환자는 살아날 수 있었다. 나중에 환자가 먹었다는 달팽이(아프리카대왕달팽이)를 조사했더니 광동이가 잔뜩 들어 있었다.

2) 아름다운 달팽이

불면증으로 고생하는 23세 남자가 있었다. 그에게 친척이 찾아왔다. 한눈에 보기에도 먹음직스러운 달팽이를 들고서.

"자, 이걸 먹게나. 이게 불면증에 아주 좋아! 골든 애플 스네일(Golden apple snail, 왕우렁)이라고, 이름도 아주 멋지지?"

"아니, 이렇게 예쁘고 귀한 걸."

남자는 혈육의 따스함에 감동한 나머지 앉은 자리에서 달팽이 몇 마리를 초장에 찍어서 먹어 치웠다. 이제부터 푹 잘 수 있겠다 싶었지만 그로부터 하루가 채 지나지 않아 다리에 힘이 없어지고 발이 쑤시기 시작했다. 나중에는 의식이 없어지기까지 했는데, 그걸 본 부모는 그가 자는 줄 알고 "달팽이가 효과가 있구나!"라며 감탄을 연발했다. 하지만 그게 자는

왕우렁(골든 애플 스네일)

게 아니라는 걸 깨닫는 데는 오랜 시간이 걸리지 않았다. 밥 먹으라고 깨워도 일어나지 않았으니까. 결국 남자는 병원으로 실려 갔고, 뇌수막염이라는 진단을 받았다. 나중에 환자가 남긴 달팽이를 조사한 결과 광동이의 유충이 나왔다.

3) 야채

그럼 달팽이만 조심하면 되냐면 그건 아니다. 달팽이를 먹는 것 말고도 사람이 광동이에 감염되는 방법이 더 있기 때문이다. 사람이 달팽이의 분비물이 묻은 채소를 먹어도 감염될 수 있다. 그 분비물에 광동이의 유충이 들어 있을 수 있으니까. 예컨대 광동이의 유행지인 자메이카에서는 야채를 기를 때 달팽이가 하도 기승을 부려 달팽이를 죽이는 약을 쓰곤 했다. 이게 문제였다. 달팽이가 죽자 그 안에 있던 광동이의 유충들이 기어 나와 야채에 잠복했고, 결국 그 야채를 먹은 이들이 단체로 광동이에 걸렸다.

4) 개구리

대만에서 74세 할머니가 어지러움과 더불어 다리에 힘이 없어서 병원에 왔다. 검사해 보니 걸음걸이가 아주 이상했고, 똑바로 걷지도 못했다. 혈액 검사 결과 백혈구 중 기생충을 담당하는 호산구가 증가돼 있었다. 기생충인가 싶어 대변 검사를 했지만 아무것도 나오지 않았다.

"이게 뭐지? 뇌척수액 검사상 세균도 아니고 그렇다고 바이러스도 아니라고 나오던데."

단서는 뇌 MRI 촬영에서 나왔다. 기생충으로 보이는 것들이 뇌에서 다수 발견된 것이다. 원인은 광동이였다. 어떻게 이것에 걸렸냐고 물어보니까 3주 전에 날개구리 다섯 마리를 와인과 함께 먹었다고 했다.

"개구리를 왜 드셨어요?"

"그야 건강해지려고 먹었지."

광동주혈선충 암컷. 오른쪽 필기구와 비교해 보면 크기를 가늠해 볼 수 있다

개구리만 먹었다면 문제가 없었겠지만, 이 개구리가 달팽이를 좋아했던 게 문제였다. 개구리가 달팽이를 먹을 때 그 안에 있던 광동이들이 우르르 개구리한테 갔고, 그 개구리를 할머니가 날로 먹을 때 광동

이들이 할머니한테 간 것이었다. 할머니에겐 뇌의 염증을 줄이는 약과 더불어 회충약이 투여됐고, 할머니는 살아날 수 있었다.

우리나라 달팽이들은 크기도 작고 모양도 예쁘지 않다. 그래서 외국에 사는 크고 색깔 좋은 달팽이를 보면 날로 삼키고픈 욕망을 느끼는 것도 당연하다. 하지만 이것만 명심하자. 그 안에는 무서운 광동이가 살고 있을 수 있고, 그 광동이는 당신의 뇌에 심한 염증을 일으킨다. 볼품없을지 몰라도 우리나라 달팽이가 최고다!

광동주혈선충

- **위험도** | ★★★★☆
- **형태 및 크기** | 암컷 22~34㎜, 수컷 20~25㎜
- **수명** | 인체 감염 시 그대로 두면 광동주혈선충이 수명대로 살기도 전에 사람이 먼저 죽는다.
- **감염원** | 달팽이, 달팽이의 분비물이 묻은 채소, 달팽이를 먹은 개구리
- **특징** | 원래 사람의 기생충이 아니기 때문에 사람 몸 안에 들어오면 거의 100% 증상을 일으킨다.
- **감염 증상** | 뇌 염증, 뇌막염
- **진단 방법** | 혈액 검사, 뇌 MRI 촬영
- **나쁜 기생충으로 선정한 이유** | "예쁜 달팽이다. 어서 먹어라. 나도 같이 들어가 뇌막염을 일으켜 줄 테니까." 뇌막염 등 인체에서 거의 100% 증상을 일으킨다.

5

이질아메바

이질을 일으키는 아메바

1950년, 북한의 남침으로 시작된 전쟁은 꼬박 3년이 흐른 뒤에야 끝이 났다. 그런데 이 전쟁의 희생자들이 모두 총에 맞아 죽은 것만은 아니었다. 굶주림과 각종 사고로 죽은 이도 많았고, 질병으로 목숨을 잃은 이도 한둘이 아니었을 것이다. 당시 우리나라는 경제 수준이 매우 낙후된 상태였는데, 전쟁으로 인해 위생 상태가 더 나빠진 탓에 지금이라면 죽지 않을 질병도 사람의 목숨을 심심치 않게 앗아 갔다. 1998년 미국 측이 내놓은 자료에 의하면 한국전쟁 시절 감옥에 포로로 잡혔다가 죽은 사람이 총 7,614명이었는데, 65.8퍼센트인 5,013명이 병원체에 의한 감염으로 숨졌다.

감염병으로 인한 사망 원인의 대부분을 결핵과 세균성 이질이 차지했지만, 기생충이 원인이 된 경우도 14명이나 있었다. 그리고 그 기생충 명단을 보면 폐디스토마와 말라리아처럼 심각한 기생충의 틈바구니에서 이질아메바(Entamoeba histolytica)라는 이름이 눈에 띈다. 아메바라니, 한 번쯤 들어본 듯한 이름이다. 인터넷을 찾아보면 이런 말이 나온다. "돈만 쫓아다니는 단세포 아메바다", "아무리 단세포 아메바라도 그렇지, 또 속냐?" 이 아메바가 기생충으로 분류되는 그 아메바가 맞는 걸까?

이질아메바의 발견

인체에 기생하는 아메바에는 몇 종류가 있다. 덩치는 크지만 순한 대장아메바, 잇몸에 기생하는 잇몸아메바, 크기가 작고 귀여운 왜소아메바, 언제 먹으려고 그러는지 커다란 글리코겐 덩어리를 늘 몸에 지니고 다니는 요오드아메바 등등. 하지만 이것들은 병원성이 없는지라 기생충학에서 중요하게 생각하는 것은 이질아메바가 유일하다. 자유생활아메바가 있긴 하지만 이것들은 주로 물속에서 사는 자유로운 영혼이고, 인체 기생은 아주 잠깐만 한다. 따라서 보통 '아메바'라고 하면 이질아메바를 지칭한다. 대변에 혈액이나 점액, 혹은 고름이 섞이며 배도 아픈 현상을 '이질'이라고 하는데, 이질을 앓게 하는 가장 흔한 원인은 세균이지만 '이질아메바'도 그 한 원인이 된다. 우리나라야 아메바에 걸리던 시절은 진작 졸업했지만, 아직도 못사는 나라에선 이질아메바에 걸리는 이들이 많아, 전 세계

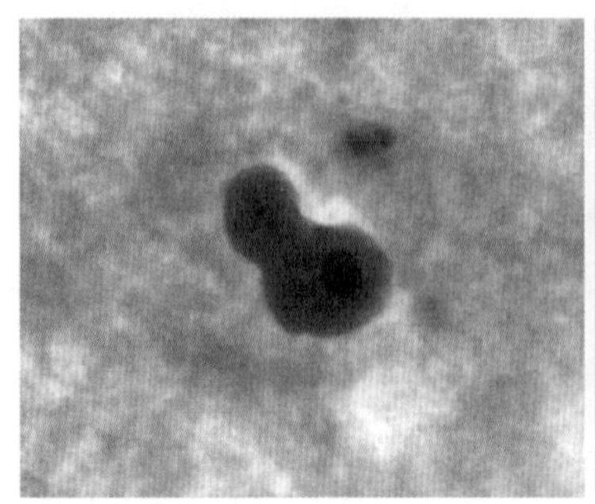
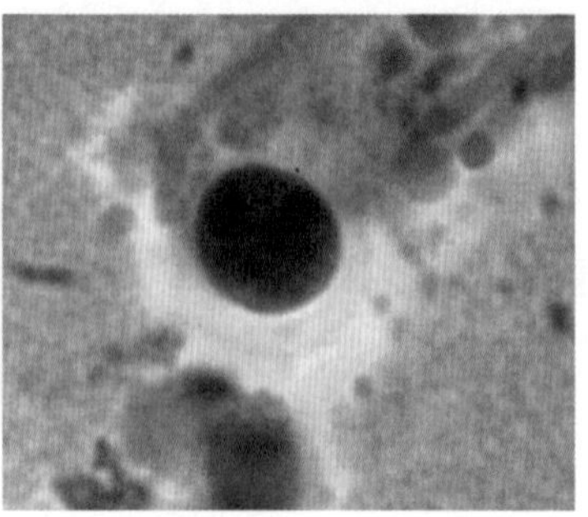
이질아메바 영양형(좌)과 포낭형

인구의 10퍼센트에 육박하는 5억 명이 이질아메바에 감염돼 있으며, 이로 인해 죽는 이가 해마다 7만 명이나 된다.

이질아메바가 유행하는 곳은 대부분 열대 지방이지만, 대변 관리를 잘못하면 어느 나라든 유행할 수 있다. 실제로 이질아메바가 맨 처음 발견된 곳도 열대와 거리가 먼 러시아다. 1875년 아르한겔스크(Arkhangelsk)라는 항구에 사는 젊은 농부가 심한 이질에 시달렸는데, 뢰쉬(Fedor Lösch)라는 학자가 그 농부의 설사변에서 이 기생충을 발견했다. 뢰쉬는 그 기생충을 개 네 마리한테 넣었고, 그중 한 마리가 설사를 하기 시작했다. 흥분한 뢰쉬는 그 개를 죽인 뒤 장을 관찰했다. 죽은 개 장의 이곳저곳에 궤양이 있었고, 궤양 안에 그 기생충이 엄청나게 많이 있었다. 이쯤 되면 "이 기생충이 그 농부의 설사를 일으켰구나!"라고 생각할 만하지만, 뢰쉬는 희한하게도 '세균으로 인해 설사가 일어났고, 아메바는 우연히 있었다.'라고 결론

짓는다. 그 뒤 아메바에 대한 연구가 활발히 이루어져, 이질아메바가 장에 궤양을 일으키는 것은 물론이고 간에 농양(고름집)을 만듦으로써 사람을 죽게 만들 수도 있다는 게 알려진다.

샤우딘(Fritz Schaudinn)이란 학자는 이 아메바가 장을 파고들어 가 궤양을 만든다는 것에 감동한 나머지 이것의 학명을 '엔트아메바 히스톨리티카(Entamoeba histolytica)'라고 붙였다. 학명의 앞부분은 사람의 창자 안에서 사는 아메바라는 뜻이고, 뒷부분은 '조직(histo)을 녹인다(lysis)'는 뜻이다. 아쉽게도 샤우딘은 아메바 연구를 위해 스스로 이질아메바를 먹었다가 죽고 말았는데, 그의 나이 겨우 35세였다. 기생충 대부분이 해롭지 않아 인체 실험을 해도 괜찮지만, 이질아메바는 그런 순한 기생충이 아니라는 걸 샤우딘은 알지 못했던 모양이다.

이질아메바의 형태와 생활사

이질아메바의 크기는 평균 20마이크로미터 정도 된다. 1밀리미터의 50분의 1에 불과하니 눈으로는 볼 수 없고, 현미경을 통해서만 관찰이 가능하다. 이질아메바는 위족을 이용해서 움직인다. 위족이란 '가짜 다리'란 뜻으로, 몸의 일

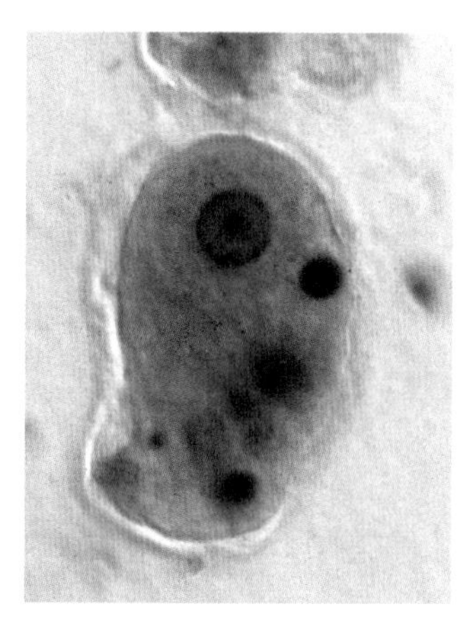

이질아메바 영양형

부분이 다리처럼 변한 것이다. 이걸로 어떻게 이동하는지 궁금해 할 분들이 계실 듯해 잠시 설명해 보겠다. 이질아메바는 원래 둥그스름하게 생겼는데, 거기서 기다란 다리가 뻗어 나온다. 잠시 후 몸의 내용물이 그 다리 쪽으로 서서히 이동하면서 다리가 점차 둥그스름한 본체 모양으로 바뀐다. 그러면 이질아메바는 다리 길이만큼 이동한 것 아니겠는가? 위족이 꼭 이동에만 관여하는 것은 아니다. 먹음직스러운 세균이 앞에 있다면 이질아메바는 세균 양쪽으로 위족을 뻗어 세균을 둘러싼 뒤 천천히 자기 몸 쪽으로 잡아당겨 삼켜 버린다. 사람이 양팔을 벌려 수박을 껴안는 장면을 상상하면 되는데, 이질아메바는 세균뿐 아니라 적혈구까지 이런 식으로 삼킨다.

이질아메바는 살면서 영양형과 포낭형이라는 두 단계를 왔다 갔다 한다. 영양형은 인체에서 병을 일으키는 단계로, 위에서 설명한

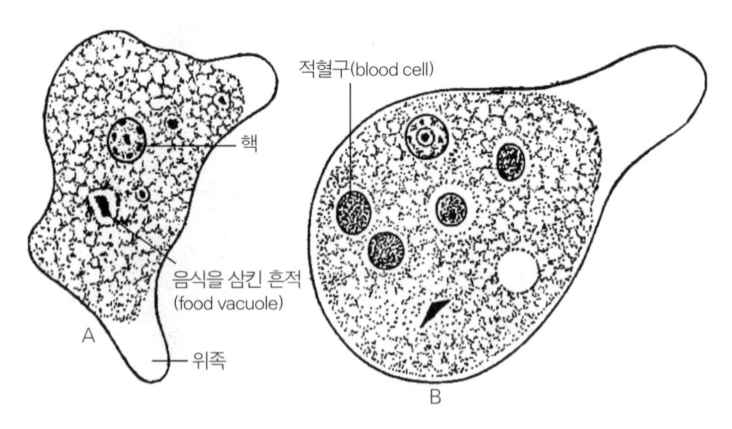

A, B 둘 다 이질아메바 영양형으로, 위족이 나오고 있는 모습이다

것처럼 위족으로 움직이고 조직을 파괴하며 적혈구도 삼킬 수 있다. 그럼 '포낭형'은 왜 필요할까? 사람 몸 밖으로 빠져나가 또 다른 희생양을 물색하기 위해서는 외부 환경에 어느 정도 저항력이 필요하고, 그 기간 동안 먹지 않아도 버틸 수 있어야 하는데, 이를 위해 필요한 게 바로 포낭형이다. 말 그대로 동그란 주머니를 만들어 그 안에 숨는 것인데, 이질아메바의 포낭은 외부 환경이 좋지 않아도 살아남을 수 있다. 포낭형은 사람에게 들어왔을 때 위산에도 죽지 않을 만큼 강하다. 즉 이질아메바는 포낭 형태로 사람에게 들어온 뒤 영양형으로 변해 조직을 파괴하고 궤양을 일으키지만, 주변 상황이 좀 불리해지면 주머니를 뒤집어쓰고 '포낭형'이 돼 대변으로 나간다. 간혹 대변에서 영양형이 관찰되는 경우가 있긴 하다. 심한 설사가 나면 아메

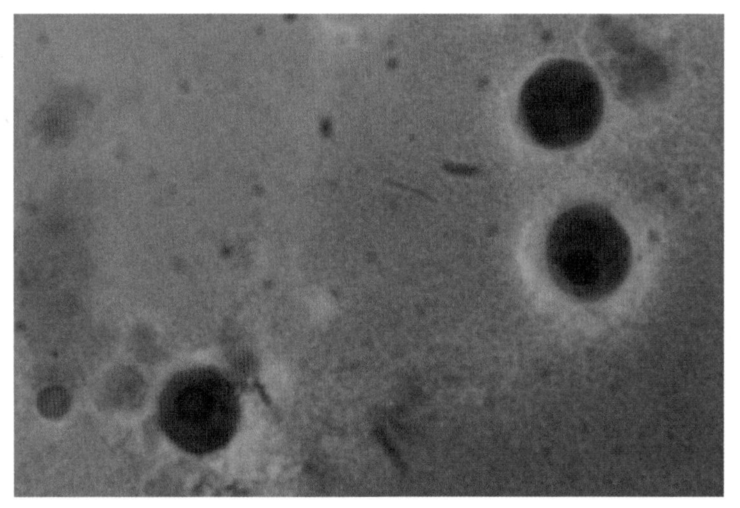

이질아메바 포낭형

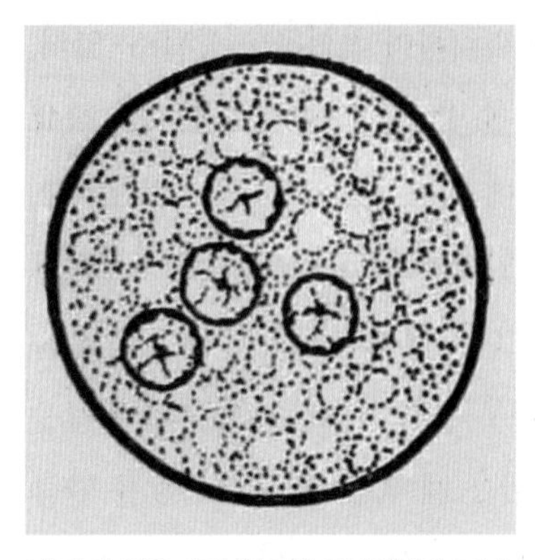

네 개의 핵을 가진 성숙한 이질아메바 포낭. 사람에게 감염력을 가진다

바가 미처 포낭으로 변할 시간적 여유가 없어 영양형 상태로 배출되는 것이다. 뒤늦게 밖이라는 걸 알아챈 아메바는 "이런 젠장, 밖이잖아!"라며 포낭으로 둔갑하니, 영양형을 발견하려면 설사변의 온기가 남아 있을 때 대변을 관찰해야 한다. 포낭이 돼 몸 밖으로 나간 아메바는 물속에서 성숙되는 시기를 거쳐야 다시 사람에게 들어갈 수 있는데, 준비가 끝난 포낭은 네 개의 핵을 가지며, 사람 몸에 들어오면 주머니를 벗고 네 마리의 아메바가 된다.

인체에 들어오는 이질아메바가 포낭형이라는 걸 가장 먼저 알아낸 학자는 워커(Walker, E.L.)와 셀라즈(Sellards, A.W.)였다. 1913년 필리핀에서 아메바 연구를 하던 그들은 자원자 20명을 모집해 이질아메바의 포낭을 먹인 뒤 대변 검사로 감염 여부를 확인했다. 며칠의 잠복기가 지난 뒤 18명의 대변에서 이질아메바의 포낭이 발견됨으로써 포낭이 인체에 들어온다는 가설이 입증됐는데, 여기서 한 가지 이해하기 힘든 소견이 관찰된다. 이질아메바가 몸 안에 있으면 배가 아프고 설사가 생겨야 하건만, 실제로 이질이 생긴 사람은 18명 중 단 4명에 불과했다. 다들 "체질이겠거니" 하며 넘어갔지만,

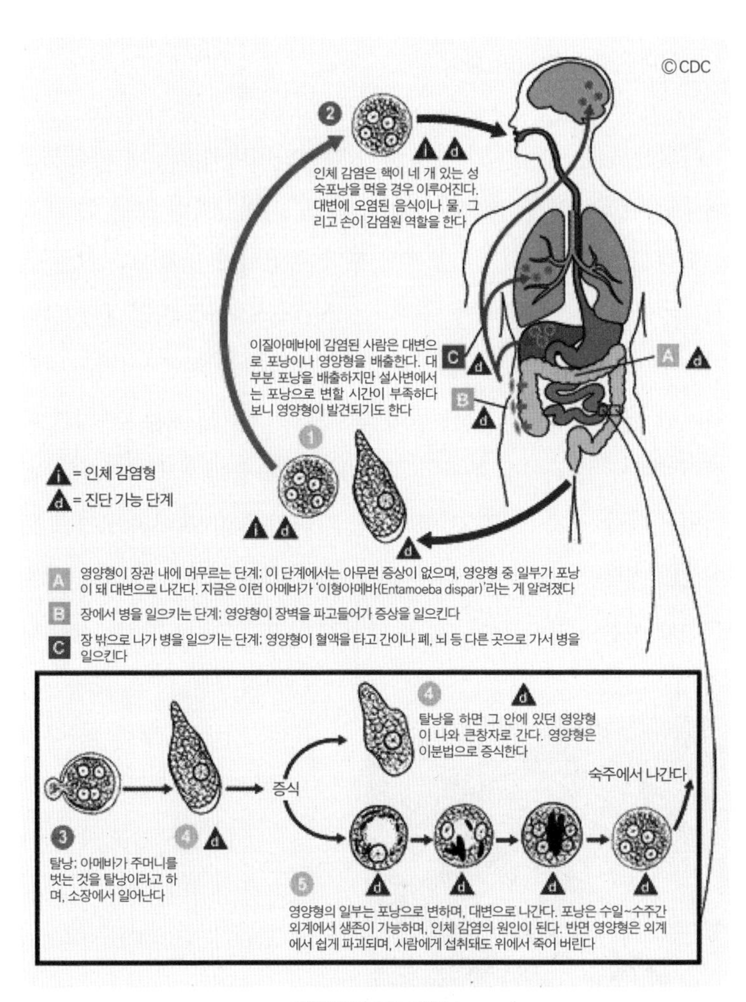

이질아메바의 생활사

브럼프트(Emil Brumpt)는 여기에 의문을 갖고 조사를 시작한다. 이 얘기는 잠시 뒤로 미루자.

이질아메바의 병리와 증상

사람은 물을 마시다 그 안에 있는 이질아메바의 포낭을 마심으로써 이질아메바에 감염된다. 어떤 사람이 이질아메바 포낭 한 개를 삼켰다고 해 보자. 십이지장에서 포낭 주머니가 벗겨지고 그 안에서 4마리의 이질아메바가 나온다. 그 이질아메바들은 곧 둘로 갈라져 8마리가 된 뒤 장 표면을 공격하기 시작한다. 여기엔 "시작은 미약하지만 끝은 창대하다"라는 말이 딱 어울린다. 처음에는 8마리의 이질아메바가 주요 기생 부위인 큰창자를 뚫고 들어가기 시작한다. 넓디넓은 장에서 20마이크로미터의 작은 이질아메바 8마리가 장을 뚫어 봤자 티도 안 난다. 즉 이질아메바가 침투한 입구는 굉장히 좁다. 그런데 시간이 갈수록 이 이질아메바가 숫자를 늘려 나간다. 잠시 뒤 16마리가 되고, 곧 32마리가 된다. 장에 침투한 뒤 아래로 내려갈수록 숫자가 늘어나는데, 이질아메바는 그 학명처럼 조직을 파먹어 궤양을 만드니, 맨 위 침투 부위는 좁지만 내려갈수록 파괴된 부위가 커지는, 소위 '플라스크 모양의 궤양'이 만들어지게 된다. 이게 이질아메

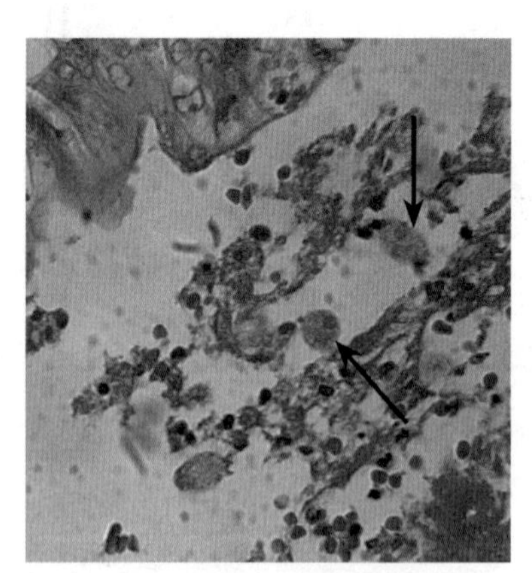

궤양 조직의 경계면에서 이질아메바가 활개치고 있는 모습. 화살표가 이질아메바다

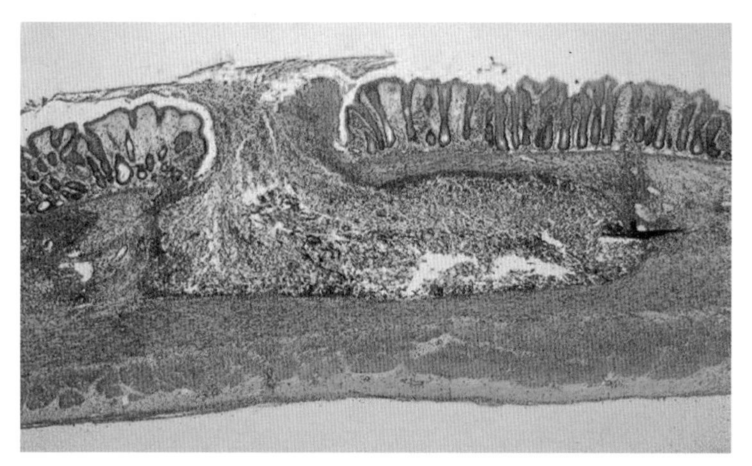

이질아메바로 인해 생긴 플라스크 모양의 궤양

바의 특징적인 병변이다. 이런 아메바가 몸에 있으면 증상이 장난이 아니지 않겠는가? 이질아메바가 침투를 시작하는 초창기에는 하루 몇 번 무른 변을 보는 정도에 그치지만, 이질아메바가 본격적으로 조직을 파괴하면 혈액과 점액이 섞인 설사를 수십 번씩 하고, 격렬한 복통을 호소하게 된다. 시간이 흘러 이질아메바의 공격이 좀 잠잠해지면 증상도 덜해지는데, 이를 만성기에 접어들었다고 한다.

이질아메바가 위험한 이유는 조직을 파괴하다 보면 그 안에 있던 혈관이 노출됨으로써 이질아메바가 장에 있는 혈관으로 들어가기 때문이다. 장에서 흡수한 음식은 혈관을 타고 간으로 가서 포도당 등 우리 몸에 필요한 영양소로 바뀌는데, 장의 혈관에 들어간 이질아메바도 음식들과 함께 간으로 간다. 이질아메바는 파괴를 본업으로 삼는 자이다. 간에 도착한 이질아메바는 곧 조직을 파괴하기 시작한다. 당황한 간은 이질아메바가 있는 부위에 둥글게 벽을 치고 "여기 넘어오지 마!"라고 선언한다. 그 벽 안에서 이질아메바는 백혈구 등과 치열한 전투를 벌이는데, 백혈구와 이질아메바의 시체 더미를 '고름'이라 하고, 둥근 벽 안에 고름이 가득 찬 것을 '고름집(abscess, 농양)'이라고 부른다. 간에 고름집이 생기면 환자는 어떤 증상을 느낄까? 염증이 있으니 열이 나고 아픈데다, 고름집 주위가 눌리면 통증이 심하다. 샤우딘을 죽게 만든 것도 바로 간에 생긴 고름집이었다.

이 고름집으로 인해 다음과 같은 증상이 생길 수도 있다. 2011년 우리나라에서 보고된 환자의 사례를 보자.

24세 남자가 닷새 전부터 오른쪽 윗배가 아프고 열이 났다. 의사가 진찰을 해 보니 특이하게도 발이 좀 부어 있었다. 백혈구가 증가됐다는 검사 결과가 몸 어딘가에서 전투가 벌어지고 있다는 걸 시사해 줬다. 위치상으로 보아 간에 뭔가 있다 싶어서 MRI를 찍어 봤더니, 6센티가 넘는 커다란 고름집이 보였다. 이 정도 크기면 이질아메바다 싶어 이질아메바 테스트를 했고, 거기서 양성이 나왔다. 위에서 말한 '이질아메바에 의한 간 고름집'으로 진단해 2주간 메트로니다졸이라는 약을 쓴 끝에 치료가 됐다. 잠깐, 간에 고름집이 있었으니 윗배가 아프고 열이 난 건 이해가 된다. 그런데 이 환자의 발은 도대체 왜 부어 있었을까? 전신을 흐른 혈액은 간으로 모였다가 심장으로 돌아가는데, 간 고름집이 그 혈관을 누르는 바람에 혈액이 아래쪽에서 정체된 것이었다. 물론 치료 후 발이 부은 건 정상으로 돌아왔다.

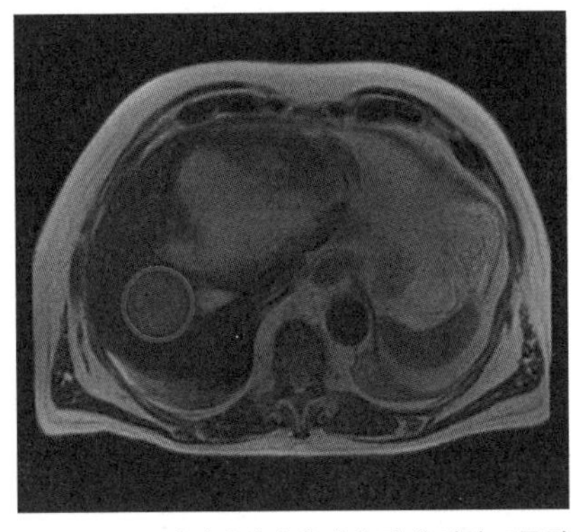

이질아메바에 의해 간에 생긴 고름집

고름집이 혈관을 건드려 부종을 일으키다니, 정말 놀랍지 않은가? 이질아메바로 인해 더한 증상이 생길 수도 있다. 간은 이질아메바에게 "가만히 있으라"며 벽을 쳤지만, 고름집 안의 이질아메바들이 그 말을 늘 따르는 것은 아니다. 안에는 먹을 게 없지만 밖에는 진수성찬이 예약돼 있는데 왜 안에만 있겠는가? 그래서 이질아메바는 벽을 뚫고 밖으로 나가려고 애쓴다. 만일 이질아메바가 고름집의 벽을 뚫는 데 성공하면 어떻게 될까? 이질아메바는 다시 간을 유린하고, 드물기는 하지만 그중 일부는 간에서 더 위로 올라가 '폐아메바증'을 일으킨다. 이 경우 가슴이 아프고, 숨쉬기가 불편하며, 객담이 섞인 기침을 한다. 이외에도 이질아메바가 혈류를 타고 뇌로 간다든지, 피부를 침범한다든지 하는 일도 생길 수 있다. 그러니 열대 지방에 놀러갔다가 귀국한 사람이 설사나 복통을 호소한다면 한번쯤 이질아메바를 의심해 보자.

동형아메바의 발견

이제 브럼프트가 가졌던 의문에 대해 얘기해 보자. 그는 "대변으로 이질아메바의 포낭을 배출한 18명 중 단 4명만 이질 증상을 겪었다"는 보고에 주목했다. 추가 연구 끝에 브럼프트는 "모양은 이질아메바와 똑같지만 인체에서 병을 일으키지 않는 착한 아메바가 있다"는 결론에 도달한다. 그는 이 착한 아메바의 학명을 '엔트아메바 디스파(Entamoeba dispar, 동형아메바)'라고 지었는데, 여기서 'dispar'는 '다르다'는 뜻이다. 하지만 그의 주장에 귀를 기울이는 사람은 한 명도 없었다. 그때는 '보이는 게 다였던 시절'이었기 때문으로, 종을 구별하는 도구가 현미경밖에 없었고, 두 아메바의 모양이 완벽하게 똑같았으니 어쩔 수 없는 일이었다.

하지만 과학 발전은 '보이지 않는 것도 볼 수 있는 시대'를 열었다. 1978년, 브럼프트의 후계자들은 효소 분석을 통해 두 아메바 간에 차이가 있음을 증명하려고 했다. 예컨대 나한테서 나온 아밀라아제와 아내한테서 나온 아밀라아제는 구조뿐 아니라 분자량도 같다. 아내와 난 호모 사피엔스라는 같은 종에 속하기 때문이다. 그런데 나한테서 나온 아밀라아제와 고릴라에서 나온 아밀라아제는 역할은 같을지언정 구조와 분자량이 조금 다르다. 고릴라와 내가 다른 종이기 때문이다. 그렇다면 다음과 같은 가정을 할 수 있다. 이질아메바와 동형아메바가 같은 종이라면 거기서 뽑은 효소들은 구조와 무게가 같을 것이고, 그렇지 않다면 다를 것이 아닌가? 결과는 브럼프트의 말이 옳았음을 말해 줬지만, 그래도 승복하지 못하는 이들이 있었다.

1990년에 이르자 과학이 좀 더 발전했고, DNA의 서열을 그냥 읽을 수 있게 됐다. 이제 DNA가 얼마나 같은지에 따라 종의 구별은 물론이고 두 종이 공통 조상에서 언제 갈라졌는지도 알 수 있게 됐다. 브럼프트의 후계자들은 환자에게서 나온 아메바의 DNA를 분석하기 시작했다. 증상이 있는 사람에게서 나온 아메바의 DNA는 그렇지 않은 사람에서 나온 아메바의 DNA와 완전히 달랐다. 두 아메바는 모양만 같을 뿐 완전히 다르다는 브럼프트의 말을 더 이상 인정하지 않고 버틸 수 없었다. 당시 아메바의 대가였던 다이아몬드(Louis S. Diamond)는 결국 이 두 개가 완전히 다른 종이라고 발표했고, 브럼프트는 60년 만에 광명을 찾게 된다. 학명을 제대로 쓸 때는 발견자의 이름과 연도를 붙이는 게 관례여서, 동형아메바의 공식 명칭은 다음과 같다.

'Entamoeba dispar Brumpt, 1925'

추가적인 조사 결과 이질아메바인 줄 알았던 것들 대부분이 동형아메바였고, 둘 간의 비율은 9 대 1로 동형아메바가 압도적으로 많았다. 사람에게 병을 일으키지 않으니 원칙적으로 동형아메바는 치료할 필요가 없지만, 보다 정확한 진단을 위해 돈과 시간을 들여

DNA 분석을 하느니 그냥 메트로니다졸을 쓰는 게 더 경제적이다. 하지만 임산부나 어린아이라면 얘기가 달라지며, 이들에겐 돈이 좀 들더라도 둘 중 어느 아메바인가를 진단한 뒤 이질아메바일 때만 약을 쓰는 게 좋겠다. 보다 중요한 것은 감염되지 않는 것이다. 외국에 나가면 물이나 과일을 조심하자. 이질아메바의 성숙한 포낭이 들어 있을지도 모르니까.

이질아메바

- **위험도** | ★★★★
- **형태 및 크기** | 20㎛ 정도
- **수명** | 수개월
- **감염원** | 물
- **특징** | 이질을 앓게 하는 원인 중 하나로, 장에 궤양을 일으키는 것은 물론이고 간에 고름집을 만들어서 사람을 죽게 만들 수도 있다. 영양형과 포낭형 단계를 왔다 갔다 한다. 위족을 이용해서 움직이고 먹이도 삼킨다. 조직을 파먹어 궤양을 만드는데, 내려갈수록 침투 부위가 커지는 '플라스크 모양의 궤양'이 만들어진다.
- **감염 증상** | 감염 초창기에는 하루 몇 번 무른 변을 보는 정도에 그치지만, 이질아메바가 본격적으로 조직을 파괴하면 혈액과 점액이 섞인 설사를 수십 번씩 하고, 격렬한 복통을 호소하게 된다.
- **진단 방법** | 대변 검사
- **나쁜 기생충으로 선정한 이유** | "난 람블편모충 따위와는 달라. 조직 안으로 깊숙이 들어가 다 때려 부술 거야." 이질을 앓게 한다. 더 이상의 이유가 필요할까?

6
도노반리슈만편모충

흑열병, 모래파리의 비극

> 비하르(인도의 지역명) 마을의 수쉴라는 시름시름 앓고 있는 아이 때문에 걱정이 태산이었다. (…) 아이는 아팠지만 주변에서 손쉽게 찾아볼 수 있는 치명적인 응급 증상은 아니었다. (…) 아이는 그저 지난 한 달 동안 미열이 있고, 비교적 잘 먹는데도 불구하고 계속 여위는 정도의 증상을 보일 뿐이었다. 또한 기근이 든 해의 아이들처럼 배가 불룩 튀어나와 있었다. (『말라리아의 씨앗(The Malaria Capers)』, 17~18쪽)

그 뒷부분은 읽을수록 그저 마음이 아프다. 수쉴라가 무더위 속에 아이를 업고 무려 13킬로미터를 걸어 보건소에 도착했을 때는 이미 백 명이 넘는 사람들이 줄을 서 있었다. 뇌물이 없으면 의사

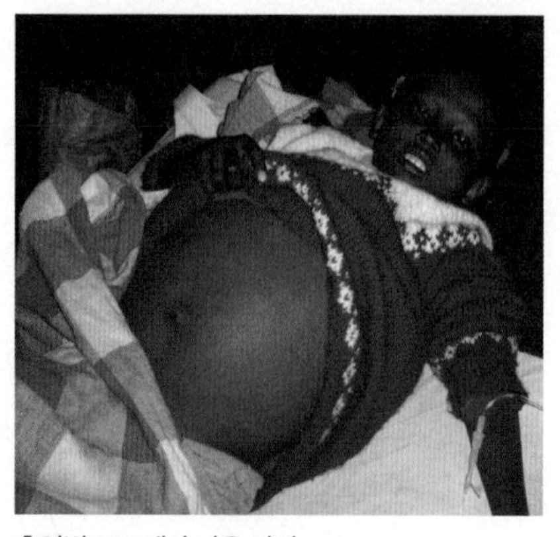
흑열병으로 배가 나온 아이

를 만나기 힘들다는 말에 수쉴라는 그녀가 가진 전 재산인 7루피(우리 돈으로 120원)를 직원에게 주고 의사를 만난다. 아이를 본 의사는 대뜸 피검사를 시행한다. 심각한 빈혈이 관찰됐다. 의사는 아이의 병을 알아챈다. 오랫동안 열이 나고 빈혈이 있는데다 간과 비장이 커지는 병(배가 나온 건 그 때문이었다)은 '흑열병(Kala-azar)'밖에 없었다. 의사의 처방대로 약을 사러 온 수쉴라는 3백 루피(15,000원)나 되는 치료비에 망연자실한다. 수쉴라는 결국 아이를 업고 다시 13킬로를 걸어 집으로 간다. 그로부터 얼마 지나지 않아 아이는 세상을 뜬다. 이제 수쉴라의 아이를 죽음으로 몰고 간 흑열병에 대해 알아보자.

흑열병의 발견

흑열병은 열이 나면서 피부가 까맣게 되는 증상을 보인다고 해서 붙은 질병명이다. 이건 세 종류의 기생충에 의해 일어나지만,[18] 여기서는 그 셋을 구별하지 않고 발병을 가장 많이 일으키는 도노반리슈만편모충(Leishmania donovani, 이하 도노반충)에 의해서 일어난다고 통칭하겠다. 유럽과 중동, 아프리카, 중남미 등등에도 이 기생충이 있지만, 매년 발생하는 50만 흑열병 환자의 대부분을 차지하는 건 인도, 방글라데시, 수단, 네팔, 브라질, 에티오피아 이렇게 6개국이다.

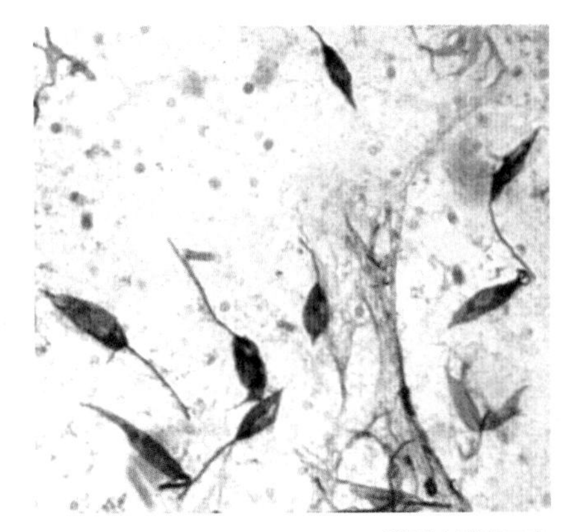
도노반리슈만편모충

처음 이 기생충이 발견된 건 1900년이었다. 아일랜드 출신 영국 병사 한 명이 흑열병에 걸려 사망했다. 이 병사를 부검한 리슈만(William Boog Leishman)은 커진 비장을 잘라 내 현미경으로 관찰했다. 비장에는 대식세포(뭐든지 다 잡아먹어서 그런 이름이 붙었다)라는 게 있는데, 그 대식세포 안에 작고 동그란 것들이 잔뜩 들어 있는 게 아닌가? 리슈만은 그게 흑열병의 원인이라고 확신했지만, 그의 역할은 여기까지였다. 배턴을 이어받은 사람은 도노반(Charles Donovani)이었다. 도노반은 리슈만과 달리 흑열병에 걸린, 하지만

---

18 도노반리슈만편모충(Leishmania donovani), 인판툼리슈만편모충(L. infantum), 샤가시리슈만편모충(L. chagasi) 이렇게 3종에 의해 일어나며, 임상 증상은 다 같지만 관장하는 지역이 다르다. 도노반리슈만편모충은 인도와 아프리카, 인판툼리슈만편모충은 유럽과 중국, 샤가시리슈만편모충은 중남미다.

아직 죽지 않은 사람을 상대로 비장을 떼어 내는 일을 했다. 거기서 도노반은 리슈만이 본 것과 똑같은 기생충을 관찰한다. 도노반은 그 기생충에게 자신과 리슈만의 이름을 딴, 도노반 리슈마니아(내장리슈만편모충)라는 이름을 붙였다. 그 결과 도노반은 자기 이름을 영구히 남기게 됐다. 리슈만이야 최초 발견자니까 그럴 수 있다고 쳐도, 도노반은 숟가락만 얹은 것 같지 않은가? 그 이후 밝혀져야 할 것들이 산적한 상태에서 도노반의 이름이 학명에 들어가는 건 좀 성급한 느낌이다.

병원체에 대해 연구를 하려면 배양을 해야 한다. 기생충학자들이 기생충을 시시때때로 먹는 것도 사람 몸에서만 자라기 때문인데, 도노반충은 다행히 로저스(Leonard Rogers)가 대충 만든 배지에서 자랐다. 하지만 배지에서 자란 기생충을 보는 순간 로저스는 기절할 뻔했다. 조그맣고 동그란 것들이 잔뜩 있을 거라고 생각했는데, 기다랗고 편모까지 달린 기생충들이 바글댔으니 말이다. 나중에 알고 보니 도노반충은 수면병을 일으키는 감비아파동편모충, 샤가스씨병을 일으키는 크루스파동편모충과 일가친척이었고, 다만 벡터(매개 곤충)와 병을 일으키는 방식이 조금씩 다를 뿐이었다. 감비아파동편모충은 체체파리, 크루스파동편모충은 빈대, 그렇다면 도노반충은 어떤 곤충에 의해 전파될까?

벡터는 바로 너?

이게 밝혀지기까지는 그로부터 30년 가까운 세월이 흘러야 했다. 로스는 모기가 말라리아의 벡터라는 걸 증명하기 위해 3년 가까운 세월동안 모기만 죽자고 해부했지만, 군의관으로 일하던 신턴(John Sinton) 소령은 탁월한 아이디어로 흑열병의 벡터를 발견했다. 먼저 흑열병이 발생하는 지역을 지도에 표시했고, 그 다음으로 흡혈 곤충의 분포도를 지도에 표시해 봤다. 겹쳐지는 흡혈 곤충은 딱 하나, 모래파리였다. 역시 머리가 좋으면 몸이 덜 고생하는 법이다. 신턴은 이 사실을 논문으로 썼지만, 이걸 인정하는 학자는 드물었다. 결정적인 증거가 부족해서였다. 예를 들어 흑열병의 유행지에 살면서 그때까지 발견되지 않은 흡혈 곤충이 있을 수도 있지 않은가? 그래서 로스가 한 것처럼 모래파리를 잡아다 연구하는 과정이 필요했다.

문제는 모래파리를 키우는 게 여간 까다로운 게 아니라는 점이었다. 많은 이들이 이 일에 매달렸지만, 하나같이 실패했다. 결국 쇼트(Henry Edward Shortt)가 이 일을 해냈다. 모래파리를 성공적으로 키울 수 있게 된 쇼트는

흑열병의 벡터, 모래파리

도노반충에 감염된 모래파리로 하여금 자원자의 피를 빨게 했다. 모래파리가 피를 빨 때 침샘에 대기 중이던 도노반충이 자원자의 혈액 속으로 들어갔다. 자원자들은 흑열병에 걸렸다. 이로써 도노반충의 생활사가 모두 밝혀졌다. 쇼트가 이 일에 매달린 지 14년 만의 쾌거였다. 물론 쾌거라고 마냥 좋아할 만한 일은 아니었다. 다른 기생

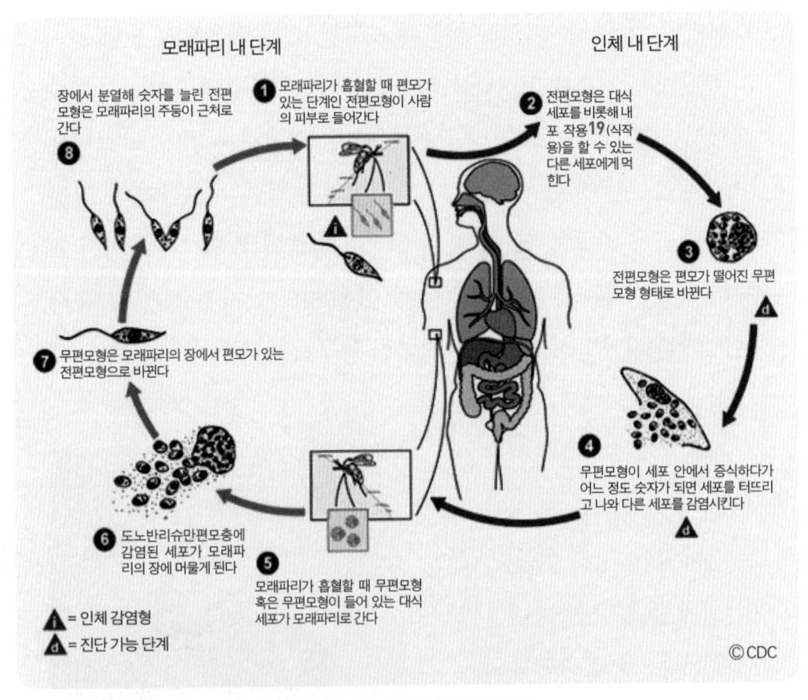

도노반리슈만편모충의 생활사

19 세포 밖의 물질이 세포막과 만나 막으로 싸여 세포 내로 들어오는 작용

충들과 달리 흑열병은 감염 시 환자가 죽을 수도 있는 병이었으니까. 간과 비장이 파괴되고 골수까지 망가지는 무서운 병원체를 환자의 몸에 주입하는 건, 당시 상황이 어쩔 수 없었다는 건 이해하지만,

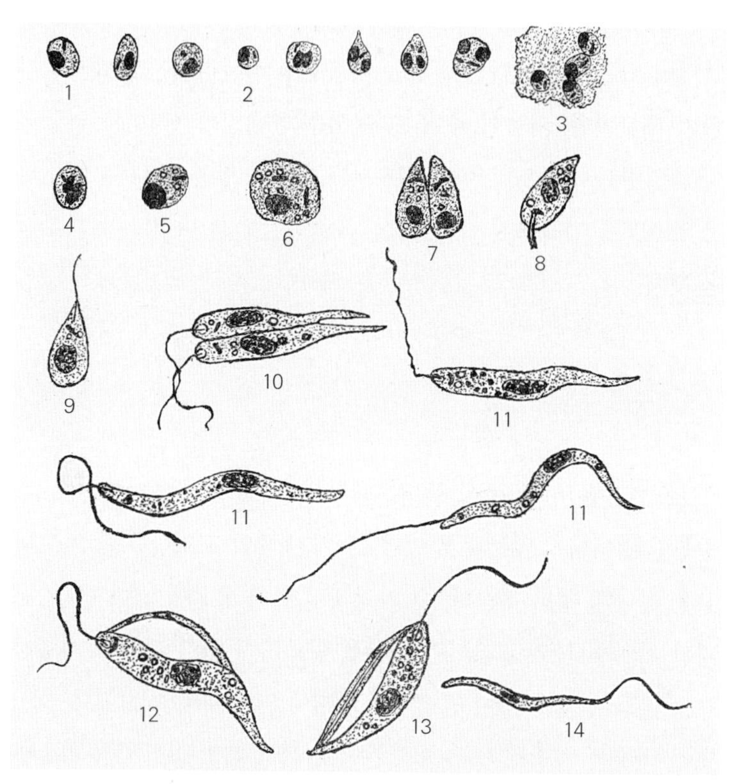

1, 2: 세포 내로 들어가 편모를 집어넣고 무편모형(amastigote)이 된 리슈만편모충. 3: 세포 안에 여러 개의 무편모형이 있는 모습. 4~7: 한 개의 무편모형이 두 개로 분열하는 모습. 8~9: 이 시기에 모래파리가 사람의 혈액을 빨 때 무편모형도 같이 들어가며, 편모를 내놓고 전편모형(promastigote, 편모를 움직이게 만드는 핵의 위치가 앞[前]쪽에 있어서 전편모형이라고 함)이 된다. 10: 모래파리 안에서 전편모형이 분열하는 모습. 11~14: 이 시기에 전편모형은 여러 번의 탈피를 거쳐 발육 종말기 전편모형(metacyclic promastigote, 변태 후 전편모형이 됨)이 된 뒤 모래파리의 침샘으로 이동한다

잔인한 처사로 보인다. 흑열병에 걸린 그 자원자 세 명은 그 뒤 어떻게 됐을까. 문헌에는 나와 있지 않아 확인이 불가능하다.

참고로 흑열병은 우리나라엔 분포하지 않는다. 이웃 중국에도 흑열병이 있는데 우리나라에 없는 이유는 우리나라에는 모래파리가 없기 때문이다. 겨울이 추워 그 무서운 열대열말라리아도 없는데다 흑열병까지 없으니, 이제 더 이상 '기름 한 방울 안 나는 나라'라고 스스로를 폄하하지 말자. 대신 '흑열병이 없는 나라'라는 자부심을 갖자.

흑열병의 증상과 치료

도노반충은 사람 몸에 들어온 뒤 3~8개월의 잠복기를 갖는다. 증상만 일어나지 않는다 뿐이지, 그 기간 동안 도노반충은 간과 비장을 신나게 때려 부순다. 이 과정에서 환자의 몸에 열이 난다. 파괴된 간과 비장은 잃어버린 부분을 만회하기 위해 증식을 계속하므로, 결국 간과 비장이 엄청나게 커지게 된다. 이런 식으로 도노반충이 내장을 침범해 병을 일으킨다고 해서 흑열병은 '내장리슈만편모충증(visceral leishmaniasis)'이라는 이름으로 불리기도 한다. 여기에 그치지 않고 도노반충은 골수를 침범하는데, 골수는 적혈구와 백혈구, 혈소판을 만드는 곳인지라 이 세 가지가 모두 부족해지는 사태가 도래한다. 조금 지나면 피부도 검게 변하는데, 이마, 관자놀이, 입 주위의 피부가 가장 뚜렷하게 변한다. 흑열병 환자는 치료하지 않으면 대개 2년 안에 사망하는데, 결정적 사인은 대개 세균이나 바이러스 감염과 출혈이다. 백혈구가 부족하니 감염에 취약하고, 혈소판이 부족해서 피가 한 번 나면 잘 멎지 않는다.

흑열병은 어떻게 진단할까? 비장을 생체 검사(이하 생검)하는 건 좀 위험한 방법이고, 간 생검은 안전성은 있지만 충체를 발견하기가 어렵다. 넓고 넓은 간 어디쯤에 도노반충을 가진 대식세포가 있는지 찾는 것이 어렵기 때문이다. 차라리 골수 검사가 진단에 성공할 확률이 높다. 혈액은 어떨까? 맨 앞에 나오는 증례를 보면 의사가 환자의 혈액을 뽑지 않는가? 하지만 그가 확인한 것은 빈혈이 심하다는 것이었지, 도노반충을 관찰한 건 아니었다. 진단에 성공하긴 했지만 그 의사의 진단은 신뢰하기 어려웠다. 간과 비장이 커지고 열이 나는 것, 흑열병은 이렇게 말라리아와 증상이 비슷하다. 그런데 피부가 까맣게 되는 건 사실 그리 흔한 증상은 아니다. 두 질병의 치료 약이 완전히 다르다는 점에서, 정확한 진단이 중요하다. 아프기도 하고 번거롭기도 하지만 골수 검사를 해야 하는 건 그런 이유다.

흑열병의 치료제는 안티몬 제제(sodium stibogluconate 등)다. 이와 관련된 사례를 하나 보자. 1982년 9월, 26세 남자가 서울대병원에 입원했다. 몇 달째 지나치게 피로한 느낌을 받았고, 배가 볼록했는데, 그 안에 뭔가가 들어 있는 것 같았다(간이 커져서 그랬던 것 같다). 두 달 전부터는 열도 났고, 체중도 12킬로그램이나 빠진 상태였다. 의사들은 이 환자가 간암이라고 생각했다. 열이 나는 것만 빼면 모든 게 다 간암을 시사하고 있었으니 말이다. 확진을 위해 간생검이 실시됐는데, 간의 대식세포 안에 리슈만이 봤던 동글동글한 기생충들이 잔뜩 들어 있었다. 흑열병이었다. "아니, 우리나라엔 흑열병이 없는데 이게 무슨 일인가?" 알고 보니 환자는 아프기 직전 사우디에서 1년간 근로자로 일한 경험이 있었는데, 사우디는 흑열병 유행지였다. 진단은 했지만 치료가 문제였다. 우리나라에는 흑열병의 치료 약인 안티몬 제제가 없었던 거였다. 시시때때로 수혈을 해 가면서 환자는 석달 가량을 기다렸다. 기다린 보람은 있었다. 그해 12월 28일, 환자는 조금 늦은 크리스마스 선물을 받았다. 약 덕분에 환자는 잘 회복해 퇴원할 수 있었다. 약이 없어 좀 힘들긴 했지만, 환자로선 흑열병인 게 다행이었다. 간암이었다면 그 정도의 증상은 틀림없이 말기였을 테고, 그랬다면 회복되는 건 불가능했을 테니까. 이 사례 이후 정부는 희귀의약품센터를 만들어 운영하기 시작했고, 많은 이들이 혜택을 보고 있다. 그런데 이상한 점이 하나 있긴 하다. 지난 수십 년간 안티몬제제를 흑열병의 치료제로 써 왔지만, 유행지인 인도에서 이 약에 대해 저항성이 나타나는 바람에 요즘엔 곰팡이에 쓰는 약인 암포테리신 B를 1차적으로 쓴다. 문헌에 의하면 이게 훨씬 더 잘 듣는다고 나와 있다. 안티몬 제제가 오길 기다리는 동안 병원 측에선 암포테리신 B를 환자에게 투여했다. 매우 현명한 처사였지만, 이상하게도 환자의 상태는 점점 나빠졌고, 결국 투약을 중단할 수밖에 없었다. 어쩌면 그건 암포테리신 B를 정맥주사로 너무 급히 넣었을 때 나타나는 부작용이 아니었을까?

여행자와 우리나라의 미래

얘기가 너무 복잡해질까 봐 흑열병 얘기만 했지만, 리슈만편모충에는 크게 두 종류가 있다. 하나는 지금까지 말한, 내장을 침범해 흑열병을 일으키는 도노반리슈만편모충, 즉 내장리슈만편모충이고, 다른 하나는 내장은 일체 침범하지 않고 피부에만 침범하는 피부리슈만편모충이다. 형태학적으로 보나 매개체가 모래파리인 거나 다 똑같지만, 희한하게도 피부리슈만편모충은 피부에만 침범한다! 피부만 침범하니 다행이라고 생각할지 모르겠다. 그런데 막상 환자들의 상태를 보면 이건 뭐, 피부나 내장이나 그게 그거 같다. 물론 피부만 침범하면 최소한 죽지는 않지만, 피부가 파괴되는 상태가 워낙 참혹한 수준이다. 심지어 코끝이 무너지거나 귀가 거의 떨어지다시피 하는 경우도 부지기수다. 그러니 내장이든 피부든 간에 걸리지 않는 게 최선이다.

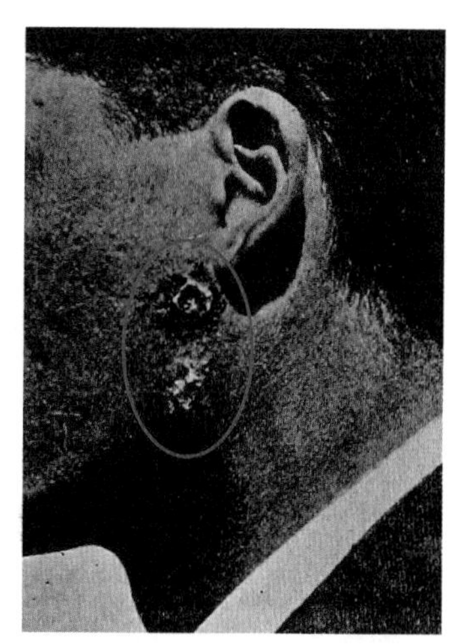

피부에 침투하는 피부리슈만편모충에 감염된 환자

아쉽게도 여행자들이 리슈만편모충증에 감염되는 빈도가 늘고 있다. 영국은 1995년부터 2003년까지 85명이, 독일은 2001년부터 2004년까지 42명이 해외에서 감염돼 돌아왔다. 우리나라도 2004년 아르헨티나를 여행한 경력이 있는 9개월짜리 아이가 흑열병에 걸린 것으로 확인된 바 있고, 피부리슈만편모충에 감염된 사례는 지금까지 총 25례나 된다. 아직 이 기생충에 대한 백신이 만들어지지 않은 상태이므로, 유행지에 갈 때는 모래파리에 물리지 않도록 조심하는 게 좋다. 모래파리는 황혼에서 새벽까지 기승을 부리므로 이 시간대에 나가야 한다면 옷을 잘 챙겨 입고, 벌레 퇴치 약을 뿌린 후 활동하는 게 좋다. 외국에서 걸리는 거야 그렇다 쳐도, 다음 사례는 우리에게 경각심을 준다.

2004년 고려대병원 피부과에서 보고된 바에 따르면 70세 남자의 왼쪽 얼굴에 가려움을 동반한 붉은 결절이 돋았는데, 조직 검사를 해 보니 리슈만편모충이 보이더란다. 놀라운 것은 이 남자 분은 한 번도 해외여행을 다녀온 적이 없다는 점이다. 물론 이럴 가능성은 있다. 나이가 마흔 살만 돼도 오늘 아침에 뭘 먹었는지 모르는데, 70세 노인분이 해외여행을 갔다는 사실을 정확히 기억하겠냐고. 자, 그렇다면 다음 증례는 어떨까? 2006년 서울대 동물병원에 암컷 애완견이 내원했는데, 코에서 피가 나고 몸에 결절이 보였다. 결절의 조직 검사 결과 내장형인 도노반리슈만편모충이 관찰됐다. 리슈만편모충은 사람뿐 아니라 여러 종류의 가축과 야생 동물에 감염될 수 있다. 당연한 얘기지만 그 애완견은 해외여행 경험이 없었고, 개 주인 또한 마찬가지였다. 이상한 건 다음 기록이다. 1914년 중국 의학잡지에서는 한국에서 내장형인 도노반리슈만편모충이 발생한다고 했다. 오래된 자료이긴 하지만 뭔가 심상치 않다. 사정이 이러니 유행 지역에 가지 않는다고 해서 리슈만편모충에 걸리지 않는 건 아닐지 모른다. 가뜩이나 안전사고가 많이 일어나는 나라에서 리슈만편모충까지 걱정해야 하다니, 이게 사실이라면 기름 한 방울 안 나는 나라에서 좀 너무한 거 아닐까?

도노반리슈만편모충

- **위험도** | ★★★★
- **형태 및 크기** | 편모가 달려 있다. 무편모형(숙주세포 내에 기생하는 구형의 충체)일 때는 3~5㎛로, 편모가 없고 핵과 운동핵만 가지고 있다.
- **수명** | 피부리슈만편모충은 수 주 내에 저절로 치유되지만(면역 세포에 의해 죽는데, 이후 인체는 면역이 생긴다), 도노반리슈만편모충은 그대로 두면 수명대로 살기도 전에 사람이 먼저 죽는다.
- **감염원** | 모래파리
- **특징** | 흑열병을 일으킨다. 수면병을 일으키는 감비아파동편모충, 샤가스씨병을 일으키는 크루스파동편모충과 친척 같은 존재다. 내장에만 침범하는 도노반리슈만편모충과 피부에만 침범하는 피부리슈만편모충이 있다.
- **감염 증상** | 간과 비장이 파괴되고 열이 난다. 나중엔 골수까지 망가지고 피부도 검게 변한다. 말라리아와 증상이 비슷하지만 치료 약이 완전히 다르기 때문에 정확한 진단이 중요하다.
- **진단 방법** | 도노반리슈만편모충: 골수 검사, 피부리슈만편모충: 피부 조직 검사
- **나쁜 기생충으로 선정한 이유** | "사람 몸 구석구석을 파괴하는 건 나밖에 없을 걸?" 골수까지 망가뜨리는 흑열병을 일으킨다.

기생충 망상증

귀에 사는 기생충

한 남자가 연구실에 찾아왔다. 그는 자신의 귀에 기생충이 산다고 했다. 귀에 사는 기생충은 내가 알기로는 없었지만, 혹시 모르는 일이었다.

"기생충을 잡거나 사진을 찍어 놓으신 게 있나요?"

그는 없다고 했다. 그럼 어떻게 기생충이 있다는 걸 알았냐고 했더니, 느낌이 이상해서 거울에 비춰 본 결과 기생충이 움직이는 걸 눈으로 확인했단다. 그분의 귀를 봤지만 별 게 없었는지라 다음에 발견하면 꼭 사진을 찍어 놓으라고 말하고 돌려보냈다.

그로부터 일주일 뒤, 그에게서 메일이 왔다. 첨부 파일을 다운받아 보니 무려 15분짜리 동영상이었다. 과연 어떤 기생충일지

궁금해 동영상을 보기 시작했다. 귀, 귀, 귀. 그냥 귀만 계속 나왔다. 5분쯤 지났을까. 중년 남성의 귀를 계속 보고 있는 건 그리 즐거운 일이 아니어서 그에게 전화를 걸었다. 그리고 기생충은 도대체 언제쯤 나오냐고 물었다.

"13분 정도 됐을 때 나와요."

물어보길 잘했다고 생각했다. 안 그랬다면 그 뒤로도 8분간 귀를 보고 있어야 하지 않은가. 13분 무렵으로 점프해 동영상을 틀었다. 여전히 화면은 '귀'였다. 아무런 변화도 나타나지 않았다. 앞뒤로 1분간을 살펴봤지만, 이상한 것은 보이지 않았다.

"저, 화면 봤는데요, 아무것도 안 보이던데요."

그가 대답했다.

"그 기생충이 워낙 빨라요. 나왔다가 금방 들어가서 못 볼 수도 있어요."

전화를 끊고 난 뒤 다시 동영상을 보기 시작했다. 장면 장면을 끊어서 보기도 해 봤지만, 기생충 같은 건 보이지 않았다. 그 뒤 그는 몇 차례 더 연락을 해 왔지만, 어느 순간부터 연락이 끊어졌다. 내가 최초로 만난 기생충 망상증(Delusional or Delusory Parasitosis) 환자였다.

기생충 망상증이란?

기생충 망상증(이하 DP)은 '혹시 내 몸 안에 기생충이 있지 않을까'라는 잘못된 믿음에 빠져 일상생활에 지장을 초래하는 질환을 말한다. 기생충이 있을지도 모른다는 생각을 하는 사람은 의외로 많지만, 그들 중 기생충 망상증은 극히 일부에 불과하니 너무 걱정하지 마시라. DP의 특징은 다음과 같다.

첫째, DP는 보통 갑자기 시작된다. 어느 분은 인도네시아에서 온 목재를 손으로 만진 후 기생충이 몸에 들러붙었다고 말하고, 어떤 이는 화초에 주고 남은 물을 먹은 뒤 벌레가 몸에 들어왔다고 하기도 한다. 하지만 별다른 계기가 없이, 갑자기 피부에서 벌레가 기어가는 느낌을 받았다고 말하는 사람들도 있다. 대부분의 사람들은 좀 이러다 말지만, DP 환자들은 그 후로 오랫동안 몸 안에 기생충 혹은 벌레가 움직인다는 느낌을 받고, 그것 때문에 괴로워한다. 44세 여성의 얘기를 들어보자.

"어느 날부터 팔과 아랫배, 등이 가렵기 시작했어요. 옴진드기 같아서 여러 의사에게 다녀 봤지만 낫지 않았죠. 지금 6년째 이러고 있어요."

둘째, 진단을 자신이 한다. 몸에 벌레가 기어 다닐 때 주위 친구가 떼어 준 경험은 누구나 있을 것이다. 하지만 DP 환자의 몸에 있는 벌레는 자기 자신만 느끼고 볼 수 있을 뿐, 다른 누군가가 본 적은 없다. 전문가가 아무리 "벌레가 아닙니다."라고 말해도 소용이 없다. 언젠가 만났던 DP 환자와의 대화다.

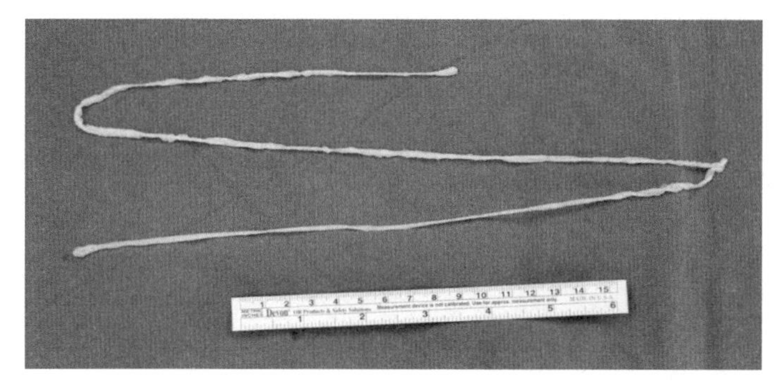

70센티에 달하는 스파르가눔

환자 | 기생충이 피부에서 아주 빨리 움직여요.

나 | 그렇게 빨리 움직이는 기생충은 없어요. 스파르가눔만 해도 하루 1센티 움직이는 게 고작입니다. 제가 보기엔 피부가 좀 예민한 것일 뿐, 기생충이 아닙니다.

환자 | 제가 보기엔 기생충 같아요.

나 | 제가 그래도 선생님보단 기생충을 더 많이 알지 않을까요? 제가 아니라면 아닌 겁니다.

환자 | 알겠습니다. 기생충이 아니라는 걸 믿을게요. 그런데 혹시 기생충 약 좀 주실 수 있을까요?

나 | 기생충이 아닌데 약을 줘 봤자 무슨 소용이 있겠습니까? 기생충이 아니니까 그냥 돌아가시고, 마음을 좀 편히 먹으세요.

환자 | 알겠습니다. 기생충이 아닌 건 이제 알겠고요, 그런데 혹시 기생충 약 좀 주실 수 있을까요?

그와 이런 대화를 한 시간 가까이 나누면서, 의사 입장에서 그러면 안 되지만 많이 힘들었다. 대화는 계속 겉돌았고, '이 사람이 날 전혀 믿지 않는구나'라는 회의적인 느낌만 들었다. 언젠가는 항문에 기생충이 박혀 있다며 꺼내 달라는 분과 전화 통화를 한 적도 있는데, 위의 환자와 했던 대화의 재탕이었다.

셋째, 당연한 얘기지만 이분들은 여러 의사를 만난다. 대개 이런 식이다. "이것 때문에 제가 아산병원, 삼성병원, 서울대병원, 안 가 본 곳이 없어요. 그런데 한 군데도 내 병을 고치지 못해요. 선생님이 마지막 희망입니다. 제발 좀 고쳐 주세요."

말이 그렇다는 얘기지, 나한테서 이렇다 할 좋은 얘기를 듣지 못하면 이들은 곧 다른 의사를 찾아간다.

"심지어 두 딸의 엄마인 어떤 여성은 6개월간 103명의 의사와 1명의 수의사를 방문하는 기염을 토해 내기도 했다."(정준호, '코리아헬스로그' 칼럼 중에서).

당연한 말이지만 의사들은 이들에게 호의적이지 않다. 의사 생각에 DP는 정신이 좀 이상한 질환이니 정신과로 보내고 싶지만, DP 환자에게 정신과 의뢰는 자신의 존엄을 무너뜨리는 행위다. "내 몸에 분명 벌레가 있다고요! 내가 분명히 봤는데, 날 보고 미쳤다고요?"

넷째, 성냥갑징후(matchbox sign)를 보인다. 이들은 병원에 와

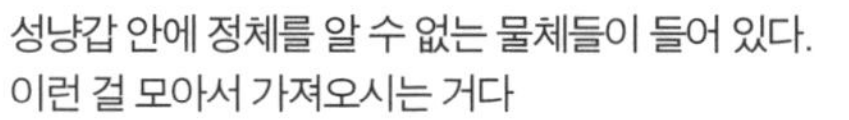
성냥갑 안에 정체를 알 수 없는 물체들이 들어 있다. 이런 걸 모아서 가져오시는 거다

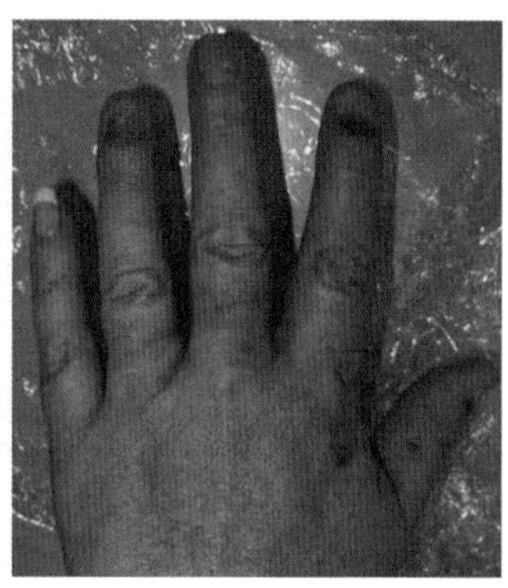
여기저기 뜯어서 상처투성이가 된 손

서 성냥갑이나 비슷한 크기의 플라스틱 박스를 꺼내 의사에게 보여 준다. 이 안에는 자신의 몸에서 나온, 기생충이라고 생각되는 물질이 들어 있다. 그건 도대체 뭘까? 가장 흔한 것이 자신의 피부 조각으로, 시도 때도 없이 피부를 관찰하다 보면 벌레처럼 보이는 게 있기 마련인데, DP 환자는 그걸 뜯어서 박스에 넣어 자신이 옳다는 걸 증명하려 한다. 그의 몸은 당연히 상처투성이가 된다.

다섯째, 편집적으로 목욕을 하는 것 이외에, DP 환자들은 자신만의 치료를 한다. 이들은 아는 사람을 통해, 혹은 인터넷 검색을 통해 자신의 질환에 대해 공부하고, 거기 나온 치료법을 쓴다. 물론 그 치료법 중엔 검증이 전혀 안 된 것들이 많은데, 머릿니 치료에서도 잠깐 언급했던 린단(lindane) 크림이 그 예다. 신경에 독성을 준다는 이유 때문에 가급적이면 사용하지 말라는 린단 크림을 DP 환자들은 수시로 몸에 바르고, 매일같이 머리를 감기도 한다.

"제가 이틀마다 린단으로 머리를 감는데요, 그러고 나면 좀 괜찮아지는 것 같아요."

그들은 린단뿐 아니라 이름도 처음 들어 보는 독물들을 쓰곤 했다. 그러나 몸이 조금이라도 나아질까 싶어서 쓰는 그 독들은 일시적인 효과에 그치고 말기 때문에 DP 환자들은 거의 매일같이 독을 바른 채 잠이 든다.

여섯째, 일상생활에 지장을 초래한다. 피부에 기생충이 있다고 했던 한 의사가 결국 자신의 병원을 접었다. 이렇듯 그들 대부분이 직장 생활을 제대로 하지 못한다. 그리고 그들은 주위로부터 따돌림을 받는다. 아니, 이 말은 잘못된 말일 수도 있다. 그들이 다른 이들을 따돌리니 말이다. 어느 분은 가족에게 기생충을 전염시킬까 두려워 집을 나와 여관에서 생활하고 있었고, 한 젊은이는 같은 이유로 집을 나와 친척 집에 살고 있었다. 이분들도 답답하겠지만 그 가족들은 얼마나 답답할지 마음이 아프다.

기생충 망상증 치료

DP에 관한 최초의 기술은 1894년 티비에르지(Thibierge G)가 했으며, 그는 처음 이 질환에 진드기 공포증(acarophobia)이란 진단명을 붙였다. 나중에 진드기 말고 기생충이 있다고 호소하는 이들도 있다는 게 밝혀지면서 '기생충 망상증'으로 질병명이 바뀌었다. 또한 이 질환에 대해 연구를 많이 한 에크봄(Karl Axel Ekbom)이란 의사의 이름을 따서 '에크봄 증후군'이라 불리기도 한다. 질병명이 어떻게 바뀌든지 간에 DP가 치료하기 어려운 질환이라는 건 변하지 않는다. 나 역시 많은 DP 환자를 만났는데, 그때마다 이런 조언을 한다.

"당신은 기생충에 감염되지 않았습니다. 설사 기생충이 있으면 어떻습니까? 기생충 그 자체보다 기생충에 감염됐을까 봐 전전긍긍하는 것이 건강에 더 해롭습니다."

매우 그럴듯한 말 같지만, 내 조언으로 인해 일상생활로 돌아간 DP 환자는 아직까지 없다. 이 정도 말로 나아질 정도면 DP가 아니니 말이다.

DP 환자가 가장 많이 방문하는 피부과에서는 DP 환자를 치료하는 매뉴얼을 만들어 놓고 있다고 한다. 그에 따르면 먼저 신뢰를 주는 게 우선이란다. 피부를 면밀히 살펴보면서 기생충을 찾으려 애쓰는 것, 그리고 필요하면 피부 생검을 하고 얻은 조직을 현미경으로 들여다보는 것도 환자로 하여금 "아, 내 말을 믿는구나!"라는 느낌을 주는 방법이다. 환자에게 짜증을 내는 것도 좋지 않지만, 그들에게 동조하는 것 역시 금물이다. 안 그래도 자기 확신에 차 있는 그들에게 소위 전문가가 한

“기생충 같은데요”라는 말이 어떤 영향을 줄지 상상하기란 어렵지 않다. 이런 식으로 해서 어느 정도 신뢰가 쌓이고 나면 정신과 약을 처방하란다. 올란자핀(olanzapine)이나 리스페리돈(risperidone)이 부작용도 덜하고 가장 널리 쓰이는 약인데, 이 약을 쓰면 대부분 증상이 좋아진다. 문제는 신뢰가 아주 돈독해야 된다는 것이다. 위에서 언급한 것처럼 정신과로 가라는 말은 DP 환자가 절대로 받아들이지 못하는 조언이니 말이다. 이 말을 들으면 환자는 분노에 휩싸이거나 말없이 병원을 나와 다시는 오지 않을 테고, 스스로 문제를 해결하는 수밖에 없다고 생각한 나머지 린단 크림으로 샤워를 한다든지 하는 일이 벌어지기도 한다. 그래서 의사의 노력이 중요하다. 시간이 좀 걸리더라도 먼저 신뢰를 쌓자. DP 환자를 다시 가정과 사회로 돌려보내는 것은 어디까지나 의사의 역할이니까.

기생충 감염 자가 검사법

기생충 상담

한 남자가 검은 비닐에 싼 물체를 들고 연구실을 찾아왔다. 무슨 일이냐고 물었더니 변에서 기생충이 나왔단다. 그가 가져온 걸 보고 망연자실했다. 그건 절대 기생충이 아니었으니 말이다. 모름지기 기생충이라면 표면에 윤기가 나야 하고, 휘어질 때 휘어지더라도 곡선의 흐름이 매끄러워야 한다. 하지만 그가 가져온 것은 정말 볼품없게 생긴 노란색의 식물 줄기였다. 그가 전날 먹은 음식으로 보아 고구마 줄기로 추정됐고, 역시나 그것은 고구마 줄기였다. 과거에 비하면 기생충이 많이 줄었음에도 기생충을 두려워하는 분들이 아직도 많은 듯하다. 이런 걱정이 일상생활에 지장을 초래하는 소위 기생충 망상증은 앞에서 이미

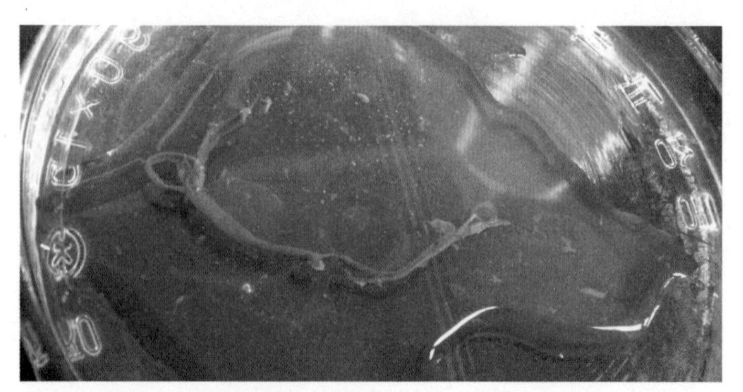

환자가 기생충이라고 가져온 물체. 중간에 한 바퀴 감긴 걸 보면 그저 한숨이 나온다. 끝부분 처리도 영 엉망이라 살아 있는 생명체는 아니라는 걸 알 수 있다

살펴보았으니 여기서는 우리가 기생충이 의심될 때 어떻게 해야 하는지, 그 대처법을 정리함으로써 '기생충을 두려워하지 않는 사회'를 만들고자 한다.

변에서 기생충이 나왔을 때

우리 변을 보면 기생충 비슷한 것들이 많다. 전날 먹은 시금치나 콩나물 등은 얼핏 보면 영락없는 기생충 같다. 이런 것들을 발견했을 때 어떻게 해야 할까? 인터넷에 올려 물어보는 사람도 있는데, 그건 아무 의미 없는 행동이다. 거기다 답변하는 이들은 기생충에 대해 잘 모르는데다 답변이 채택됐을 때 얻는 점수에만 신경 쓰는 분들이다. 이렇게 모르는 사람끼리 대화를 주고받아 봤자 문제 해결에 아무런 도움이 안 된다. 그렇다고 이상한 게 나올 때마다 기생충학자에게 보내는 건 서로 번거로운 일이다. 일단 이것들이 기생충인지 아닌지 자가진단을 해야 한다. 최소한 기생충이라면 다음과 같은 특징을 가지고 있어야 한다.

회충. 표면에 윤기가 나고 휘어지는 각도도 유연할 뿐더러 끝부분 처리가 아주 완벽하다

1) 표면에 윤기가 난다.
2) 양쪽 끝부분이 뾰족하거나 그에 준하는 모습을 하고 있다.
3) 휘어진 부분의 곡선이 매끄럽다.

여기에 한 가지 더한다면, 대변에서 나온 뒤 얼마 동안은 꿈틀댄다는 것이다.

그런데 촌충은 이와 조금 다르다. 촌충은 길이가 몇 미터씩 되기 십상인데, 30~50센티쯤 되는 끝부분을 한두 달마다 대변에 섞어서 내보낸다. 이것은 알을 택배 상자에 넣어서 외계로 보내는, 자손 번식의 일환이다. 그렇기 때문에 촌충은 위에서 제시한 조건을 만족시키지 못하지만, 다음과 같은 특징이 있다. 몸 전체가 작은 마디로 되어 있고, 그 마디의 형태가 일정하다. 예를 들

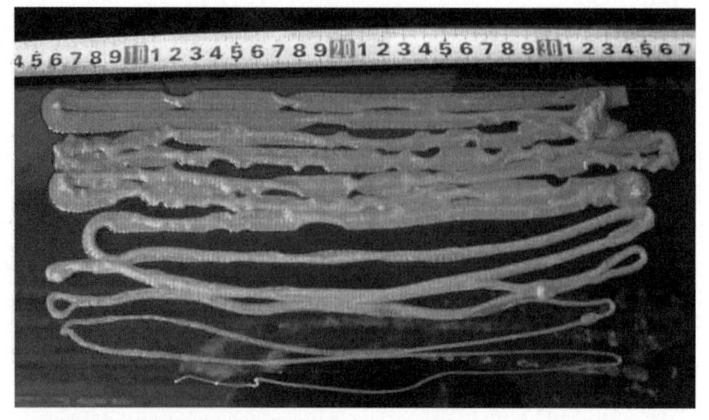

광절열두조충. 자세히 보면 수많은 마디로 이루어진, 기생충의 정교한 모습을 볼 수 있다

광절열두조충을 확대한 사진이다. 이렇게 마디 가운데 진한 점 같은 것이 있으면 광절열두조충이다

어 광절열두조충은 마디 가운데 부분에 자궁이 뭉쳐 있기 때문에 그것이 큰 점같이 보인다(위 사진). 같은 촌충이라도 태니아, 즉 아시아조충 같은 건 좀 다르게 생겼다. 편절이 하나씩 떨어져 나오는 경우가 더 많고, 마디 중앙이 깨끗한 반면 마디 바깥쪽에 튀어나온 부분이 보인다(335쪽 사진). 이것은 정자가 난자로 들어가는 통로로, 아시아조충만의 특징이다. 그렇다고 광절열두조충과 아시아조충을 구별할 필요까지는 없고, 그저 이게 식물과

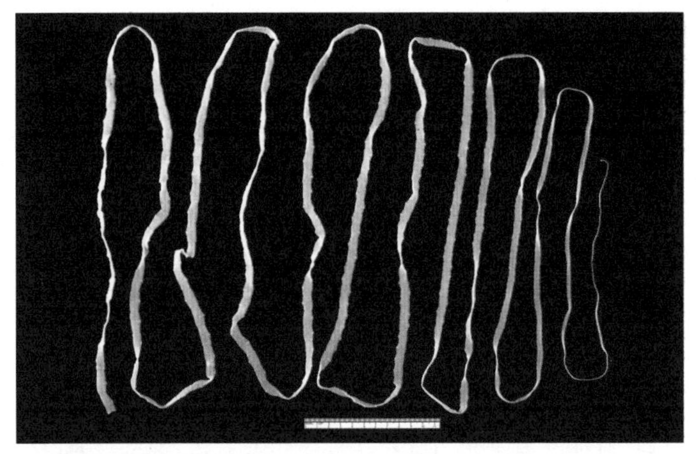

아시아조충. 마디 바깥쪽이 튀어나와 있는 게 보인다

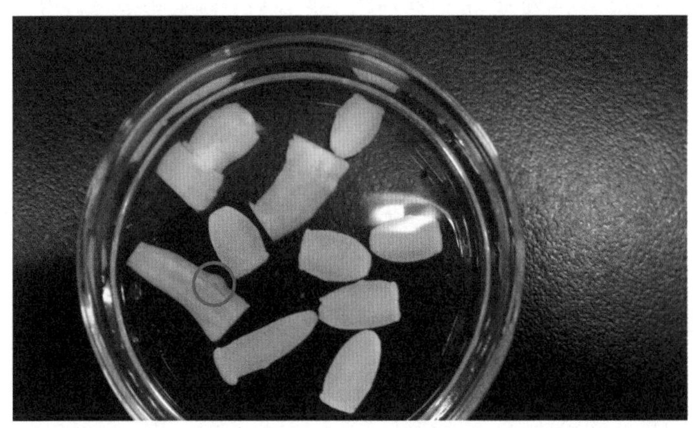

아시아조충. 마디가 가로로 길지 않고 세로로 길다는 게 특징이다. 또한 마디를 잘 보면 (파란색 동그라미) 마디 오른쪽에 조금 튀어나온 부분이 관찰되는데, 그게 바로 암수 생식기가 만나는 부분이다. 이게 있다면 아시아조충이라는 걸 알 수 있다

다른 '기생충'이라는 것만 알면 된다. 참고로 이것들 역시 변을 통해 나온 뒤 꿈틀거리니, 기생충이라는 걸 쉽게 알 수 있다.

자, 변에서 나온 게 기생충이라는 확신이 든다. 그러면 이제 어떻게 해야 할까. 많은 이들이 징그럽다는 이유로 몸에서 나온 샘플을 버린다. 그런데 샘플을 버리면 나중에 전문가를 만났을 때 그게 무슨 기생충인지 설명할 방법이 없다. 플라스틱 통에 넣고 식염수를 부어 주면 제일 좋은데, 그것이 어려우면 비닐봉지 같은 곳에 물이라도 좀 축여 주면 샘플이 마르지 않아 관찰하기 좋다. 정 갖고 있기 징그러워 버려야겠으면 사진이라도 꼭 찍어 두자. 요즘엔 스마트폰이 있으니 사진 찍는 게 그리 어렵지 않을 거다. 사진은 최대한 가까이 놓고 찍어야 하며, 혹시 모르니까 여러 장 찍는 게 좋다. 언젠가 기생충이 나왔다고 약을 달라기에 사진이라도 좀 보내 달라고 하니까 지금 나를 못 믿느냐며 불같이 화를 내신 분이 있다. 그때는 못 믿는 게 아니라 확인 절차가 필요하다고 둘러 댔는데, 지금은 말할 수 있다. 못 믿는 거라고. 환자가 일방적으로 한 말을 어떻게 무작정 믿겠는가?

기생충이라고 의심되는 샘플의 정체를 기생충학자에게 확인받는 대신, 그냥 약국으로 달려가 구충제를 달라고 하는 사람이 의외로 많다. 그게 회충이나 편충이라면 이것도 나쁜 방법은 아니지만, 아시아조충이나 광절열두조충이라면 문제가 된다. 이것들은 회충약에 죽지 않으며, 디스토마를 죽이는 프라지콴텔(상품명은 디스토시드)이라는 약이 필요하다. 실제로 광절열두조충에 걸렸던 한 남자는 그 조각을 발견한 뒤 약국에 가서 구충제를 먹었지만, 그로부터 6개월쯤 지난 후 다시 충체 일부분이 떨어져 나와 할 수 없이 병원에 왔다. 프라지콴텔도 약국에서 팔면 좋겠지만, 이건 회충약과 달리 약간의 부작용이 있는지라 남용 방지 차원에서 의사 처방으로 묶어 뒀다는 것을 이해하시길 바란다.

음식에서 기생충이 나왔다면

1) 혈관

음식을 조리할 때 기생충이 보인다면 입맛이 떨어진다. 야생동물은 대부분 기생충을 가지고 있으니, 이런 일을 겪을 가능성은 언제나 있다. 하지만 그럴 때일수록 냉정해야 한다. 자신이 본 게 기생충이 아닐 수도 있으니까. 예를 들어 어느 분이 돼지고기에 기생충이 있다고 보내온 사진은 근육에 있던 혈관이었다. 돼지의 혈관이나 인대를 기생충과 구별하는 방법은 끝부분이 근육 속에 파고 들어가 있느냐 여부다. 사진에서 보인 건 당연히 혈관이었다. 끝부분이 돼지고기 속에 들어가 있었으니까. 한번은 ○○떡볶이에서 연락이 왔다. 순

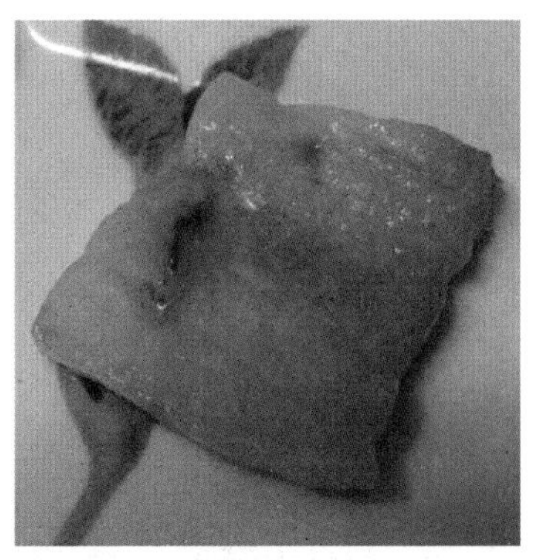
돼지고기의 혈관인데 기생충 아니냐며 문의한 사진

대에서 기생충이 나왔다고 손님이 항의를 했단다. 그런데 순대에 매달려 있는 건 장을 고정해 주는 장간막이었다.

2) 필로메트라

만에 하나 음식에 있는 게 정말 기생충이라 해도 인체에 무해한 것일 확률이 높다. 어느 가을날, 여자 두 분이 고급 횟집에서 회를 먹고 있었다. 주방장이 서비스 차원에서 생선을 두툼하게 회로 떠서 줬는데, 그게 문제였다. 그 안에서 길이 30센티가 넘는 기생충이 기어 나온 것이다. 해당 기생충을 찍은 동영상을 보니 난리도 아니었다. 여자 손님은 막 울면서 주방장에게 이런 말을 한다.

"당신들, 다 고소해 버릴 거야!"

그분이 놀라는 걸 이해 못하진 않는다. 그 기생충은 필로메트라(2부 2장 「고래회충」에도 나왔던 기생충이다)로, 물고기가 종숙주라 사람에게는 감염력이 전혀 없지만, 유해 여부를 떠나서 그런 기생충을 보고 충격받지 않을 사람이 어디 있겠는가?

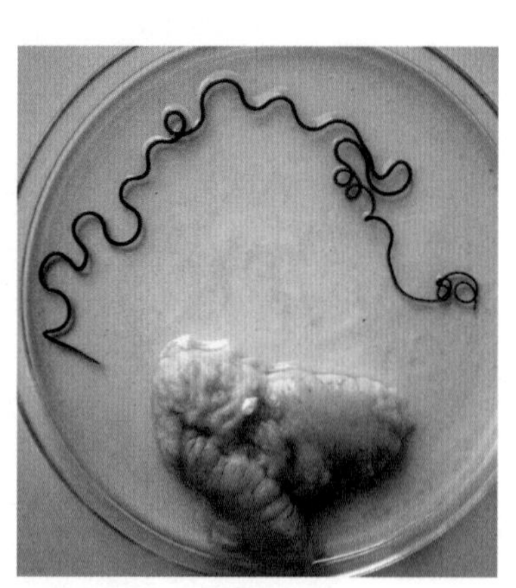

생선 회 안에 있던 필로메트라

하지만 기생충 입장에서 생각해 보면 얘기가 달라진다. 필로메트라는 그 전까지만 해도 물고기의 근육 안에서 편안하게 지내고 있었다. 그런데 어느 날 갑자기 밖이 환해지더니, 테이블 위에 턱 하니 놓여진다. 필로메트라는 갑자기 불안해졌다. "아니, 이게 무슨 일이람? 내가 한번 나가 봐야겠어." 근육에서 바깥으로 기어 나온 건 바로 그런 이유였다. 하지만 막상 나가 보니 상황이 안 좋았다. 웬 여자 분이 울면서 화를 내고 있는데, 그게 자기 때문인 것 같다. 필로메트라는 억울했다.

"내가 뭘 어쨌다고? 나한테 왜 이래?"

필로메트라의 절규에 귀를 기울인 사람은 아무도 없었고, 그녀석은 결국 쓰레기통에 버려진다.

필로메트라는 아직까지 사람을 해친 적이 없으니, 그 여자 분이 필로메트라의 충격에서 벗어나 다시 회를 드시기를 빌어 본다. 이런 일로 포기하기엔 회는 너무 맛있는 음식이니까.

3) 꽃게의 기생충

한때 꽃게 아가미에 기생충이 우글거린다고 해서 화제가 된 적이 있다. 조사 결과 '게속살이(Octolasmis neptuni)'라는, 꽃게의 기생충이었다. 꽃게한테야 약간 지장을 줄 수 있어도 사람한테 들어오면 정착해서 살지 못하고, 잘해야 소화돼 우리 몸의 피와 살이 될 뿐이다. 게다가 꽃게는 날로 먹는 게 아니므로 높은 온도에 놔두면 금방 죽으니 더더욱 걱정할 필요가 없다. 각종 캔이나 젓갈에는 '구두충(acanthocephala)'이라는 게 있을 수 있다. 구두충은 머리 부분에 가시가 있어서 그런 이름이 붙었는데, 종에 따라 인체 감염이 되는 것도 있긴 하지만, 그건 굉장히 드문 일이다. 2001년 발표된 논문을 보면 국내에서 시판되는 창난젓에서 구두충이 나온 적이 있다. 그걸 보면 더 이상 창난젓을 먹고 싶지 않겠지만, 의학적으로는 그 창난젓을 먹는 게 합리적인 선택이다. 인체에 무해한데다 창난젓의 짜디짠 환경에서 이미 죽었을 테니까.

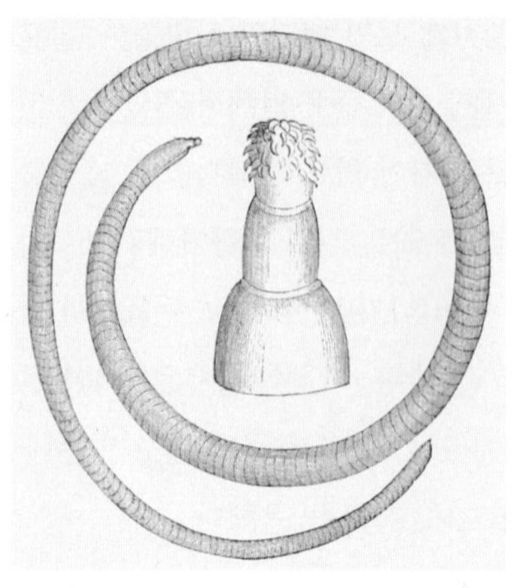
구두충

음식을 통해 전파되는 병원체들은 대개 다음 순서를 거친다.

배가 아프다 → 뭘 먹었는지 조사한다 → 해당 음식을 조사해 병원체를 찾아낸다 → 그 병원체가 있을지 모르니 음식 조리할 때 조심하라고 발표한다.

하지만 음식에 기생충이 있을 땐 이 순서가 바뀐다.

음식 조리할 때 뭔가가 있다 → 기생충으로 단정 짓고 사진을 찍어 인터넷에 올린다 → 해당 음식이 안 팔린다 → 이 음식을 먹은 사람은 괜스레

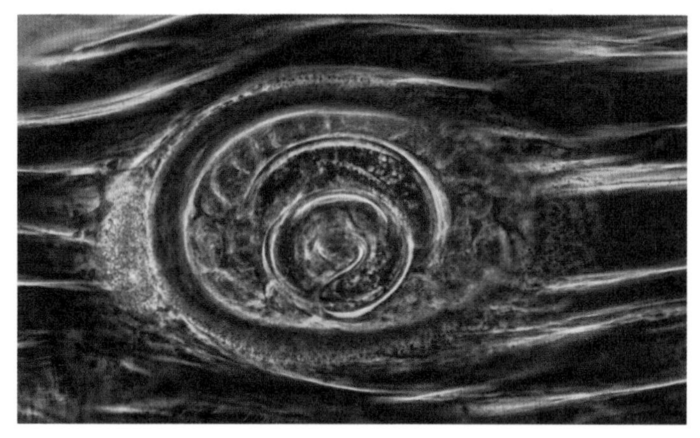

근육 안에 있는 선모충

배가 아픈 것 같아 병원에 가거나 약국에서 구충제를 사 먹는다.

어떤가. 이렇게 써 놓으니 말이 좀 안 되지 않는가? 이 사슬을 끊으려면 기생충 비슷한 것만 봐도 무조건 인터넷에 올리는 일을 그만두자. 그리고 다음을 기억하자. 버젓이 눈에 보이는 것들 치고 사람에게 유해한 건 드물다. 진짜 사람에게 해로운 건 절대 눈에 보이지 않는 법이니까. 예를 들어 멧돼지에 들어 있는 선모충(Trichinella Spiralis)의 유충은 사람에게 치명적인 근육통을 일으키지만, 크기가 1밀리미터가 안 되는지라 사람 눈에는 보이지 않는다.

기생충이 의심되는 증상이 있을 때

말은 이렇게 했지만, 기생충은 대부분 증상을 일으키지 않는다. "밥을 먹어도 살이 안 쪄요"라며 기생충이 있는 게 아니냐고 하는 분도 계신데, 기껏해야 하루에 밥풀 한두 톨 먹는 게 고작인 기생충이 있다고 해서 찔 살이 안 찔 수는 없다. 아마도 성장기거나 밥을 먹어도 대변으로 다 나오는 체질이 아닐까 싶다. 항문이 가려운 건 어떨까? 『기생충 열전』에서 얘기한 것처럼 항문이 가려운 건 요충의 증상이지만, 항문이 가려운 원인이 요충일 확률은 매우 낮다. 특히 어린아이가 아닌 성인이라면 요충의 확률은 더 떨어진다. 이럴 땐 항문 관리를 잘해 주고, 그래도 안 되면 대장항문외과를 가시라. 배가 아프거나 설사를 하는 것도 기생충 때문일 수 있지만, 실제로 그런 일이 벌어질 확률은 거의 없다. 하지만 다음과 같은 경우엔 기생충을 의심해야 한다. 피부에 붉은 반점이나 부드럽게 튀어나온 뭔가가 있는데 며칠 후에 보니까 그 위치가 변했다면, 그건 피부에 사는 기생충이 움직인 결과일 확률이 높다. 피부에 사는 기생충은 이 책에서 설명한 유극악구충이나 『기생충 열전』에서 언급한 스파르가눔이 그 예다. 하지만 기생충이 피부에서 움직여 봤자 하루에 1센티 미만이라는 것을 명심하시길. 기생충은 피부 속을 종횡무진 누비지 않는다.

기생충이 있는지 검사하는 가장 좋은 방법은 대변 검사로, 이는 소화기관에 있는 기생충에 한해 유용하다. 그 기생충들은 대변을 통해 알을 내보내니, 대변에 알이 있는지 확인하면 어떤 기생충이 있는지 알 수 있다. 하지만 대변 검사가 소용없는 경우도 있다.

1) 너무 어린 기생충이 기생할 때

음식물을 잘못 먹었다고 생각해 다음날 대변 검사를 해 봤자 소용이 없다. 요코가와흡충처럼 성숙이 빠른 것도 대변에서 알이 나오려면 최소한 3~4일은 걸린다. 이럴 때는 그 기생충이 자랄 때까지 기간을 둔 뒤 검사하면 된다.

2) 암컷만, 혹은 수컷만 기생할 때

수십 혹은 수백 마리가 득실댔던 과거와 달리 요즘은 기생충이 있어도 기껏해야 한두 마리가 고작이다. 요행히 암수가 같이 있으면 짝짓기를 하고 알을 낳는 게 가능하지만, 수컷만 두 마리 있다면 뺄쭘하기만 할 뿐 알은 낳지 못한다. 이럴 땐 대변 검사가 무용지물이니, 내시경 등 다른 방법을 고안해야 한다.

3) 인체에서 어른이 되지 않는 기생충

개회충이 대표적인 예다. 이건 유충 상태로 사람 몸에 머물기 때문에 대변을 아무리 뒤져도 알이 나오지 않는다. 이럴 때는 혈액 검사가 도움이 된다. 일단 기생충이 조직에 있는 경우, 혈액에서 백혈구의 한 성분인 호산구가 높아진다. 물론 호산구가

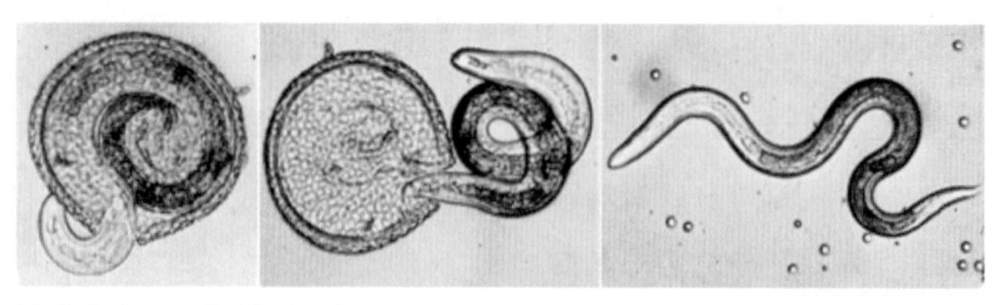
알에서 나오는 개회충의 유충

높다고 다 기생충이 있는 건 아니지만, 그래도 일단 의심은 할 수 있다. 이 경우 추가로 할 수 있는 검사는 항체 검사다. 혈액 속에 특정 기생충에 대한 항체가 얼마나 있는지 검사해 간접적으로 그 기생충의 유무를 알 수 있는 방법이다. 우리나라에서는 개회충과 선모충, 유구낭미충, 스파르가눔, 폐흡충, 간흡충 등에 대해 항체 검사를 시행할 수 있는데, 중대병원과 아산병원, 녹십자, 서울의과학연구소 등에서 검사가 가능하다.

4) 요충처럼 항문 주위로 나와 알을 낳는 경우

이런 경우는 대변 검사를 해도 알이 없을 확률이 높다. 이럴 때는 항문 주위에 알이 있는지 확인하면 되고, 아이의 팬티에 요충의 성충이 있는지를 면밀히 살피자. 한 어머니는 요충 검사에서 번번이 음성이 나오자 혈액 검사를 해 달라고 했는데, 요충도 엄연히 소화기관에 있는 기생충이라 이에 대한 혈액 검사는 별 의미가 없고, 그런 걸 시행하는 기관도 없다. 혈액 검사라고 해서 만능은 아니며, 꼭 필요한 경우에만 혈액 검사를 해야 한다는 걸 명심하자.

기생충에 집착하는 당신께

자신의 몸에서 기생충의 흔적을 찾아 헤매는 분들이 의외로 많다. 기생충 망상증 단계까지 가진 않았지만, 그래도 기생충이 있을까 봐 불안해하는 분들이다. 그중 몇 명을 만나 보자.

1) 설사를 하는 A씨

Q 어제 저녁, 돼지고기를 구워 먹으면서 좀 덜 익은 걸 먹었어요. 그런데 아침부터 설사가 나는 겁니다. 기생충 때문인가요?

A 돼지고기에 있는 기생충은 우리나라에서 더 이상 찾아보기 힘들어요. 그리고 설사 수입 고기에 기생충이 있었다 해도 그게 증상을 일으키기까진 최소 한 달은 걸립니다. 다음날 아침 바로 설사가 난다면, 그건 돼지고기가 본인에게 잘 맞지 않거나, 식중독 등을 생각할 수 있겠지요.

2) 방귀가 잦은 B씨

Q 요즘 방귀가 잦습니다. 혹시 기생충이 있는 건 아닐까요?

A 기생충은 방귀를 싫어합니다. 사람의 방귀가 기생충한테는 태풍인데, 설마 기생충이 방귀를 일으키겠어요? 방귀의 원인은 세균의 발효입니다. 아주 정상적인 것이지요.

Q 그래도 방귀가 너무 잦아서요. 구충제라도 먹어야 할까요?

A 구충제는 아무 도움이 되지 않습니다. 고구마처럼 방귀를

유발하는 음식을 덜 섭취하시길 권합니다.

3) 귀를 긁는 C씨

Q 귀가 가려워요. 귓밥도 나오고. 혹시 기생충 아닌가요?

A 기분 탓입니다. 아니면 누군가 욕을 해서 귀가 가려운 건지도 모르겠네요. 인간관계를 잘 하시는 게 좋겠습니다.

4) 눈에 기생충이 있다는 D씨

Q 눈을 뒤집어 까 봤더니 기생충 같은 게 보여요.

A 그건 기생충이 아니라 혈관입니다. 괜히 눈 까지 마시고, 마음을 편히 가지세요.

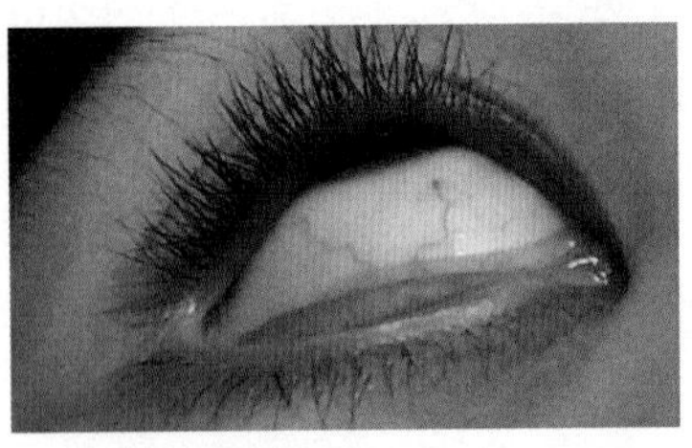

눈 밑을 까면 혈관이 있는데, 그걸 기생충이라고 생각하는 분들이 있다

☞ 기생충이 있다고 생각하고 뒤지기 시작하면, 세상이 다 기생충으로 가득 찬 것처럼 보인다.

5) 항문이 가려운 E씨

Q 아무래도 나한테 기생충이 있나 봐요. 수시로 항문이 가려워요.

A 배변 후 항문을 잘 닦고, 항문을 씻은 후 잘 말리세요. 그럼 좋아집니다.

Q 그래도 책 찾아보니까 요충 같은데요.

A 자신이 항문 관리를 잘못한 걸 애꿎은 요충에게 덮어씌우면 안 됩니다.

☞ 단, 어린아이일 때는 요충이 원인일 수 있다.

6) 늘 배가 고픈 F씨

Q 밥을 먹은 지 얼마 안 됐는데 배가 고파요. 아무래도 몸에 기생충이 있나 봐요.

A 기생충은 하루에 밥풀 한두 톨이 고작입니다. 열 마리가 있다 해도 20톨인데, 그것 때문에 배가 고플까요, 설마?

Q 그럼 저는 왜 배가 고픈 거지요?

A 제가 보기에 A씨는 성장기입니다.

Q 그, 그럴 리가요. 제 나이가 마흔 셋인데…….

A 요즘 시대에 기생충 때문에 배가 고프다는 것보단 마흔 셋에 성장기인 게 더 가능성이 높습니다.

☞ 이것만 기억하자. 기생충 다이어트가 말이 안 되는 건 기생충은 먹는 양이 워낙 적기 때문이다.

개, 고양이

기생충 관련 기사만 나오면 개나 고양이를 버려야 하느냐고 묻는 분들이 있다. 특히 고양이는 톡소포자충의 종숙주고, 개에는 개회충 등이 있을 수 있으니, 주의할 필요는 물론 있다. 하지만 집에서 기르는 강아지에 기생충이 있으면 개 본인은 좀 힘들지 몰라도, 그게 사람에게 전파되는 일은 없다. 『기생충 열전』에서 밝힌 대로 개회충은 개의 변을 통해 나온 알이 흙 속에서 2주가량 발육한 뒤에야 사람에게 감염될 수 있다. 고양이도 마찬가지다. 톡소포자충은 고양이의 분변으로 알(오오시스트)이 나올 수 있지만, 집 고양이가 톡소포자충에 감염될 확률은 그리 높지 않다. 톡소포자충의 주된 감염 경로가 육회나 오염된 음료수라는 걸 상기하고(『기생충 열전』 참조), 개와 고양이를 사랑으로 대하시라. 기생충을 우려해서 개를 버리면 개가 길거리에서 이것저것 주워 먹다가 개회충에 걸리고, 대변으로 개회충의 알을 내뿜는다. 그리고 그 알들은 소간을 통해서 당신에게 돌아갈 수 있다. 톡소포자충도 마찬가지다. 버려진 고양이들이 식수로 쓰는 우물에 변을 봐서 캐나다 주민 1백여 명이 톡소포자충에 걸린 적이 있으니 말이다.

집에서 키우는 반려동물과 달리 유기 동물은 이런저런 기생충에 걸려 있을 확률이 높다. 혹시 유기 동물을 입양할 경우 가장 먼저 해야 하는 게 구충이다. 시원하게 구충을 해 준 뒤 사랑으로 잘 대해 주시라. 기생충보다 더 중요한 건, 전 주인에게 버림받아 생긴 상처를 회복하는 것이니까.

맺음말

"미사가 끝났으니 복음을 전하십시오."

어머니를 따라 성당에 갔을 때 가장 즐거운 순간은 이 말을 들을 때였습니다. 믿음이 별로 없던 저로서는 빨리 미사가 끝나기만을 바랐으니까요. 『서민의 기생충 콘서트』 원고를 다 쓰고 난 뒤 걱정이 됐던 건 기생충에 대한 믿음이 부족한 독자 분들이 "맺음말 읽을 때가 제일 좋았다"고 하시면 어쩌나 하는 것이었습니다. 실제로 『기생충 열전』을 읽으신 분들 중 "다 읽고 나니 음식을 잘 못 먹겠더라", "몸에 기생충이 있는 것 같아 괴로웠다"라고 하신 분들이 계셨거든요.

나라가 잘살려면 과학이 발전해야 한다고 믿는 저로서는, 과학자 대신 공무원이 초·중·고 학생들의 희망 직업 1순위라는 뉴스를 볼 때마다 마음이 아픕니다. 이렇게 된 데는 여러 가지 이유가 있겠지만, 과학자들이 어린이들에게 과학에 대한 동기 부여를 제대로 하지 못한 게 가장 클 겁니다. 그들에게 과학은 알고 보면 재미있는 분야라는 걸 알리려면 어떻게 해야 할까요? 저는 기생충이 그 역할을 할 수 있다고 생각합니다. 이 책에 나오는 기생충들을 떠올려 보세요. 얼마나 신기합니까? 기생충에 관심을 갖다 보면 과학도 얼마든지 재미있을 수 있다고 생각하지 않겠습니까?

"책을 읽으셨으니 이제 기생충에 대한 복음을 전하십시오."

우리나라에서 기생충이 백해무익한 존재로 인식됐던 건 외모에서 비롯된 선입견 탓입니다. 정부가 기생충 박멸을 위해 그런 이미지를 주입한 것도 이유겠지요. 그 편견을 버리고 아이들이 기생충을 좋아하게 만들어 봅시다. 이 책도 그 역할을 하고자 쓰였지만, 보다 중요한 것은 책을 다 읽은 독자 여러분들이 전하는 메시지입니다. 주위 사람들에게 기생충은 나름대로 열심히 사는 생명체고, 볼수록 매력이 있다고 말해 주십시오. 기생충에 대한 편견이 사라질 때, 우리나라도 과학 강국으로 우뚝 설 수 있을 겁니다.

끝으로 김경민 과장님을 비롯해 책을 아름답게 만들어 주신 을유문화사 분들, 오늘의 저를 있게 해 준 어머니, 제게 기생충학을 가르쳐 주신 은사님들, 그리고 지금 제가 사는 목적인 사랑하는 아내에게 감사드립니다.

참고문헌

I. 착한 기생충

1. 원포자충

1. Abanyie F, Harvey RR, Harris JR, Wiegand RE, Gaul L, Desvignes-Kendrick M, Irvin K, Williams I, Hall RL, Herwaldt B, Gray EB, Qvarnstrom Y, Wise ME, Cantu V, Cantey PT, Bosch S, DA Silva AJ, Fields A, Bishop H, Wellman A, Beal J, Wilson N, Fiore AE, Tauxe R, Lance S, Slutsker L, Parise M; Multistate Cyclosporiasis Outbreak Investigation Team. 2013 multistate outbreaks of Cyclospora cayetanensis infections associated with fresh produce: focus on the Texas investigations. Epidemiol Infect. 2015 Dec;143(16):3451~3458.
2. Calvin L, Flores L, Foster A. Case Study: Guatemalan Raspberries and Cyclospora.
FOCUS 10. BRIEF 7 OF 17. SEPTEMBER 2003 FOOD SAFETY IN FOOD SECURITY AND FOOD TRADE
3. Herwaldt BL, Ackers ML. An outbreak in 1996 of cyclosporiasis

associated with imported raspberries. The Cyclospora Working Group. N Engl J Med. 1997 May 29;336(22):1548~1556.

4. Yu JR, Sohn WM. A Case of Human Cyclosporiasis Causing Traveler's Diarrhea after Visiting Indonesia. Korean Med Sci 2003; 18: 738~741.
5. Lee SH, Joung M, Yoon S, Choi K, Park WY, Yu JR. Multiplex PCR Detection of Waterborne Intestinal Protozoa; Microsporidia, Cyclospora, and Cryptosporidium.
   Korean J Parasitol. Vol. 48, No. 4: 297~301, December 2010

2. 시모토아 엑시구아

1. Brusca RC. TONGUE REPLACEMENT IN A MARINE FISH (LUTJANUS GUTTATUS) BY A PARASITIC ISOPOD (CRUSTACEA: ISOPODA). Copeia, 1983(3), pp. 813~816
2. A. Ruiz-L, J. Madrid-V. Studies On The Biology Of The Parasitic Isopod Cymothoa exigua Schioedte And Meinert, 1884 And It's Relationship With The Snapper Lutjanus peru (Pisces: Lutjanidae) Nichols And Murphy, 1922, From Commercial Catch In Michoacan. Ciencias Marinas 1992; 18: 19~34.

3. 요코가와흡충

1. Chai JY, Shin EH, Lee SH, Rim HJ. Foodborne intestinal flukes in Southeast Asia. Korean J Parasitol. 2009 Oct;47 Suppl:S69~102.
2, Yu JR, Chung JS, Huh S, Lee SH, Chai JY. PCR-RFLP pattern of three kinds of Metagonimus in Korea. Korean J Parasitol. 1997 Dec;35(4):271~276.

3. Yang HJ, Guk SM, Han ET, Chai JY. J Molecular differentiation of three species of Metagonimus by simple sequence repeat anchored polymerase chain reaction (SSR-PCR) amplification. Parasitol. 2000 Oct;86(5):1170~1172.
4. Suzuki S. Yokogawa's Metagonimus. List of publications on special animals in Okayama Prefecture. Okayama Prefecture Report 1930, p 146~148.
5. Shimazu T, Kino H. Metagonimus yokogawai (Trematoda: Heterophyidae): From Discovery to Designation of a Neotype. Korean J Parasitol. 2015 Oct;53(5):627~639
6. Seo BS, Lee HS, Chai JY, Lee SH. Intensity of Metagonimus yokogawai infection among inhabitatns in Tamjin River basin with reference to its egg laying capacity in human host. Seoul J Med 1985; 26: 207~212.
7. Prevalence of Metagonimus metacercariae in sweetfish, Plecoglossus altivelis, from eastern and southern coastal areas in Korea. Cho SH, Kim TS, Na BK, Sohn WM. Korean J Parasitol. 2011 Jun;49(2):161~165
8. Seo BS, Hong ST, Chai JY, Lee SH. Study On Metagonimus Yokogawai (Katsurada, 1912) In Korea: VI.The Geographical Distribution Of Metacercarial Infection In Sweetfish Along The East And South Coast. Korean J Parasitol. 1982 Jun;20(1):28~32.
9. Saito S, Chai JY, Kim KH, Lee SH, Rim HJ. Metagonimus miyatai sp. nov. (Digenea: Heterophyidae), a new intestinal trematode transmitted by freshwater fishes in Japan and Korea. Korean J Parasitol 1997; 3: 223~232.
10. Saito S. On the validity of Metagonimus spp. Proceedings of Japanese Parasite Taxonomy and Morphology Conference 1984; 2: 1~6.
11. http://korean.visitkorea.or.kr/kor/bz15/food/w_taste_list.jsp?cid=871224

4. 구충

1. R PEDUZZI, J C PIFFARETTI. Ancylostoma duodenale and the Saint Gothard anaemia. BRITISH MEDICAL JOURNAL VOLUME 287 24~31 DECEMBER 1983; 1942~1945
2. Kajiya T1, Kuroda A, Hokonohara D, Tei C. Heart failure caused by hookworm infection possibly associated with organic food consumption. Intern Med. 2006;45(13):827~829.
3. Farrar J, Hotez P, Junghanss T, Kang G, Lalloo D, White NJ. Manson's Tropical Diseases 23th ed. Elsvier Saunders 2012.
4. 제8차 전국 장내기생충 감염통계. 2013. 질병관리본부.

5. 분선충

1. Young-Hee Hong, Jong-Wan Kim, In-Soo Rheem, Jae-Soo Kim , Suk-Bae Kim, Jong-Yil Chai, Sang-Mee Guk , Seung-Ha Lee and Min Seo. Observation of the Free-living Adults of Strongyloides stercoralis from a Human Stool in Korea Infection and Chemotherapy : Vol.41, No.2, 2009. 105~108
2. Kim YK, Kim H, Park YC, Lee MH, Chung ES, Lee SJ. A case of hyperinfection with Strongyloides stercoralis in an immunosuppressed patient. Korean J Internal Medicine 1989; 4: 165~170.
3. Hyun-Soo JOO, Hyang-Mi KO, Min-Sik NA, Sun-Ho HWANG A case of fatal hyperinfective strongyloidiasis with discovery of autoinfective filariform larvae in sputum Jin KIM and Jong-Cheol IM The Korean Journal of Parasitology Vol. 43, No. 2. 51~55, June 2005
4. Jasbir Makker, Bhavna Balar, Masooma Niazi, Myrta Daniel Strongyloidiasis: A case with acute pancreatitis and a literature review

World J Gastroenterol 2015 March 21; 21(11): 3367~3375
5. Markell. John. Krotoski. 정동일 등 옮김. 의학기생충학. 정문각.

6. 왜소조충

1. Lucas SB, Hassounah OA, Doenhoff M, Muller R. Aberrant form of Hymenolepis nana: possible opportunistic infection in immunosuppressed patients. Lancet 1979 2:1372~1373.
2. Olson PD, Yoder K, Fajardo L-G LF, Marty AM, van de Pas S, Olivier C, Relman DA. Lethal invasive cestodiasis in immunosuppressed patients. J Infect Dis. 2003 Jun 15;187(12):1962~1966. Epub 2003 May 29.
3. Muehlenbachs A, Bhatnagar J, Agudelo CA, Hidron A, Eberhard ML, Mathison BA, Frace MA, Ito A, Metcalfe MG, Rollin DC, Visvesvara GS, Pham CD, Jones TL, Greer PW, Vẹlez Hoyos A, Olson PD, Diazgranados LR, Zaki SR. Malignant Transformation of Hymenolepis nana in a Human Host. N Engl J Med. 2015 Nov 5;373(19):1845~1852.

7. 람블편모충

1. BURET A.G. PATHOPHYSIOLOGY OF ENTERIC INFECTIONS WITH GIARDIA DUODENALIS. Parasite, 2008, 15, 261~265
2. Brian J. The Discovery of Giardia. Ford MICROSCOPE 2005; 53: 147~153.
3. Cheun HI, Kim CH, Cho SH, Ma DW, Goo BL, Na MS, Youn SK, Lee WJ. The First Outbreak of Giardiasis with Drinking Water in Korea. Osong Public Health Res Perspect 2013; 4: 89~92
4. Joan B. Rose, PhD, Charles N. Haas, PhD, and Stig Regli American Journal of Public Health 1991; 81: 709~713.

5. 김현서·이준행·최윤호·김지향·손희정·이풍렬·김재준·이문규·이종철
건강 검진 수진자에서 장내 기생충 양성률의 변화(2000~2006)
성균관대학교 의과대학 삼성서울병원 1건강의학센터, 2내과
대한내과학회지: 제 77 권 제 6 호 2009

Ⅱ. 독특한 기생충

1. 싱가무스

1. Leers WD, Sarin MK, Arthurs K. Syngamosis, an unusual cause of asthma: the first reported case in Canada. Can Med Assoc J. 1985 Feb 1;132(3):269~270.
2. Pipitgool V, Chaisiri K, Visetsupakarn P, Srigan V, Maleewong W. Mammonogamus (Syngamus) laryngeus infection: a first case report in Thailand. Southeast Asian J Trop Med Public Health. 1992 Jun;23(2):336~337.
3. Hie Yeon Kima, Sang Moo Leea, Jong- Eun Joob, Moon Jun Nac, Myoung Hee Ahnd, Duk Young Min. Human syngamosis: the first case in Korea. Thorax 1998;53:717~718
4. U.S. Department of the Interior/U.S. Geological SurveyField Manual of Wildlife Diseases: Birds. chap 30 Tracheal worms. 1999.

2. 고래회충

1. Ishida M1, Harada A, Egawa S, Watabe S, Ebina N, Unno M. Three successive cases of enteric anisakiasis. Dig Surg. 2007;24(3):228~231.

강동백. 오정택. 박원철. 이정균. 급성 침윤성 장관 고래회충유충증에 의한 소장폐쇄. 대한소화기학회지. 2010: 56: 192~195.

2. Choi SH, Kim J, Jo KO, Cho MK, Yu HS, Cha HJ, Ock MS. Anisakis simplex Larvae: Infection Status in Marine Fish and Cephalopods Purchased from the Cooperative Fish Market in Busan, Korea. Korean J Parasitol. 2011; 49: 39~44.
3. 조민형·이상진·정형주·강종원·이경원·김영돈·천갑진 51마리의 아니사키스 유충 제거 후 발생한 위와 대장의 점막하종양 1예. 대한내과학회지: 제 82 권 제 4 호 2012; 453~458.
4. Noh JH, Kim BJ, Kim SM, Ock MS, Parak MI, Goo JY. A case of acute gastric anisakiasis provoking severe clinical problems by multiple infection. Korean Journal of Parasitology 2003; 41: 97~100.
5. Chung YB, Lee J. Clinical Characteristics of Gastroallergic Anisakiasis and Diagnostic Implications of Immunologic Tests. Allergy Asthma Immunol Res. 2014 6(3): 228~233.
6. J Jurado-Palomo, MC López-Serrano, I Moneo. Multiple Acute Parasitization by Anisakis simplex. J Investig Allergol Clin Immunol 2010; Vol. 20(5): 437~441.
7. Sohn WM, Na BK, Kim TH, Park TJ. Anisakiasis: Report of 15 Gastric Cases Caused by Anisakis Type I Larvae and a Brief Review of Korean Anisakiasis Cases.
   Korean J Parasitol 2015; 53: 465~470.
8. 입질의 추억 블로그. http://slds2.tistory.com/

3. 이전고환극구흡충

1. Jung WT, Lee KJ, Kim HJ, Kim TH, Na BK, Sohn WM. A case of

Echinostoma cinetorchis (Trematoda: Echinostomatidae) infection diagnosed by colonoscopy. Korean J Parasitol. 2014 Jun;52(3):287~290
2. Lee SK, Chung NS, Ko IH, Ko HI, Sohn WM. A case of natural human infection by Echinostoma cinetorchis. Korean J Parasitol. 1988 Mar;26(1):61~64.
3. Chai JY, Hong ST, Lee SH, Lee GC, Min YI. A case of echinostomiasis with ulcerative lesions in the duodenum. Korean J Parasitol. 1994 Sep;32(3):201~204.
4. Chang YD, Sohn WM, Ryu JH, Kang SY, Hong SJ. A human infection of Echinostoma hortense in duodenal bulb diagnosed by endoscopy. Korean J Parasitol. 2005 Jun;43(2):57~60.

4. 동양안충

1. Stuckev, E.J. Circumocular Filariasis. China M. J. 1917;24 (also in Brit. J. Oph., 1917, vol. I, p. 542).
2. Kofoid CA, Williams OL. 1935. The nematode Thelazia californiensis as a parasite of the eye of man in California. Arch Ophthalmol 13:176~180.
3. Chu JK, Cho YJ. A Case Report Of Human Thelaziasis. Korean J Parasitol 1973 Aug; 11(2): 83~86.
4. Seo M, Yu JR, Park HY, Huh S, Kim SK, Hong ST. Enzooticity of the dogs, the reservoir host of Thelazia callipaeda, in Korea. Korean J Parasitol. 2002 Jun;40(2):101~103.
5. Hong ST, Park YK, Lee SK, Yoo JH, Kim AS, Chung YH, Hong SJ. Two human cases of Thelazia callipaeda infection in Korea. Korean J Parasitol. 1995 Jun;33(2):139~144.

6. Lee SM, Shin KM, Kim DH, Kang BN. A cases of Thelazia calli\-paeda recurred at a one-month interval. J Korean Ophthalmol Soc 2010; 51: 895~898 (in Korean).
7. Kim JH, Lee SJ, Kim M. Thelazia callipaeda discovered by chance during cataract surgery. BMJ Case Rep. 2013 Oct 30;2013.
8. Min HK, Chun KS. A case of human thelaziasis occurred in both eyes. Korean J Parasitol 1988 Jun;26(2):133~135

5. 머릿니

1. Amina Boutellis a, Laurent Abi-Rached b, Didier Raoult. The origin and distribution of human lice in the world. Infection, Genetics and Evolution 23 (2014) 209~217.
2. Oh JM, Lee IY, Lee WJ, Seo M, Park SA, Lee SH, Seo JH, Yong TS, Park SJ, Shin MH, Pai KS, Yu JR, Sim S. Prevalence of pediculosis capitis among Korean children. Parasitol Res. 2010 Nov;107(6):1415~1419.
3. 정희성, 21세기 머릿니소동 어쩌나. 경남일보 2013-12-6
4. Feldmeier H. Pediculosis capitis: new insights into epidemiology, diagnosis and treatment. Eur J Clin Microbiol Infect Dis 2012; 32: 2105~2110.
5. 목수정, 프랑스 아이들 '머릿니와의 전쟁'. 경향신문 2013-9-26.
6. Erin Speiser Ihde, Jeffrey R. Boscamp, Ji Meng Loh and Lawrence Rosen. Safety and efficacy of a 100 퍼센트 dimethicone pediculocide in school-age children. BMC Pediatrics (2015) 15:70.
7. A. Araújo, L.F. Ferreira, N. Guidon, N. Maues da Serra Freire, K.J. Reinhard and K. Dittmar. Ten Thousand Years of Head Lice Infection. Parasitology Today, vol. 16, no. 7, 2000; 269.

6. 유극악구충

1. Tun A, Myat SM, Gabrielli AF, Montresor A. Control of soil-transmitted helminthiasis in Myanmar: results of 7 years of deworming. Trop Med Int Health. 2013 Aug;18(8):1017~1020. doi: 10.1111/tmi.12130. Epub 2013 May 24.
2. Chai JY, Han ET, Shin EH, Park JH, Chu JP, Hirota M, Nakamura-Uchiyama F, Nawa Y. An outbreak of gnathostomiasis among Korean emigrants in Myanmar.
Am J Trop Med Hyg. 2003 Jul;69(1):67~73.
3. Ligon BL. Gnathostomiasis: a review of a previously localized zoonosis now crossing numerous geographical boundaries. Semin Pediatr Infect Dis. 2005 Apr;16(2):137~143.
4. Yang JH, Kim M, Kim ES, Na BK, Yu SY, Kwak HW. Imported intraocular gnathostomiasis with subretinal tracks confirmed by western blot assay. Korean J Parasitol. 2012 Mar;50(1):73~78.
5. Kim JH, Lim H, Hwang YS, Kim TY, Han EM, Shin EH, Chai JY. Gnathostoma spinigerum infection in the upper lip of a Korean woman: an autochthonous case in Korea. Korean J Parasitol. 2013 Jun;51(3):343~347.

7. 질편모충

1. Kissinger P. Trichomonas vaginalis: a review of epidemiologic, clinical and treatment issues. BMC Infect Dis. 2015 Aug 5;15:307.
2. Mann JR, McDermott S, Barnes TL, Hardin J, Bao H, Zhou L. Trichomoniasis in pregnancy and mental retardation in children. Ann Epidemiol. 2009;19(12):891~899.
3. Sorvillo F, Kerndt P. Trichomonas vaginalis and amplification of HIV-

1 transmission. Lancet. 1998;351:213~214.
4. Zhang ZF, Begg CB. Is Trichomonas vaginalis a cause of cervical neoplasia? Results from a combined analysis of 24 studies. Int J Epidemiol. 1994;23(4):682~690.
5. Goo YK, Shin WS, Yang HW, Joo SY, Song SM, Ryu JS, Lee WM, Kong HH, Lee WK, Lee SE, Lee WJ, Chung DI, Hong Y. Prevalence of Trichomonas vaginalis in Women Visiting 2 Obstetrics and Gynecology Clinics in Daegu, South Korea. Korean J Parasitol. 2016 Feb;54(1):75~80.

8. 포충

1. Ahn KS, Hong ST, Kang YN, Kwon JH, Kim MJ, Park TJ, Kim YH, Lim TJ, Kang KJ.An imported case of cystic echinococcosis in the liver. Korean J Parasitol. 2012 Dec;50(4):357~360.
2. Park KH, Jung SI, Jang HC, Shin JH.First successful puncture, aspiration, injection, and re-aspiration of hydatid cyst in the liver presenting with anaphylactic shock in Korea. Yonsei Med J. 2009 Oct 31;50(5):717~720.
3. Chai JY, Seo M, Suh KS, Lee SH. An imported case of hepatic unilocular hydatid disease. Korean J Parasitol. 1995 Jun;33(2):125~130. Review.
4. Rachid B, Amine B, Aziz C, Ali AM. Giant viable hydatid cyst of the lung revealed by hiccups. Pan Afr Med J. 2012;13:48.
5. Pedro Moro, Peter M. Schantz Echinococcosis: a review. International Journal of Infectious Diseases 2009; 13: 125~133.
6. Ettorre GM, Vennarecci G, Santoro R, Laurenzi A, Ceribelli C, Di Cintio A, Rizzi EB, Antonini M. Giant hydatid cyst of the liver with a retroperitoneal growth: a case report. J Med Case Rep. 2012 Sep 13;6(1):298.

7. Rachid B, Amine B, Aziz C, Ali AM. Giant viable hydatid cyst of the lung revealed by hiccups. Pan Afr Med J. 2012;13:48.
8. 고양석, 주재균, 김정철, 조철균, 김현종. 간내 담도계와 연결성을 보인 간내 포충낭종. Korean J HBP Surgery. 2003; 7: 148~151.
9. Jeon SH, Kim TH, Lee HL. 신장에 발생한 원발성 포충낭종에 대한 복강경적 치료. 대한 비뇨기과학회지. 2007; 48(5): 555~557.

기생충을 두려워하지 않는 삶 ② | 동물 기생충 연구의 활성화 필요

1. Lafferty KD, Morris AK. Altered behaviro of parasitized killfish increases susceptibility to predation by bird final hosts. Ecology 1996; 77: 1390~1397.
2. Parasite-induced fruit mimicry in a tropical canopy ant.
Yanoviak SP, Kaspari M, Dudley R, Poinar G Jr.
Am Nat. 2008 Apr;171(4):536~544.

III. 나쁜 기생충

1. 파울러자유아메바

1. Markell. John. Krotoski. 정동일 등 옮김. 의학기생충학. 정문각. 2006.
2. TW Heggie. Swimming with death: Naegleria fowleri infections in recreational waters. Travel Medicine and Infectious Disease 2010: 8; 201~206.
3. Su MY et al. A Fatal Case of Naegleria fowleri Meningoencephalitis in Taiwan. Korean J Parasitol 2013: 51; 203~206.

4. Yoder JS et al. Primary Amebic Meningoencephalitis Deaths Associated With Sinus Irrigation Using Contaminated Tap Water. Clinical Infectious Diseases 2012; 55: 79~85.
5. Fowler M, Carter RF. Acute pyogenic meningitis probably due to Acanthamoeba sp.: a preliminary report. BMJ 1965;2:740~742.
6. Shin HJ, Im KI. Pathogenic free-living amoebae in Korea. Korean J Parasitol 2004; 42: 93~119.

2. 간모세선충

1. Choe G, Lee HS, Seo JK, Chai JY, Lee SH, Eom KS, Chi JG. Hepatic capillariasis: first case report in the Republic of Korea. Am J Trop Med Hyg. 1993 May;48(5): 610~625.
2. Fuehrer HP, Igel P, Auer H. Capillaria hepatica in man--an overview of hepatic capillariosis and spurious infections. Parasitol Res. 2011 Oct;109(4):969~979.
3. Park JH, Novilla MN, Song J, Kim KS, Chang SN, Han JH, Lee BH, Lee DH, Kim HM, Kim YH, Youn HJ, Kil J. The first case of Capillaria hepatica infection in a nutria (Myocastor coypus) in Korea. Korean J Parasitol. 2014 Oct;52(5):527~529.

3. 크루스파동편모충

1. Chagas disease. What is known and what should be improved:
a systemic review Doenca de Chagas. O que e conhecido e o que deve ser melhorado: uma visao sistemica Jose Rodrigues Coura1 and Jose Borges-Pereira1 Revista da Sociedade Brasileira de Medicina Tropical

45(3):286~296, may-jun, 2012

2. http://europepmc.org/abstract/MED/9380903

3. Alexandre Fernandes, Alena M Iñiguez, Valdirene S Lima, Sheila MF Mendonça de Souza, Luiz Fernando Ferreira, Ana Carolina P Vicente/+, Ana M Jansen. August 2008 online | memorias.ioc.fiocruz.br Pre-Columbian Chagas disease in Brazil: Trypanosoma cruzi I in the archaeological remains of a human in Peruaçu Valley, Minas Gerais, Brazil Mem Inst Oswaldo Cruz, Rio de Janeiro, Vol. 103(5): 514~516.

4. Antonio R. L. Teixeira, Mariana M. Hecht, Maria C. Guimaro, Alessandro O. Sousa, and Nadjar Nitz. CLINICAL MICROBIOLOGY REVIEWS, July 2011, p. 592~630 Vol. 24, No. 3 Pathogenesis of Chagas' Disease: Parasite Persistence and Autoimmunity.

5. Bestetti RB1, Couto LB, Cardinalli-Neto A. When a misperception favors a tragedy: Carlos Chagas and the Nobel Prize of 1921. Int J Cardiol. 2013 Nov 20;169(5):327~30. doi: 10.1016/j.ijcard.2013.08.137. Epub 2013 Sep 7.

4. 광동주혈선충

1. Kliks MM, Kroenke K, Hardman JM. Eosinophilic radiculomyeloen-cephalitis: an angiostrongyliasis outbreak in American Samoa related to ingestion of Achatina fulica snails. Am J Trop Med Hyg. 1982 Nov;31(6):1114-1122.

2. Sawanyawisuth K, Chindaprasirt J, Senthong V, Limpawattana P, Auvichayapat N, Tassniyom S, Chotmongkol V, Maleewong W, Intapan PM. Clinical manifestations of Eosinophilic meningitis due to infection with Angiostrongylus cantonensis in children. Korean J Parasitol. 2013

Dec;51(6):735~738.
3. Wang QP, Wu ZD, Wei J, Owen RL, Lun ZR. Human Angiostrongylus cantonensis: an update. Eur J Clin Microbiol Infect Dis. 2012 Apr;31(4):389~395.
4. Tsai HC1, Chen YS, Yen CM. Human parasitic meningitis caused by Angiostrongylus cantonensis infection in Taiwan. Hawaii J Med Public Health. 2013 Jun;72(6 Suppl 2):26~27.
5. Waugh CA, Shafir S, Wise M, Robinson RD, Eberhard ML, Lindo JF. Human Angiostrongylus cantonensis, Jamaica. Emerg Infect Dis. 2005 Dec;11(12):1977~1978.

5. 이질아메바

1. Huh S. Parasitic diseases as the cause of death of prisoners of war during the Korean War (1950-1953). Korean J Parasitology 2014; 52: 335~337.
2. Anil K Sarda, Rakesh Mittal, Baljeet K Basra, Anurag Mishra, and Nikhil Talwar. Three cases of amoebic liver abscess causing inferior vena cava obstruction, with a review of the literature. The Korean Journal of Hepatology 2011; 17: 71~75.
3. Diamond LS, Clark CG. A redescription of Entamoeba histolytica Schaudinn, 1903 (Emended Walker, 1911) separating it from Entamoeba dispar Brumpt, 1925. J Eukaryot Microbiol. 1993; 40: 340~344.
4. Cook G, Zumla AI. Manson's Tropical Diseases. Saunders. 2009.

6. 도노반리슈만편모충

1. 로브터 데소비츠, 정준호 옮김. 『말라리아의 씨앗』, 후마니타스

2. Chi JG, Shong YK, Hong ST, Lee SH, Seo BS, Choe KW. An Imported Case Of Kala-Azar In Korea. Korean J Parasitol 1983 Jun;21(1):87~94
3. Maltezou HC. Leishmaniasis. In: Maltezou HC, Gikas A, editors. Tropical and emerging infectious diseases. Kerala, India: Research Signpost; 2010. p. 163~185.
4. Pavli A, Maltezou HC. Leishmaniasis, an emerging infection in travelers. Int J Infect Dis. 2010 Dec;14(12):e1032~1039.
5. Bhang DH, Choi US, Kim HJ, Cho KO, Shin SS, Youn HJ, Hwang CY, Youn HY. An autochthonous case of canine visceral leishmaniasis in Korea. Korean J Parasitol. 2013 Oct;51(5):545~549.
6. Kim YJ, Hwang ES, You DS, Son SW, Uhm CS, Kim IH. A case of localized cutaneous leishmaniasis in a native Korean. Korean J Dermatol 2004; 42: 884~888.

기생충을 두려워하지 않는 삶 ③ | 기생충 망상증

1. Acta Dermatovenerol Croat. 2011;19(2):110~116.
2. Delusion of parasitosis: case report and current concept of management.
3. Situm M1, Dediol I, Buljan M, Živković MV, Buljan D.

특별 부록 | 내 몸 안에 기생충이 있을까? : 자가 검사법

1. Identification of Acanthocephala discovered in changran-pickles and myungran-pickles Jong-Tai Kim, Jong-Yeol Park, Hun-Su Seo, Hwa-gyun Oh, Jae-Wuk Noh1, Sung-Won Kim2 and Hee-Jeong Youn J. Vet. Sci. (2001),G2(2), 111~114

이미지 출처

21쪽 ⓒAldo Merlo

27쪽 ⓒDaily Mail

29쪽 Marco Vinci/Wikimedia Commons.

33쪽 좌 Marco Vinci/Wikimedia Commons.

우 ⓒUndy Bumgrope

42쪽 ⓒayukake

51쪽 좌 Marina I. Papaiakovou/Wikimedia Commons.

52쪽 ⓒsc0ttbeardsley

75, 76, 77쪽 ⓒ손운목

82쪽 ⓒschlisa87

83쪽 좌 ⓒimakecoasters

우 ⓒspiritinaphotograph

92쪽 ⓒ옥미선

93쪽 상 ⓒli.grace_ac

하 ⓒkitt232

105쪽 ⓒStreptomyces_sp_01

117쪽 ⓒBioKore

119쪽 ©Luis García

136쪽 P.Lameiro/Wikimedia Commons.

141쪽 ©mddnrfish

146쪽 ©손운목

147쪽 ©채종일 외

155쪽 ©배인규

171쪽 프랑스국립박물관연합(RMN)

172쪽 ©Gilles San Martin

175쪽 ©Julián del Nogal

177쪽 Wabeggs/Wikimedia Commons.

178쪽 하 ©심서보

190쪽 하 Janwan P 외

192쪽 ©largeheartedboy

193, 195쪽 ©손운목

197쪽 ©채종일 외

214쪽 Ganímedes/Wikimedia Commons.

226쪽 ©Alastair Rae

228쪽 ©Robschilli

238쪽 좌 AJ Cann/Wikimedia Commons.
우 ©Giancarlo Lucho

244쪽 ©scimath

248쪽 ©insect anatomy

249쪽 ©Community Eye Health

255쪽 ©손운목

263쪽 ©KENPEI

267쪽 Jiří Humpolíček/Wikimedia Commons.

270쪽 ©Zephyris

284쪽 ⓒPUCRS

290쪽 ⓒjohanvrensburg

291쪽 ⓒMassimiliano Teodori

292쪽 ⓒmugua_q0_0p

297쪽 ⓒStefan Walkowski

305쪽 Benoît Nespola 외//Wikimedia Commons.

310쪽 ⓒprabirkc

341쪽 ⓒDoc. RNDr. Josef Reischig, CSc.

* 저자가 제공한 이미지는 따로 출처를 표기하지 않았습니다. 일부 저작권자가 불분명한 도판의 경우, 저작권자가 확인되는 대로 별도의 허락을 받도록 하겠습니다.

찾아보기